RENÉ F. LE FEUVRE

LA

Quinta Normal

de Agricultura

EXPOSITION UNIVERSELLE DE PARIS

1889

SECTION CHILIENNE

Quinta Normal

DE AGRICULTURA

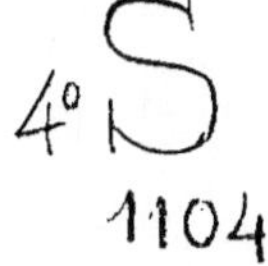

A. ROGER ET F. CHERNOVIZ — IMPRIMERIE DE LAGNY

LA

Quinta Normal

de Agricultura

EXPOSITION UNIVERSELLE DE PARIS

1889

SECTION CHILIENNE

PLAN GÉNÉRAL DE LA QUINTA NORMAL

LÉGENDE

1. — Palais de l'Exposition et Institut Agricole.
2. — Station Agronomique et laboratoires.
3. — Ecole Pratique d'Agriculture et Pensionnat.
4. — Vignoble.
5. — Edifices pour la vinification et caves.
6. — Hangar des machines agricoles.
7. — Champ d'études.
8. — Cultures.
9. — Bois.
10. — Pépinières d'arbres forestiers et d'ornement.
11. — Jardin fruitier et potager.
12. — Magasin pour la vente des arbres, graines et fleurs.
13. — Entrepôt de guano.
14. — Cour de service.
15. — Serres, jardin d'hiver et jardin fleuriste.
16. — Parc.
17. — Restaurant.
18. — Cuisine des ouvriers.
19. — Etables, écuries, bergeries.
20. — Basse-cour.
21. — Porcherie.
22. — Laiterie et fromagerie.
23. — Jardin et édifices où ont lieu les concours d'animaux
       domestiques.
24. — Hôpital vétérinaire.
25. — Jardin zoologique.
26. — Etablissement de pisciculture et aquarium.
27. — Institut de vaccine animale.
28. — Observatoire astronomique.
29. — Salon des Beaux-Arts.
30. — Jardin botanique.
31. — Maison du Directeur.
32. — Porte de *la Catedral*.
33. — Porte de *las Agustinas*.
34. — Porte de l'Ecole Pratique.

— 1 —

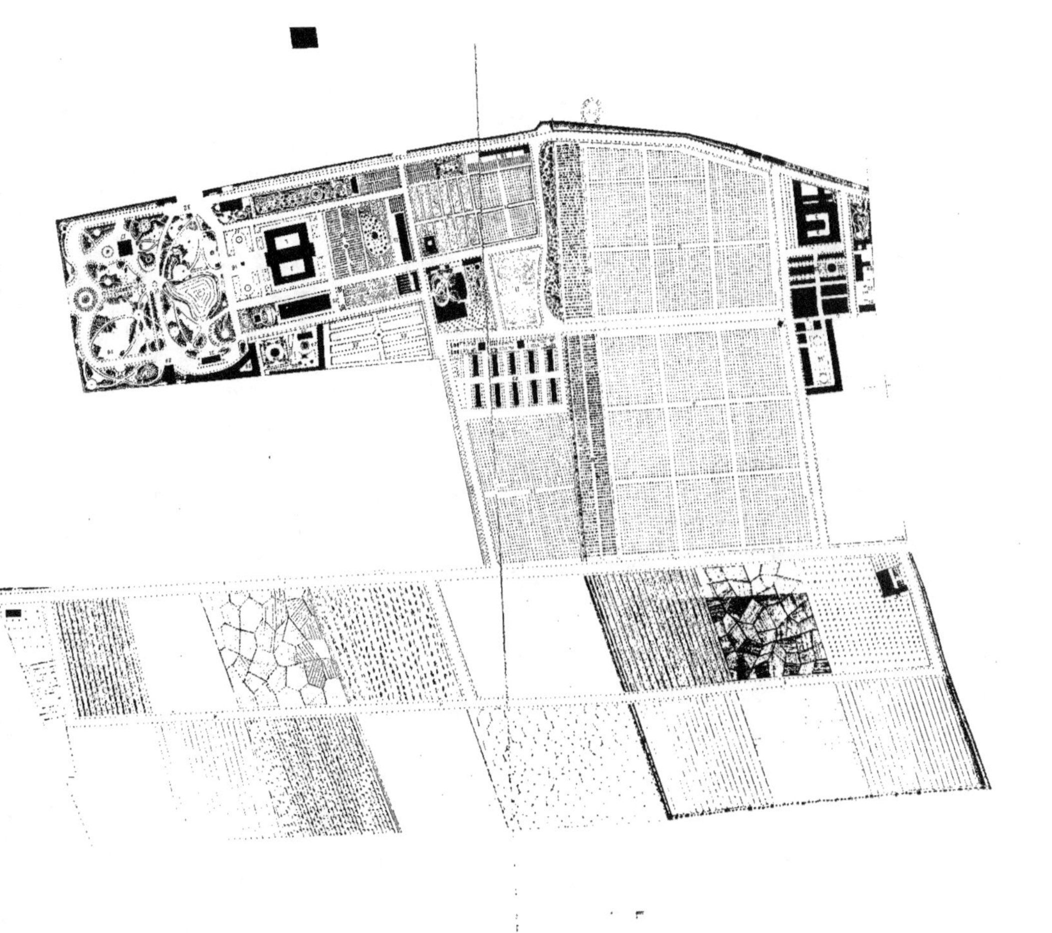

La Quinta Normal de Agricultura

CONSIDÉRATIONS GÉNÉRALES

Lorsqu'on étudie l'histoire du progrès chez les différentes nations les plus avancées, on trouve toujours l'enseignement professionnel comme base de toutes les améliorations.

Aujourd'hui, dans tous les pays, quel que soit leur état de civilisation, l'enseignement agricole est apprécié à sa juste valeur et reconnu comme une nécessité primordiale.

Les gouvernements, les associations agricoles et les particuliers rivalisent de zèle et consacrent des sommes considérables à la création et à l'entretien d'écoles d'agriculture destinées à former des hommes instruits dans les différentes branches que comprend cette importante industrie.

Le progrès agricole doit commencer par l'instruction, c'est-à-dire, par l'amélioration de l'agriculteur. En effet, dans le problème de la production agricole moderne, l'agriculteur est le facteur intelligent et joue le rôle principal. Il met en mouvement, combine, dirige et améliore les autres agents qui prennent part à cette opération.

Cette action prépondérante de l'homme se voit d'une façon claire, si on représente ce problème par la formule mathématique suivante :

$$P = (T + C + R) H$$

P représente le produit agricole obtenu,
T le sol ou terre arable,
C le climat du lieu,
R les reproducteurs : graines ou animaux domestiques,
H l'homme ou l'agriculteur.

Le second terme de cette équation comprend deux facteurs ; le premier : la somme des actions du sol, du climat et des reproducteurs ; le second : l'homme avec son savoir, son capital, son travail et son intelligence, multipliant la somme de ces trois agents.

En instruisant l'agriculteur, on accroît son pouvoir, et la valeur de P ou du produit obtenu augmentera donc dans une proportion infiniment plus considérable que si on améliorait séparément, dans la même proportion, l'un des trois autres éléments.

En résumé, les bienfaits de l'instruction agricole sont évidents, et nier la grande influence qu'elle exerce, serait méconnaître les lois physiques et économiques qui régissent la production agricole.

Si l'enseignement spécial de l'agriculture est actuellement considéré comme une nécessité sociale, sa forme est très variable, et chaque pays est souvent obligé de faire de nombreux essais avant de trouver la voie la mieux appropriée aux conditions dans lesquelles il se trouve. C'est ce qui a eu lieu au Chili.

I

HISTORIQUE

DE LA QUINTA NORMAL DE AGRICULTURA

Le Chili, nation sage et prévoyante, qui a constamment compté dans son sein un nombre considérable d'hommes éclairés, et qui a eu le rare bonheur d'avoir toujours à sa tête un gouvernement ami du progrès, n'a point négligé de recourir à ce moyen, pour l'avancement de son agriculture. Cette industrie et celle des mines sont, jusqu'à présent, les deux principales sources de la richesse du pays.

A peine la jeune République fut-elle maîtresse de ses destinées, que le gouvernement et les hommes influents de cette époque se préoccupèrent sérieusement de cette question vitale.

Dès l'année 1838, il se forma, à Santiago, la première Société d'Agriculture chilienne.

Cette Société s'était proposé la diffusion des connaissances agricoles parmi les agriculteurs; elle sentit bientôt la nécessité de leur présenter des exemples pratiques et de bons modèles à imiter.

En effet, dans un pays nouveau, où il n'y a aucune tradition qui puisse servir de base, où l'on ne trouve aucune idée réalisée par l'application sur le terrain, l'enseignement purement théorique, sans démonstrations expérimentales à l'appui, a peu de chances de réussir. Il est, dans tous les cas, très imparfait, et ne peut donner de grands résultats.

La nouvelle Société d'Agriculture demanda et obtint du gouvernement l'achat d'un terrain, pour servir de champ d'expériences à l'enseignement agricole.

En 1842, l'Etat fit l'acquisition d'une propriété de vingt hectares environ, située à la porte de Santiago. Elle fut confiée aux soins de la Société d'Agriculture et reçut le nom de : *Quinta Normal de Agricultura*, c'est-à-dire, petite ferme-modèle.

Durant les premières années, les travaux consistèrent principalement à adapter le terrain à sa nouvelle destination.

Cet établissement ne reçut qu'en 1849 une organisation en rapport avec le but proposé. Un règlement général d'administration fut édicté ; une école d'agriculture pratique et th éorique fut fondée et commença à fonctionner.

Cette première tentative ne dura pas longtemps et ne produisit aucun effet sérieux, malgré l'agrandissement de la *Quinta Normal*, à laquelle on avait adjoint, en 1850, un terrain voisin, de vingt-cinq hectares environ.

En 1857, un an après l'organisation de la seconde Société d'Agriculture, la *Quinta Normal* fut également reconstituée, en suivant les mêmes errements que la première fois et sans plus de succès.

Il est à remarquer que la *Quinta Normal* a toujours suivi la fortune de la Société d'Agriculture, qui en a été l'initiatrice et le plus ferme soutien. Chaque fois que cette association a perdu son influence ou a disparu complètement, la *Quintal Normal* a ressenti un contre-coup fatal et n'a pu marcher régulièrement.

Mais, le progrès agricole, comme toutes les autres transformations matérielles ou morales, ne peut s'improviser brusquement, sans préparation préalable. Il est l'œuvre du temps et la conséquence des efforts combinés et dirigés convenablement vers ce but.

Il arriva, dans ce cas, ce qui se produit presque toujours dans les innovations de ce genre. Malgré les efforts du Gouvernement et ceux de la Société d'Agriculture, faute d'entente et surtout d'une bonne appropriation du nouvel établissement aux nécessités de l'époque, ces premiers essais ne purent donner tous les avantages immédiats que l'on espérait.

Les éléments n'étaient pas encore suffisamment préparés pour une transformation aussi radicale; mais les premiers pas étaient faits, et les travaux accomplis alors devaient servir, plus tard, de base et d'exemple pour de nouvelles tentatives plus heureuses.

En 1869, pour la troisième fois, une nouvelle Société d'Agriculture se forma.

Depuis lors, elle exerce sa haute surveillance sur la *Quinta Normal*, qui n'a pris de réelle importance qu'en 1872, année où, sur la proposition de cette Société, l'enseignement agricole supérieur fut institué à l'Université de Santiago, et la *Quinta Normal* destinée comme champ d'application.

Le cours supérieur d'agronomie fut inauguré en 1874.

Le congrès libre des agriculteurs chiliens, qui se réunit à l'occasion de la grande Exposition internationale de Santiago, en 1875, traça les bases de l'enseignement agricole complet, approprié au pays, et demanda la création d'un *Institut Agricole*, pour l'enseignement supérieur.

Après la clôture de l'Exposition, le gouvernement affecta toute la partie ouest du Palais, devenu libre, à l'installation de l'Institut Agricole.

En 1876, eut lieu l'ouverture des cours du nouvel établissement, qui avait été doté d'un beau et nombreux matériel, pour les démonstrations de l'enseignement.

De 1876 à 1883, l'Institut Agricole compléta progressivement son organisation. La *Quinta Normal*, lui servant de champ d'application, se transforma peu à peu, en vue des nouveaux services qu'elle devait rendre. C'est ainsi que furent établis : le champ d'études et d'expériences agricoles, la vigne-école, les jardins fruitiers et potagers, l'hôpital vétérinaire, le jardin zoologique, les étables, la basse-cour, la porcherie et la station agronomique, comme annexes de l'Institut Agricole. En même temps, la propriété entière subissait une transformation complète, par la réparation et l'agrandissement du parc, la création des chemins et avenues, l'établissement des clôtures extérieures et intérieures et l'appropriation des terrains de grande culture.

Depuis cette époque, les progrès de la *Quinta Normal* ont été beaucoup plus accentués encore : Création de l'Ecole Pratique d'agriculture avec ses nombreuses et importantes annexes ; achat de magnifiques animaux reproducteurs ; installation d'une laiterie et fromagerie modèles ; création de l'Institut de vaccine animale ; installation du laboratoire de physiologie pour la préparation du virus charbonneux ; construction du nouveau restaurant, du jardin d'hiver, des serres de multiplication, des nouveaux édifices pour les expositions agricoles et concours annuels d'animaux domestiques ; fondation de l'aquarium et de l'établissement piscicole ; ouverture d'une nouvelle porte sur la rue de *las Augustinas* prolongée ; enfin, achat des terrains voisins : la *chacra* (1) de la *Merced*, la *chacra Lo Portales* et celle de *A. Vigouroux*, ce qui a augmenté l'étendue totale de plus de quatre-vingts hectares.

(1) Chacra, petite propriété rurale.

II

ETAT ACTUEL
DE ·LA QUINTA NORMAL DE AGRICULTURA

Institutions et Sections qu'elle comprend

La *Quinta Normal de Agricultura* forme actuellement un grand établissement, unique en son genre par le nombre, la variété et l'importance des différentes sections qu'elle renferme. Dans son ensemble, elle constitue un tout vraiment remarquable; elle donne une haute idée du pays, qui a su organiser et qui sait soutenir une institution aussi notable, lui assignant, sur ce point, le premier rang parmi les nations les plus civilisées.

La *Quinta Normal* est, avant tout, un établissement d'enseignement; son but est la diffusion des connaissances agricoles scientifiques et techniques.

L'enseignement professionnel donné dans deux écoles d'agriculture à de nombreux élèves et auditeurs libres; les articles et livres publiés; les conseils journaliers que reçoivent à la *Quinta* les agriculteurs; les différentes sections expérimentales et d'application, pour la vulgarisation des meilleurs procédés et méthodes agricoles, zootechniques et industriels; la propagation des meilleures variétés de graines et plantes, et celle des meilleures espèces et races d'animaux domestiques; l'importation des machines et instruments les mieux appropriés; les expositions annuelles et concours spéciaux, et enfin, les nombreux travaux qui s'exécutent, chaque jour, dans les différentes sections de l'établissement, constituent ses moyens d'action pour l'avancement du progrès agricole du pays.

Les institutions et sections que comprend la *Quinta Normal* sont les suivantes :

Institut Agricole installé dans le Palais de l'Exposition.

Station Agronomique et Laboratoires de Chimie.

Ecole Pratique d'Agriculture et Pensionnat spécial pour les élèves de l'Institut Agricole.

Vignoble.

Edifices pour la vinification et caves.

Instruments et machines agricoles. — Hangar où ils sont réunis.

Champ d'études et d'expériences agricoles.

Cultures spéciales : Plantes fourragères. — Plantes alimentaires. — Plantes sarclées. — Plantes industrielles.

Bois et plantations.

Pépinières d'arbres forestiers et d'ornement.

Jardins fruitiers et potagers, verger et pépinière d'arbres fruitiers.

Magasin pour la vente de graines, fleurs, arbres et arbustes.

Entrepôt de guano et de salpêtre.

Cour de service et annexes.

Serres, jardin d'hiver et jardin fleuriste.

Parc.

Restaurant.

Cuisine et réfectoire des ouvriers de la *Quinta Normal*.

Animaux de rente. — Animaux de travail. — Etables. — Ecuries. — Bergerie. — Basse-cour. — Rucher. — Magnanerie.

Laiterie et fromagerie.

Jardin et édifices où ont lieu les concours annuels d'animaux domestiques.

Hôpital vétérinaire.

Jardin zoologique.

Etablissement de pisciculture et aquarium.

Institut de vaccine animale.

Laboratoire pour la préparation du virus charbonneux.

Habitations des directeurs et employés de l'établissement.

L'Observatoire Astronomique, le Musée National, le Jardin Botanique et le Salon des Beaux-Arts, qui se trouvent aussi dans l'intérieur de la *Quinta Normal*, ont des directeurs distincts et ne sont point destinés spécialement à l'enseignement agricole.

III

DESCRIPTION GÉNÉRALE DEL'É TABLISSEMENT

Propriétaire. — Direction. — Administration. — La *Quinta Normal* appartient à l'Etat, ainsi que toutes les institutions et sections qu'elle renferme.

Elle est placée sous la haute surveillance de la Société Nationale d'Agriculture, pour tout ce qui a rapport à la partie agricole proprement dite, et sous celle du Conseil de l'Institut Agricole pour ce qui a trait à l'enseignement théorique et pratique, qui se donne dans les différentes institutions de l'établissement.

La direction et l'administration sont exercées par deux directeurs spéciaux, nommés par le gouvernement. L'un s'occupe de tout ce qui touche à la production végétale, et l'autre est chargé des sections zootechniques.

Situation. — Communication extérieure. — Portes d'entrée. — La *Quinta Normal* est située à l'ouest de Santiago, aux portes mêmes de la ville, dont deux des principales rues se prolongent jusqu'à l'entrée de l'établissement.

Du centre de Santiago (*plaza de Armas*) jusqu'à la *Quinta Normal*, il y a une distance de trois kilomètres, à peu près.

La gare centrale des chemins de fer de l'Etat se trouve à

deux cents mètres de la porte sud, qui s'ouvre sur la rue de *los Pajaritos* ou de l'Ecole des Arts et-Métiers.

Autour de la *Quinta Normal* se trouvent l'Ecole des Arts et Métiers, l'Ecole Normale primaire des garçons, l'Ecole Normale primaire des jeunes filles, et le grand Collège de l'Etat pour l'enseignement secondaire.

Quatre lignes de tramways, dont deux ont une station spéciale pour la *Quinta Normal*, la mettent en communication rapide et facile avec tous les quartiers de la ville et les gares des chemins de fer.

Deux lignes de téléphone relient l'établissement avec Santiago et le reste du pays.

La *Quinta Normal* possède trois portes : celle de la *Catedral*, qui est la plus ancienne et la plus importante, se trouve en face de la rue de ce nom; la porte de *las Agustinas*, qui sera plus tard l'entrée principale, ouvre sur l'avenue de *Portales* et est située presque au centre de l'établissement; la troisième, au sud, qui est destinée au service de l'Ecole Pratique, donne sur la rue des *Pajaritos* ou des Arts-et-Métiers.

Étendue totale. — Étendue partielle suivant la destination. — L'étendue totale de la *Quinta Normal* est actuellement de 130 hectares, 45 ares, 15 mètres carrés qui se décomposent comme suit :

Parc	9 hect.	75 ar.	43 m. c.
Serres et jardin d'hiver	»	49	33
Champs d'études et d'expériences agricoles	»	35	78
Jardin zoologique et hôpital vétérinaire	2	31	95
Jardin fleuriste	1	24	58
Jardin fruitier et potager	1	72	61
A reporter	15	89	68

Report......................	15 hect.	89 ar.	68 m. c.
Pépinière d'arbres fruitiers	»	82	35
Verger...	1	77	20
Pépinière d'arbres forestiers et d'ornement...	5	06	65
Vignoble	20	97	59
École pratique et annexes	2	68	41
Cour de service	»	65	82
Bois..	2	59	04
Plantes fourragères annuelles.....	10	»	»
Prairies temporaires.	30	»	»
Céréales....	8	»	»
Plantes sarclées........................	4	»	»
Plantes industrielles	5	»	»
Jardin des concours annuels d'animaux......	2	31	50
Clôtures, canaux, etc........................	2	54	30
Chemins, avenues, places, etc..............	14	34	86
Superficie totale de la *Quinta Normal*	126 hect.	67 ar.	40 m. c.
Observatoire Astronomique................	1	07	48
Jardin Botanique.........................	2	70	27
Étendue totale...	130 hect.	45 ar.	15 m. c.

**Conditions climatériques. — Sol arable. — Sous sol. —
Eaux d'irrigations. — Canaux pour l'arrosage et le drainage.** — Bien que la *Quinta Normal* puisse être considérée
comme faisant partie intégrante de la ville de Santiago, ses
conditions climatériques sont cependant assez différentes.

Par sa position, qui l'expose directement aux vents frais et
sains du Sud-Ouest, durant l'été, et à ceux du Nord-Ouest, qui
soufflent pendant la saison pluvieuse, par son étendue, ses cultures variées, ses irrigations et ses nombreuses plantations, cet
établissement possède un vrai climat de campagne.

C'est ainsi qu'il est beaucoup plus tempéré et plus uniforme
que celui de la ville ; il est aussi plus sain.

Comme la plupart des terrains de la vallée de Santiago, ceux de la *Quinta Normal* sont d'alluvion et présentent, comme direction de superficie, deux pentes générales : l'une de l'Est à l'Ouest, qui est environ de $0^m,01$ par mètre; l'autre, du Nord au Sud, de $0^m,005$ par mètre, à peu près.

L'épaisseur du sol arable varie depuis 1 mètre jusqu'à 3 mètres, suivant les points considérés. C'est un terrain de moyenne consistance, meuble, quelquefois un peu tenace, et dans lequel dominent le sable fin, l'argile et l'humus; le calcaire s'y trouve aussi. Il est perméable, actif et très riche.

Le sous-sol est entièrement formé de cailloux roulés, qui constituent une couche variant de 50 à 100 mètres d'épaisseur. Cette circonstance est extrêmement favorable aux irrigations.

Les analyses suivantes, exécutées par la Station Agronomique, donnent une idée de la composition du sol de la *Quinta Normal*.

Analyse de quelques échantillons de terres arables les plus caractéristiques de la Quinta Normal.

1° *Terre arable du vignoble* (1re section).

		kilog.	gr.	
Densité ou poids du décimètre cube		1	340	
Terre fine	par kilog	0	510	
Eléments gros	—	0	490	
Acide phosphorique	—	0	0	790
—	par hect.	2.648	175	
Chaux	— kilog	»	5	253
—	— hect	17.597	550	
Fer et alumine	— kilog	»	46	971
—	— hect	157.352	850	
Potasse	— kilog	»	0	969
—	— hect	3.246	150	
Soude	— kilog	»	0	459
—	— hect	1.537	650	
Azote	— kilog	»	0 8007	
—	— hect	2.682	345	

2° *Terre arable du vignoble* (2ᵉ section).

		kilog.	gr.	
Densité ou poids du décimètre cube.............		1	200	
Terre fine	par kilog	o	800	
Eléments gros	—	o	200	
Acide phosphorique	—	o	1	264
—	par hect....................	3.792	»	
Chaux	— kilog....................	»	9	752
—	— hect....................	29.256	»	
Fer et alumine	— kilog.	»	70	240
—	— hect....................	210.720	»	
Magnésie	— kilog	»	1	032
—	— hect....................	3.096	»	
Potasse	— kilog....................	»	o	792
—	— hect....................	2.376	»	
Soude	— kilog...................	»	o	680
—	— hect....................	2.040	»	
Azote	— kilog...................	»	1	520
—	— hect...................	4.560	»	

3° *Chacra de la Merced* (Section des cultures).

		kilog.	gr.	
Densité ou poids du décimètre cube.............		1	360	
Terre fine	par kilog...................	o	520	
Eléments gros	—	o	480	
Acide phosphorique	—	»	1	4768
—	par hect.	5.021	120	
Chaux	— kilog............	»	3	484
—	— hect................... .	11.845	600	
Fer et alumine	— kilog	»	46	7896
—	— hect...................	159.084	640	
Magnésie	— kilog	»	o	728
—	— hect...................	2.745	200	
Potasse	— kilog	»	o	2808
—	— hect.	954	920	
Soude	— kilog	»	o	1976
—	— hect...................	671	840	
Azote	— kilog	»	o	936
—	— hect...................	3.182	400	

4º *Chacra Vigouroux* (Section des prairies temporaires).

	kilog.	gr.	
Densité ou poids du décimètre cube.............	1	540	
Terre fine par kilog	o	760	
Eléments gros —	»	240	
Acide phosphorique —	»	2	3i8
— par hect.................	8.924	3oo	
Chaux — kilog.............	»	4	104
— — hect.................	15.800	400	
Fer et alumine — kilog.................	»	79	040
— — hect.................	3o4.6o4	»	
Magnésie — kilog.................	»	1	140
— — hect.................	4.382	»	
Potasse — kilog.................	»	o 6612	
— — hect.................	2.545	620	
Soude — kilog.................	»	o	266
— — hect.................	1.024	1oo	
Azote — kilog.................	»	1 4364	
— — hect.................	5 53o	»	

Nota. — Pour le calcul du poids des éléments par hectare, on considère la couche arable comme ayant o^m25 d'épaisseur.

Sous un climat aussi lumineux que celui de Santiago, où la quantité d'eau qui tombe annuellement est peu considérable, et où le nombre des jours de pluie se répartit sur quelques mois seulement, l'arrosage artificiel est une question capitale. Sans ce moyen, les cultures possibles seraient très limitées et la valeur de chacune d'elles minime.

Avec du soleil presque toute l'année, un sol fertile et de l'eau à volonté, l'agriculteur est maître de la situation; toutes les cultures propres à la région sont assurées, et leurs produits annuels sont en quelque sorte mathématiques.

Dans ces conditions, les eaux d'arrosage sont la constante préoccupation de l'agriculteur; le reste est secondaire et vient par surcroît.

A la *Quinta Normal*, les irrigations se pratiquent toute l'année, durant l'hiver aussi bien que pendant la saison chaude et sèche. On arrose, l'été, principalement pour donner de l'humidité à la terre, et l'hiver, pour la réchauffer.

On obtient ainsi des plantes herbacées vivaces une végétation continue, et l'on peut faucher tous les jours de l'année dans les prairies.

Les eaux qui sont employées, sont celles du canal *San Carlos*, venant de la rivière de *Maipu*, et celles des égouts de la ville de Santiago.

Les eaux de la rivière de *Maipu* sont claires durant l'hiver et très chargées de limon pendant la belle saison. Celles de la ville sont très riches, chaudes, chargées de résidus durant une partie de l'année.

Les analyses qui suivent, faites à la Station Agronomique, indiquent la composition de ces eaux.

Analyses des eaux qui servent aux arrosages dans la Quinta Normal (1)

1° *Eaux du canal San Carlos.*

Silice	par mètre cube d'eau........	21 gr.	840
Fer et alumine	— —	6	000
Chaux	— —	62	940
Magnésie	— —	13	545
Potasse et soude	— —	16	157
Ammoniaque	— —	10	200
Acide nitrique	— —	18	900

(1) Les quantités d'ammoniaque, d'acide nitrique, d'acide sulfurique et de chlorure correspondent à l'eau naturelle, c'est-à-dire avant d'être filtrée pour en séparer le limon.

Acide phosphorique	—	—	. . . .	9 gr. 405
Acide sulfurique	—	—	. . . .	16 000
Chlore	—	—	. . . .	59 500
Limon	—	—	. . . .	313 333

2° *Eaux du canal du Galan* (1)

Silice	par mètre cube d'eau.	16 gr. 840
Fer et alumine	—	—	. . . . . .	5 000
Chaux	—	—	. . . .	55 940
Magnésie	—	—	. . . .	6 589
Potasse et soude	—	—	. . . .	22 137
Ammoniaque	—	—	. . . .	8 100
Acide nitrique	—	—	. . . .	34 100
Acide phosphorique	—	—	. . . .	0 394
Acide sulfurique	—	—	. . . . . .	12 000
Chlore	—	—	. . . .	56 000
Limon	—	—	. . . .	166 666

La quantité d'eau dont peut disposer l'établissement, pour ses arrosages, suffit largement pour tous les besoins.

La *Quinta* a droit à 13 *regadores* (2) du canal de *Maipu*. et peut employer une quantité plus grande encore d'eaux de la ville; ce qui fait un total de plus de 26 *regadores*, qui suffiraient pour arroser 260 hectares.

Les eaux d'arrosage entrent dans la *Quinta* par deux canaux principaux, qui se ramifient suivant les besoins de chaque section culturale; mais leur parcours est toujours du nord au sud ou de l'est à l'ouest. En outre, l'établissement se trouvant à un niveau inférieur à celui de la ville, une grande partie des eaux de pluie s'y réunissent, circonstance qui oblige à donner aux

(1) Les eaux qui ont servi à ces analyses ont été recueillies en février, époque où elles sont peu limoneuses.

(2) Le regador du canal de *Maipu* correspond à un écoulement de 15 litres d'eau par seconde.

canaux une dimension plus grande pour éviter les inondations.

Du nord au sud, à l'extrémité ouest de la propriété, existe un grand canal de drainage, qui reçoit toutes les eaux d'infiltration et de pluie.

Une partie des canaux est en maçonnerie ; le reste est simplement un fossé, dont les bords sont plantés d'osiers, de saules et de peupliers.

Chemins. — Avenues. — Ponts. — Clôtures extérieures et intérieures. — Moyens de communication intérieure. — Decauville. — Téléphone. — Dans un établissement aussi subdivisé que la *Quinta Normal*, les voies de communication doivent assurer, en tous temps, un bon et rapide service, et une surveillance efficace et commode.

D'autre part, l'établissement étant aussi un lieu de promenade publique, où les habitants de Santiago accourent, par milliers, les jours de fêtes, les grandes voies sont indispensables, pour permettre la circulation facile des piétons, des cavaliers et des voitures.

Les principales avenues de la *Quinta Normal* sont les suivantes :

L'avenue du Nord	dont la longueur est de.		300ᵐ.
— de l'Orient	—	—	1.500
— de l'Occident	—	—	800
— du Musée National	—	—	300
— de l'Institut Agricole	—	—	525
— du Jardin Botanique	—	—	170
— de l'Observatoire Astronomique	—	—	325
— du Jardin zoologique	—	—	300
— de l'Aquarium	—	—	230
— des Araucarias	—	—	365
— de l'Ecole Pratique d'Agriculture	—	—	225

L'avenue des Eucalyptus	dont la longueur est de.		320
— des Chênes	—	—	1.500
— de la Vigne	—	—	800
— des Acacias	—	—	200
— des Peupliers	—	—	200
— de l'Ecole des Arts-et-Métiers	—	—	360
— de la Laiterie	—	—	110
— de la Vigne	—	—	260
— des Erables	—	—	210
	Longueur totale		9.000^{m}.

En ajoutant à ces avenues principales les chemins ordinaires, pour voitures et pour cavaliers, on obtient un parcours de plus de 10 kilomètres pour les voies carrossables de la *Quinta Normal*.

Les grandes avenues ont une largeur de 18 mètres, les autres de 15 mètres.

La plupart ont des contre-avenues d'une largeur de 3 mètres, ce qui réduit la chaussée à 15 mètres pour les plus larges et à 12 pour les autres.

Toutes les voies sont plantées d'arbres sur deux ou trois rangs.

Les essences qui forment ces avenues sont :

Les Chênes pédonculés.	Quercus pedunculata.
— à feuilles en faux.	— falcata.
— — de châtai-gnier.	— castanea.
Chênes à feuilles rouges.	— rubra.
Acacias robiniers.	Robina pseudo acacia.
Tilleuls communs.	Tilia silvestris.
Mûriers blancs.	Morus alba.
Marronniers d'Inde.	Æsculus hippocastanum.
Troènes du Japon.	Ligustrum Japonicum.
Frênes blancs d'Amérique.	Fraxinus americana alba.
— des montagnes de la Kabylie.	— var.

Acacias mimosas noirs.	Acacia melanoxylon,
Ormes communs.	Ulmus campestris.
Erables planes.	Acer platanoides.
— à feuilles de frêne.	— negundo.
Araucarias du Brésil.	Araucaria brasilensis.
— élevés.	— excelsa.
Casuarinas à feuilles à queue de cheval.	Casuarina equisetifolia.
Casuarinas à feuilles ténues.	— stricta.
Magnolias à grandes fleurs.	Magnolia grandiflora.
Peupliers noirs.	Populus nigra.
— de la Caroline.	— carolina.
Noyers noirs d'Amérique.	Juglans nigra.
Tulipiers de Virginie.	Siriodendrum tulipifera.
Maitenes du Chili.	Maitenus boatia.

Les chaussées des avenues et chemins sont empierrées au moyen de graviers ou cailloux roulés, mélangés de sable, qui forment le sous-sol de la *Quinta*, et que l'on extrait très facilement, en pratiquant un trou à ciel ouvert.

Les contre-avenues sont en grande partie sablées.

L'écoulement des eaux se fait par des rigoles qui bordent les chemins; ces rigoles servent également pour l'arrosage des arbres et des haies vives qui bordent ces voies.

Durant l'été, les avenues et les chemins sont arrosés deux ou trois fois par semaine, au moyen de seaux ordinaires, dont les ouvriers du pays se servent avec une habileté particulière. L'arrosage à la lance, essayé autrefois, a dû être abandonné comme trop coûteux.

Les avenues traversent les nombreux canaux d'irrigation sur des ponts, qui sont tous en maçonnerie; les uns sont couverts en fer (vieux rails de chemin de fer), et les autres sont en madriers solides; on en compte 12 grands et 25 petits.

Comme toutes les propriétés rurales des environs de Santiago, la *Quinta Normal* est close extérieurement par des murs de terre, dont les bases sont en maçonnerie, et dont le faîte est couvert de tuiles. Leur hauteur est de $2^m,5o$ à 3 mètres.

Ce système de clôture coûte très cher à établir; les dépenses d'entretien sont considérables, et la durée en est relativement assez courte, par suite de l'action des pluies d'hiver et des tremblements de terre, qui les ébranlent et les font souvent tomber.

A l'intérieur de l'établissement, les clôtures sont formées par des haies vives et par des haies sèches.

Les haies vives sont principalement employées partout où les animaux de l'établissement n'ont point accès, c'est-à-dire, pour le parc, les jardins, le verger, les pépinières et la vigne.

Les principales essences employées pour établir ces haies sont les suivantes :

Acacias. — Gleditschias. — Maclures. — Paliures. — Arbres de Judée. — Ormes. — Tamarix. — Osiers. — Chênes. — Cognassiers. — Poiriers du Japon. — Rosiers. — Pruneliers. — Poiriers.

Ces haies ont une hauteur d'environ $1^m,3o$. Les arbres et arbustes, qui les forment, sont plantés en treillages croisés attachés sur quatre ou cinq lignes de fils de fer, qui sont soutenus par des poteaux. Au bout de quelques années, les tiges principales se greffent par approche, et le tout constitue une clôture impénétrable d'un très joli effet. Chaque année, on les taille deux fois durant l'été, et une fois à la fin de l'hiver.

Les haies sèches, d'une hauteur de $1^m,4o$, sont formées de cinq ou six rangs de ronces artificielles soutenues par des poteaux plantés à trois mètres de distance.

De chaque côté de ces haies, à 4o centimètres, existe un fossé parallèle, suffisamment grand pour servir de rigole d'irrigation pour les terrains voisins inférieurs et de rigole d'écoulement, quand a lieu l'arrosage des champs supérieurs. Outre la facilité que cette disposition fournit aux arrosages, elle est très utile à la conservation des clôtures, en empêchant les animaux de s'en approcher et également de s'y blesser.

Dans la section des prairies, située au nord-ouest de la propriété, et qui est destinée principalement au pâturage, les divisions des champs vont de l'ouest à l'est et sont formées par des lignes de grands arbres assez rapprochés pour que leurs branchages se croisent, forment un vrai rideau impénétrable au soleil et aux vents, et abritent les animaux. De chaque côté de ces lignes, et à un mètre, il y a une haie sèche de ronces artificielles, établie de la même façon que celles indiquées plus haut.

Ainsi disposées, ces clôtures coûtent moins cher que les murailles de terre ordinaires, demandent moins de frais d'entretien, durent indéfiniment et sont productives par les bois qu'elles fournissent au bout d'un certain temps.

Ce système de clôture, qui ne présente aucun inconvénient sérieux, lorsqu'il est convenablement établi, est appelé à rendre d'immenses services dans le pays, en permettant, d'une façon économique, la division des grands champs et la meilleure utilisation des herbages.

Le grand mouvement occasionné par les transports de toutes sortes pour les besoins des différents services de l'établissement, les nombreuses voitures des visiteurs qui parcourent journellement la *Quinta*, rendent très coûteux l'entretien des chemins. Pour remédier à cet inconvénient, prochainement on établira un réseau complet de chemin de fer à voie étroite (système Decauville), qui mettra en communication les principaux points de l'établissement et servira à tous les transports.

Un téléphone intérieur relie l'Institut Agricole, les bureaux de l'administration et l'Ecole Pratique d'Agriculture avec ses bâtiments et services annexes.

PALAIS DE L'EXPOSITION

E. — Vestibules.
M. — Musée National.
V. — Musée vinicole (Institut Agricole).
A. — Salle de classe   —   —
L. — Salle de classe   —   —
Z. — Salle de classe   —   —
I. — Salle de travail   —   —
D. — Salle de classe   —   —
B. — Bibliothèque   —   —
P. — Salle de classe   —   —
P'. — Salle de travail   —   —

PALAIS DE L'EXPOSITION

Légende.

E. — Vestibules.
M. — Musée National.
V. — Musée viticole (Institut Agricole).
A. — Salle de classe
L. — Salle de classe
Z. — Salle de classe
I. — Salle de travail
D. — Salle de classe
B. — Bibliothèque
P. — Salle de classe
P'. — Salle de travail

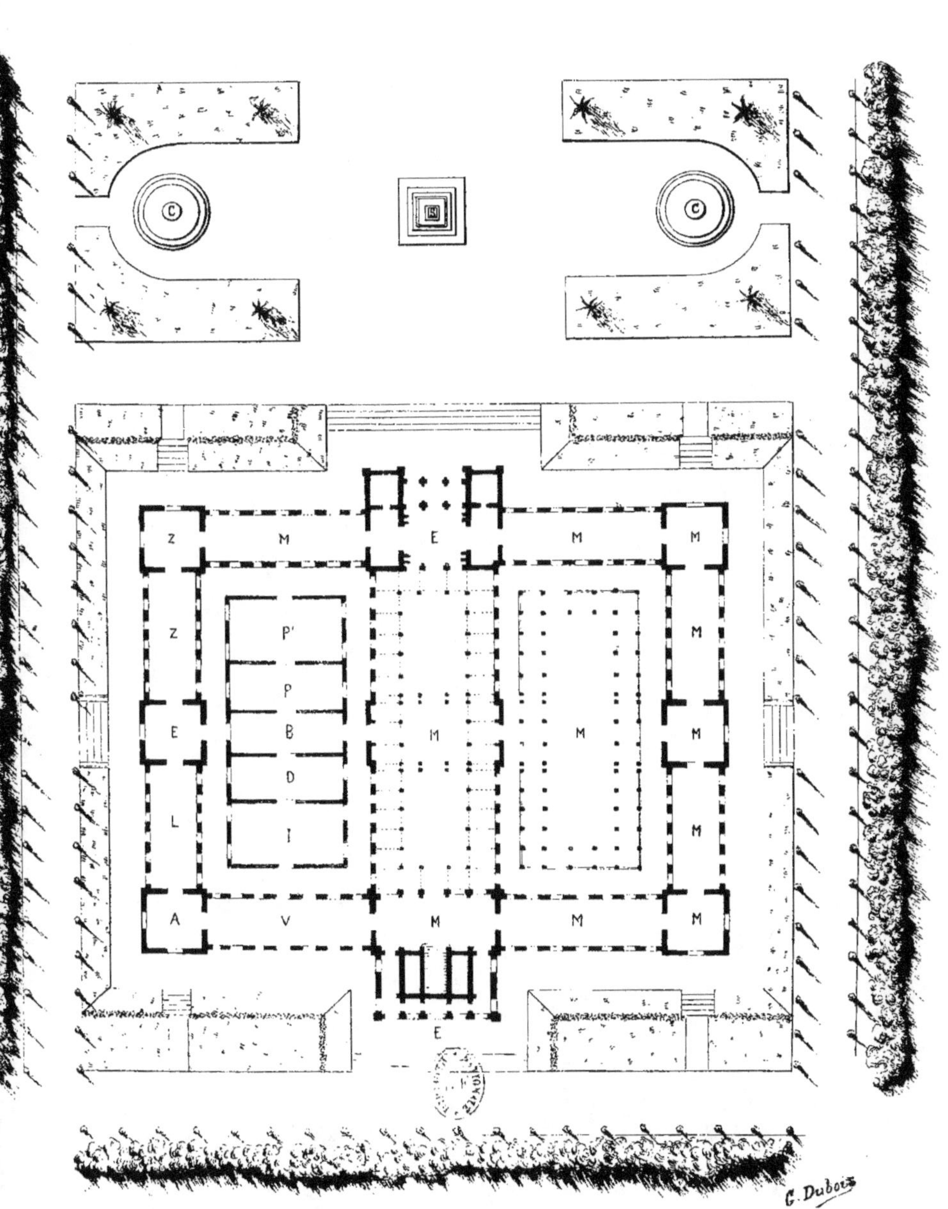
C
C
Z
M
E
M
M
Z
M
M
E
P'
P
M
B
M
D
M
I
M
L
M
A
V
M
M
M
E
G. Dubois

INSTITUT AGRICOLE

Dans un pays comme le Chili, où la propriété foncière est encore peu divisée, où tous les possesseurs du sol font valoir eux-mêmes leurs terres, où toutes les choses qui ont trait à l'agriculture sont hautement considérées dans les milieux les plus aristocratiques, où, enfin, toutes les personnes riches s'occupent plus ou moins de cette industrie, l'enseignement agricole supérieur, pour les fils de familles aisées, était une nécessité. C'est par cette voie qu'il fallait commencer.

A côté des médecins, des avocats, des ingénieurs de mines et des ponts-et-chaussées, il fallait des agriculteurs instruits, des agronomes et des ingénieurs agricoles. La lumière devait venir d'en haut.

Pour répondre à ces besoins si réels, on a institué l'enseignement supérieur de l'agriculture, en créant l'*Institut Agricole*, à la *Quinta Normal*. Cet établissement a donné complète satisfaction, en suivant le programme tracé, et a rempli pleinement le but de sa fondation.

Inauguré en 1876, les premières années ont été une époque d'organisation ; aujourd'hui, cet établissement est à la hauteur des meilleures institutions de ce genre et en pleine prospérité.

Règlement organique
DE L'INSTITUT AGRICOLE

TITRE I.

But et énumération des cours de l'Institut Agricole.

ART. 1er. — L'*Institut Agricole*, installé dans le palais de la *Quinta Normal de Agricultura*, a pour objet de donner, par le moyen de l'enseignement théorique et pratique, les connaissances qu'embrassent les cours suivants :

1º Agriculture ;

2º Economie rurale et comptabilité agricole ;

3º Arboriculture et horticulture ;

4º Viticulture et vinification ;

5º Botanique agricole ;

6º Anatomie et physiologie comparées des animaux domestiques ;

7º Extérieur des animaux domestiques ;

8º Zootechnie générale ;

9º Zootechnie spéciale et vétérinaire ;

10º Chimie générale inorganique et organique ;

11º Chimie analytique, agricole, et technologie agricole ;

12º Génie rural et constructions rurales ;

VUE DU PALAIS DE L'EXPOSITION

13° Législation rurale.

De plus, il y a dans l'établissement un cours préparatoire qui comprend les connaissances suivantes :

1° Minéralogie, géologie et zoologie appliquées à l'agriculture;

2° Eléments d'arithmétique, d'algèbre, de géométrie et de trigonométrie; dessin linéaire et comptabilité;

3° Eléments de physique et de minéralogie appliquées à l'agriculture.

Il y a également des conférences spéciales de :

Entomologie agricole;

Apiculture;

Sériciculture;

Pisciculture;

Hygiène rurale.

TITRE II.

Matériel et sections au service de l'Institut.

ART. 2. — Pour les démonstrations et les applications pratiques des divers cours indiqués, l'*Institut Agricole* a à sa disposition le matériel et les sections suivantes :

1° Une bibliothèque agricole;

2° Un musée de produits, appareils et machines agricoles;

3° Une station agronomique avec ses laboratoires de chimie;

4° Un observatoire météorologique agricole;

5° Un champ d'études et d'expériences culturales;

6° Un jardin dendrologique;

7° Un vignoble, des édifices pour la vinification, des caves pour la conservation des vins et une distillerie agricole;

8° Un jardin fruitier et un verger;

9° Un jardin potager;

10° Des serres pour la multiplication et un jardin d'hiver;

11° Un hôpital vétérinaire;

12° Un jardin zoologique d'acclimatation;

13° Une station d'animaux reproducteurs;

14° Une étable pour les expériences zootechniques;

15° Une laiterie et une fromagerie;

16° Une collection d'animaux domestiques pour l'élevage, le travail et l'engraissement;

17° Un rucher;

18° Une magnanerie;

19° Une collection d'animaux de basse-cour;

20° Un établissement de pisciculture;

21° Une section spéciale pour la multiplication des arbres et arbustes fruitiers, forestiers et d'ornement;

22° Une section de grande culture pour les principales plantes agricoles : céréales, farinacées, racines, fourrages, prairies et plantes industrielles.

Pour les besoins de l'enseignement, sont considérés comme annexes de l'*Institut Agricole*, les sections et départements indiqués ci-dessus, qui existent actuellement à la *Quinta Normal*.

TITRE III

Direction supérieure de l'établissement. — Attributions du Conseil Supérieur.

ART. 3. — La direction supérieure de l'*Institut Agricole* est confiée à un Conseil composé : du président de la *Société Na-*

tionale d'Agriculture, qui en est le président; du directeur de l'*Institut Agricole;* de quatre membres, nommés pour trois ans, par le Président de la République, dont deux sont proposés par le Conseil de la *Société Nationale d'Agriculture* et les deux autres par le Conseil d'enseignement technique, et de deux professeurs de l'*Institut Agricole*, désignés également pour trois ans par le Conseil des professeurs de l'établissement. Le vice-président est élu par les membres du Conseil.

Art. 4. — Les attributions du Conseil de l'*Institut Agricole* sont les suivantes :

1º La haute surveillance de l'établissement, dans toutes ses différentes sections et dépendances;

2º Approuver les décisions prises par le Conseil des professeurs;

3º Proposer au Conseil d'enseignement technique la nomination ou la révocation du Directeur;

4º Proposer au même Conseil, après avoir entendu le Directeur, les personnes compétentes pour les emplois de professeurs, répétiteurs, maîtres de conférences, et pour les autres emplois de l'établissement;

5º Approuver les règlements intérieurs;

6º Approuver et présenter au Conseil d'enseignement technique le budget annuel et réviser les comptes des dépenses, présentés annuellement par le Directeur;

7º Proposer toutes les réformes et mesures tendant à l'amélioration de l'établissement;

8º Envoyer au Conseil d'enseignement technique le rapport annuel que doit présenter le Directeur sur la marche de l'établissement;

9º Présenter au même Conseil la liste des élèves reçus à la

suite des examens de fin d'études, pour l'obtention des titres d'agronome et d'ingénieur agricole.

TITRE IV

Du Directeur-Administrateur et de ses attributions.

Art. 5. — L'*Institut Agricole* sera dirigé par un Directeur nommé par le Président de la République, conformément à l'article 4, paragraphe 3. L'autorité du Directeur de l'*Institut Agricole* s'étend sur toutes les sections des différents services de l'établissement.

Art. 6. — Les fonctions du Directeur sont :

1º Surveiller et faire exécuter les règlements de l'établissement ;

2º Distribuer le temps pour les cours, conférences, répétitions et applications pratiques durant chaque période scolaire, et désigner les professeurs qui doivent former les commissions d'examens ;

3º Indiquer au Conseil Supérieur les personnes qui doivent composer le personnel de l'enseignement ;

4º Présenter au Conseil Supérieur, à la fin de chaque année, un rapport sur la marche de l'établissement ;

5º Convoquer et présider le Conseil des professeurs ;

6º Proposer au Conseil Supérieur ou au Conseil des professeurs les réformes et les mesures qu'il jugera convenables pour l'amélioration et la bonne marche de l'établissement.

7º Présenter au Conseil Supérieur le budget annuel et le compte des dépenses.

TITRE V

*Personnel de l'enseignement. — Attributions du corps
des professeurs.*

ART. 7. — Le personnel de l'enseignement comprend :

1° Les professeurs des cours indiqués dans l'article 1er ;

2° Les maîtres de conférences pour l'entomologie agricole,
l'apiculture, la sériciculture, la pisciculture, l'hygiène rurale et
les autres sujets qui peuvent intéresser l'agriculture nationale ;

3° Les répétiteurs-préparateurs des cours d'agriculture, d'é-
conomie rurale et de comptabilité agricole, d'arboriculture,
d'horticulture, de viticulture et vinification, de chimie générale,
analytique, agricole, et de technologie, d'anatomie et de physiologie comparées des animaux domestiques, de zootechnie
générale, de zootechnie spéciale et de vétérinaire, de génie
rural et de constructions agricoles ;

4° Les chefs des travaux pratiques pour les deux branches de
la production végétale et animale.

ART. 8. — Le corps des professeurs de l'*Institut Agricole*
forme un Conseil d'instruction présidé par le Directeur, et qui
a les attributions suivantes :

1° Déterminer la méthode d'enseignement et les programmes
des divers cours du plan des études ;

2° Former les commissions pour les examens de la fin de
chaque période scolaire, conformément aux désignations faites
par le Directeur ;

3° Déterminer annuellement les programmes des travaux des
vacances et des épreuves auxquelles doivent se soumettre les

aspirants au titre d'ingénieur agricole; les programmes de ces dernières épreuves doivent être approuvés par le Conseil d'enseignement technique;

4° Former les règlements spéciaux relatifs à l'enseignement pour les différentes sections de l'établissement.

TITRE VI

Des autres employés.

ART. 9. — De plus, l'établissement aura les employés suivants :

1° Un inspecteur général, qui sera chargé de la bibliothèque et du musée agricole;

2° Un secrétaire-trésorier du Conseil Supérieur;

3° Un portier, et les autres employés qui seraient nécessaires pour le service intérieur et pour les applications des cours.

TITRE VII

Des élèves et des conditions de leur admission.

ART. 10. — Le régime de l'*Institut Agricole* est l'externat ; mais il y a un pensionnat spécial dans la *Quinta Normal*, pour les élèves de l'établissement. L'enseignement est public et gratuit.

L'établissement admet :

1° Des élèves pour le cours préparatoire;

2° Des élèves pour le cours supérieur complet et pour des classes déterminées;

3º Des auditeurs libres.

Art. 11. — Pour être admis dans la catégorie des élèves du cours supérieur complet, les candidats doivent justifier qu'ils ont au moins 16 ans, et seront soumis à un examen d'entrée, qui portera sur les connaissances suivantes conformément aux programmes adoptés :

1º Arithmétique.

2º Algèbre élémentaire.

3º Trigonométrie élémentaire.

4º Géométrie élémentaire.

5º Dessin linéaire.

6º Géographie.

7º Physique et chimie élémentaires.

8º Histoire naturelle.

9º Grammaire espagnole.

Chaque année avant l'ouverture des cours, le Directeur nommera une commission composée de cinq professeurs de l'établissement, qui sera chargée de faire passer l'examen d'admission. Les aspirants, qui n'obtiendront point la note équivalente à « bien », ne pourront être reçus et devront entrer dans la section préparatoire.

Les élèves, qui désirent entrer dans le cours préparatoire, devront présenter des certificats, constatant qu'ils ont étudié les diverses matières énumérées plus haut, excepté la trigonométrie et le dessin linéaire.

Art. 12. — Les élèves de cours déterminés et les auditeurs libres ne sont soumis à d'autres conditions qu'à celle de se faire inscrire, et prouver qu'ils ont, au moins, 16 ans accomplis.

Art. 13. — Tout élève dont les parents ou tuteurs ne demeurent pas à Santiago, est obligé d'avoir dans cette ville un correspondant qui les représente auprès du Directeur de l'établissement.

TITRE VIII

Pensionnat spécial pour l'Institut Agricole.

Art. 14. — Il est établi un pensionnat dans la *Quinta Normal de Agricultura* pour les élèves de l'établissement.

Art. 15. — Les conditions du pensionnat sont les suivantes:

1º Les jeunes gens devront se soumettre au régime intérieur de la *Quinta Normal* et au règlement spécial qui sera édicté à cet effet;

2º Durant la période scolaire, le prix de la pension sera de vingt piastres par mois et celui de la demi-pension de vingt piastres par trimestre, payables au commencement de chaque trimestre;

3º Il sera fourni aux pensionnaires la nourriture et le logement, et le déjeuner seulement aux demi-pensionnaires.

TITRE IX

Durée et distribution des études.

Art. 16. — La durée des études du cours supérieur ou enseignement technique est de trois ans et celle du cours préparatoire d'un an. Chaque année se divise en deux périodes scolaires. La première commence le 15 mars et se termine le 31 juillet; la deuxième commence le 1er août et finit le 15 décembre.

Art. 17. — Les divers cours que comprend l'enseignement de l'*Institut Agricole* sont distribués comme suit :

COURS PRÉPARATOIRE

Minéralogie, géologie et zoologie appliquées à l'agriculture. — Eléments d'arithmétique, d'algèbre, de géométrie, de physique et de météorologie. — Trigonométrie, dessin linéaire et tenue des livres.

COURS D'ENSEIGNEMENT SUPÉRIEUR

Première année.

Agriculture générale, climatologie et agrologie. — Botanique agricole. — Anatomie et physiologie comparées des animaux domestiques. Extérieur des animaux domestiques. — Chimie générale. — Génie rural et topographie.

Deuxième année.

Agriculture spéciale. — Arboriculture. — Horticulture. — Zootechnie générale. — Chimie analytique. — Génie rural : hydraulique agricole. — Conférences spéciales.

Troisième année.

Agriculture spéciale. — Viticulture et vinification. — Economie rurale et comptabilité agricole. — Zootechnie spéciale et vétérinaire. — Génie rural et constructions rurales. — Chimie agricole et technologie. — Législation rurale. — Conférences spéciales.

Art. 18. — Les programmes de chaque cours seront rédigés par les professeurs respectifs, conformément à la distribution des études, et seront soumis à l'approbation du Conseil d'enseignement technique, après avoir été approuvés par le Conseil Supérieur de l'établissement.

TITRE X

Pratique de l'enseignement agricole.

Art. 19. — L'enseignement technique de l'*Institut Agricole* sera complété par des visites aux fabriques et aux établissements, qui intéressent l'agriculture, et par des excursions d'études, qui se feront au commencement ou à la fin de chaque année scolaire, dans les différentes régions et zones agricoles de la République. Ces excursions seront dirigées par les professeurs.

Art. 20. — Mensuellement, les élèves se diviseront en groupes, lesquels seront obligés de visiter, tous les jours, les sections des travaux pratiques de la *Quinta Normal*, qui font l'objet de leurs études. Ils devront présenter à la fin du mois un travail sur leurs observations. Ces mémoires seront lus dans une conférence spéciale.

Art. 21. — Durant les vacances, les élèves doivent effectuer des travaux d'application et présenter un mémoire relatif à ces travaux, au commencement de chaque année scolaire.

Chaque année, on fait connaître en temps opportun, aux élèves, le programme des travaux de vacances, qu'ils auront à exécuter.

Art. 22. — Toutes les classes, tous les exercices, travaux d'application et de vacances sont obligatoires pour les élèves du cours technique complet; pour les élèves de classes déterminées, ceux qui se rapportent aux cours qu'ils suivent.

Les élèves de classes déterminées et les auditeurs libres ont la faculté de suivre les cours qu'ils désirent, en se soumettant aux règles de discipline et d'ordre qui régissent l'établissement.

Art. 23. — Les exercices de culture, d'arboriculture, d'horticulture, de viticulture et de vinification, de zootechnie, de vétérinaire, de machines agricoles, de topographie, de dessin, de météorologie; les manipulations chimiques et toutes les autres démonstrations pratiques se feront à des heures différentes de celles qui sont destinées aux cours, et sous la direction des professeurs et répétiteurs respectifs.

Dans toutes les classes et travaux d'application, les élèves sont obligés de prendre des notes.

TITRE XI

Appréciation des études et travaux des élèves.
Examens.

Art. 24. — Les élèves seront soumis mensuellement à des interrogations faites par les professeurs et répétiteurs de chaque cours et devront présenter leurs cahiers de notes, leurs dessins, projets et rédactions.

Art. 25. — Le mérite des élèves, pour chaque interrogation, exercice, travail pratique, mémoire, conduite, application et examen, sera représenté par points ou chiffres, en prenant pour base l'échelle et les coefficients, qui seront déterminés par le Conseil des professeurs.

Art. 26. — A la fin de chacune des deux périodes qui forment l'année scolaire, les élèves du cours complet et les élèves des classes spéciales devront passer un examen de tous les cours auxquels ils ont assisté, devant une commission composée de trois professeurs de l'*Institut Agricole* et des personnes désignées par le Conseil Supérieur pour assister à ces épreuves.

Les auditeurs libres ne passent pas d'examens.

Art. 27. — Pour tous les cours, les examens comprendront :

1º Une épreuve écrite sur un sujet indiqué par la commission d'examen; celle-ci devra fixer un temps suffisant, pour que les élèves puissent développer et exécuter leur travail d'une façon convenable.

2º Une épreuve orale, qui durera de vingt minutes à une demi-heure. Le thème de cette épreuve sera tiré au sort par chaque élève, au moment de se présenter devant la commission, et portera sur les matières enseignées pendant la période scolaire respective.

3º Une épreuve pratique, qui pourra durer une demi-heure et qui portera sur les principales applications de chaque cours.

Les élèves, non reçus dans les examens d'une période scolaire, pourront se présenter de nouveau, à la fin du semestre suivant.

Aucun élève ne pourra se présenter aux examens des cours de deuxième ou de troisième année, sans avoir été reçu dans les examens de l'année antérieure.

TITRE XII

Diplôme d'Agronome. — Certificat d'études.

Art. 28. — Les élèves du cours technique complet, qui auront été admis dans tous leurs examens annuels, recevront, à la fin de leurs études, un diplôme d'agronome, délivré par le Gouvernement, et dans lequel se consignera la somme moyenne de tous les points obtenus dans les différents examens de fin d'études.

Art. 29. — Les élèves de cours déterminés, qui auront été admis dans les examens des cours qu'ils auront suivis, recevront un certificat d'études correspondant et visé par le président du Conseil Supérieur de l'établissement.

TITRE XIII

Titre d'ingénieur agricole.

Art. 30. — Les agronomes, qui sont bacheliers ès-sciences, pourront aspirer au titre d'ingénieur agricole.

Ils auront à subir une épreuve finale devant une commission, composée du directeur de l'*Institut Agricole*, de deux professeurs nommés par le Directeur, et de deux assistants désignés par le Conseil de l'établissement.

Art. 31. — Cet examen comprendra :

1° La présentation d'un mémoire raisonné ou monographie agricole d'une localité ou d'une propriété rurale.

Ce travail devra être accompagné de plans topographiques et de constructions rurales, de projets exécutés par les aspirants, d'échantillons de terres arables, d'eaux d'irrigation et de produits agricoles, avec leurs analyses respectives ;

2° Un examen oral, théorique et pratique sur les principaux points traités dans le mémoire et sur tous les autres, que la commission d'examen jugerait convenable.

Le mémoire doit être remis au directeur de l'*Institut Agricole*, un mois et demi, au moins, avant l'époque fixée pour les examens.

En temps opportun, on fera connaître aux intéressés le programme rédigé, pour chacun d'eux, par le Conseil des professeurs, et auquel ils devront s'astreindre pour la rédaction du mémoire et pour la présentation des plans, dessins, croquis, projets et échantillons, qui doivent les accompagner.

ART. 32. — . Les élèves, dont il est fait mention dans l'article 30, qui auront satisfait à cet examen final, recevront un diplôme d'ingénieur agricole, délivré par le Gouvernement, et dans lequel sera spécifiée la somme moyenne des points obtenus dans toutes les épreuves.

ART. 33. — Les aspirants au titre d'ingénieur agricole, qui présenteraient un certificat légalisé, constatant qu'ils ont fait des études équivalentes à celles de l'*Institut Agricole,* dans les établissements analogues étrangers, seront seulement obligés de subir l'examen final indiqué dans les articles 30 et 31.

Le Conseil de l'*Institut Agricole* appréciera les études faites par ces aspirants, en prenant en considération les programmes de l'enseignement des établissements étrangers où ils ont étudié.

ART. 34. — Le titre d'agronome et celui d'ingénieur agricole seront considérés comme des titres professionnels qui rendent aptes à exercer les fonctions d'experts conférées par l'autorité judiciaire ou administrative aux géomètres ou ingénieurs géographes.

TITRE XIV

Ordre et discipline.

Art. 35. — Durant leur présence dans l'*Institut Agricole,* les élèves seront spécialement surveillés par l'inspecteur général.

En dehors des salles d'études, des classes, des laboratoires, de la bibliothèque, etc., etc., et pendant qu'ils resteront dans l'établissement, les élèves demeureront soumis au règlement général de la *Quinta Normal*.

Art. 36. — A la fin de chaque période scolaire, on fera, pour chaque élève, un bulletin qui résumera la quantité de points obtenus pour son assiduité, son travail et sa conduite.

Ces bulletins seront adressés aux parents ou correspondants des élèves.

Art. 37. — Les seules punitions qui peuvent être infligées aux élèves sont les suivantes :

1º La réprimande par le directeur de l'*Institut Agricole;*

2º La réprimande, prononcée par le Conseil des professeurs ;

3º L'expulsion, prononcée par le Conseil Supérieur, sur la proposition du Conseil des professeurs et avec l'avis motivé du Directeur.

Chaque réprimande prononcée par le Conseil des professeurs sera communiquée immédiatement aux parents ou aux correspondants de l'élève.

En cas de faute grave, le Directeur pourra aussi ordonner l'expulsion provisoire d'un élève. Dans les quinze jours suivants, au plus tard, le Conseil des professeurs devra se prononcer sur la mesure prise par le Directeur.

Art. 38. — Le présent règlement sera mis en vigueur à partir du commencement de l'année scolaire 1889.

MODÈLE DU BULLETIN SEMESTRIEL

DE L'INSTITUT AGRICOLE

Institut Agricole. · *Quinta Normal de Santiago.*

Bulletin d'Assistance, Conduite, Travail, Progrès et d'Examens de l'Elève M. .... de .... année durant le semestre scolaire de 188......

COURS	ASSISTANCE	CONDUITE	TRAVAUX ET APPLICATIONS	PROGRÈS	EXAMENS	TOTAL	MAXIMUM	RÉSULTATS
Arithmétique....................								
Algèbre et Trigonométrie.......								
Géométrie et Dessin								
Tenue de Livres..........								
Physique et Météorologie..... .								
Minéralogie et Géologie..... ...								
Zoologie......................								
Agriculture......								
Economie rurale								
Viticulture et vinification.......								
Arboriculture.......								
Horticulture......								
Botanique agricole......								
Anatomie et Physiologie comparées....................								
Zootechnie générale								
Zootechnie spéciale............								
Chimie générale.........								
Chimie agricole et Technologie.								
Génie rural........								
Législation générale.......... .								
TOTAL..................								

NOTA. — L'échelle adoptée est la suivante : de 19 à 20, distingué ; de 17 à 19, très bien ; de 14 à 17, bien ; de 10 à 14, assez bien ; de 6 à 10, mal ; de 2 à 6, très mal et moins de 2, nul.

Santiago, le .... 188 ...

Le Directeur,

Enseignement de l'Institut Agricole

PROGRAMME DES COURS

Minéralogie appliquée à l'agriculture.

Généralités. — Définition de la minéralogie et son importance en agriculture. — Propriétés chimiques des minéraux. — Les cristaux. — Propriétés physiques des minéraux : poids spécifique, cohérence, clivage, brisure, séparation, dureté, ténacité, transparence, réfraction, brillant, polarisation, couleur.

Influence de la chaleur sur les minéraux. — Influence de l'électricité et du magnétisme.

Classification.

Minéralogie spéciale. — Minéraux d'origine inorganique.

Eléments : Soufre.

Oxydes : Quartz et ses variétés. — Oxydes de fer.

Sulfures : Pyrite.

Chlorures : Sel gemme, chlorure de potassium, etc.

Sulfures : Glandérite, gypse et ses modifications, alun.

Phosphates : Ostéolithe, apatite.

Nitrates : Nitrate de potasse ou salpêtre, nitrate de soude.

Carbonates : Calcaire et ses modifications, marne, dolomie, magnésie.

Silicates : Amphiboles, pyroxène, chlorite, mica, feldspaths, tourmaline, serpentine, kaolin et ses modifications, pierre ponce, obsidienne.

Minéraux d'origine organique : Asphalte, pétrole; charbon fossile : houille, anthracite, lignite, tourbe, guanos.

Géologie appliquée à l'agriculture.

Généralités. — Définition et objet. — Formation de la terre selon Laplace, et modifications de la première couche depuis son apparition.

Roches. — Classification des roches.

Pétrographie. — Roches simples. — Quartz et ses modifications. — Gypse, calcaire, marne, dolomie, silicates, charbon fossile, guano.

Roches composées, plutoniques et métamorphiques.

Oligo-classiques : granite, granitoïde, porphyre, molaire, syénite.

Plagio-classiques : diorite, phosphyrite, mélophyre, porphyre.

Micacées : gneiss, schiste micacé.

Sous-feldspaths. — Mica. — Roche tourmaline.

Roches volcaniques cristallisées.

Trachytiques : trachyte, phonolite, andésite, obsidienne, pierre ponce, perlite.

Basaltiques : dolérite, basalte.

Roches clastiques.

Roches meubles : sables, cailloux, cendres.

Grès : conglomérat, grauwake, poudingue, brèche.

Argiles : kaolin, argile, limon.

Tufs : tuf volcanique et autres.

Terres arables.

Époques géologiques : Terrains primitifs ou azoïques : granite, gneiss, schiste.

Terrains paléozoïques : combrien, silurien, dévonien, carbonifère.

Terrains mésozoïques : trias, jurassique, crétacé.

Terrains kanozoïques : tertiaire, éocène, miocène, plio-cène.

Terrains quaternaires : diluvien, erratique.

Terrains actuels : travestins, alluvions, dunes, tourbes.

Zoologie appliquée à l'agriculture.

Introduction. — Vie animale en général. — Classification des animaux suivant Cuvier.

Zoologie descriptive.

Mammifères. — Division :

Bimanes : l'homme, idée succincte de sa structure et physio-logie.

Chéiroptères : la chauve-souris.

Carnivores : le chien, le renard, la loutre, le chat, le lion, le *quique*, le *chingue*.

Rongeurs : le lapin, le rat.

Pachydermes : le porc.

Solipèdes : le cheval, l'âne, le mulet.

Ruminants : le bœuf, le mouton, la chèvre, les *auchenias : guanacos,* lama, vigogne, alpaca.

Oiseaux. — Division :

Rapaces ou oiseaux de proie : vautours, aigles, hiboux, etc.

Passereaux : les grives, les merles, les moineaux, etc.

Grimpeurs : les perroquets, les coucous, les pies.

Gallinacés : la perdrix, la caille, les pintades, les dindons, les paons, les faisans, le coq.

Échassiers : les *garzas*, les hérons, les grues, les cigognes, etc.

Palmipèdes ou oiseaux nageurs : les oies, les canards, etc.

Reptiles. — Division : les tortues, les couleuvres, les lézards, les vipères, les serpents, etc.

Poissons. — Division : la truite, la carpe, le saumon, le *pejerey*, le *bagre*, etc.

Insectes. — Division :

Coléoptères : les calandres ou charançons, le hanneton, les cantharides, etc.

Orthoptères : les sauterelles, les criquets, les grillons, les blattes, les courtilières, etc.

Névroptères : les libellules, les éphémères, les termites, etc.

Hyménoptères : les fourmis, les abeilles, les guêpes, etc.

Lépidoptères : les vers à soie, les teignes, la pyrale, etc.

Hémiptères : les punaises, les cigales, la cochenille, la puce, les poux, le puceron lanigère, etc.

Diptères : les cousins, les taons, les œstres, les mouches.

Arachnides. — Division : les araignées, les mygales, les tarentules, les scorpions, le rouget, les mites, etc.

Crustacés. — Division : l'écrevisse, la langouste, le crabe, les crevettes, etc.

Vers. — Division : les sangsues, les lombrics, les vers intestinaux, le tenia, la douve, etc.

Mollusques. — Division : les huîtres, les moules, les limaçons, les escargots, etc.

Arithmétique.

Arithmétique appliquée à l'agriculture. — Système métrique. — Fractions décimales. — Fractions ordinaires. — Extraction des racines : racine carrée, racine cubique. — Rapports et proportions.

Règles de trois. — Règles d'intérêts simples et composés. — Escompte commercial. — Partages proportionnels. — Règles de société. — Change. — Comptes courants. — Opérations de banque, etc. — Résolution de problèmes agricoles. — Calcul mental.

Algèbre.

Algèbre appliquée à l'agriculture. — Opérations pratiques sur les quatre premières règles. — Equations du 1er degré et applications. — Equations du 2e degré et applications. — Rapports et proportions. — Progressions. — Logarithmes et applications pratiques. — Annuités. — Intérêts composés. — Amortissement. — Actions, obligations, rente sur l'Etat, etc., et applications pratiques.

Géométrie et dessin linéaire.

Géométrie et dessin linéaire appliqués. — Etudes pratiques sur les lignes droites, brisées, courbes et mixtes. — Mesure et tracé de ces lignes sur le terrain et sur le papier. — Lignes parallèles et perpendiculaires. — Tracé de ces lignes sur le terrain et sur les plans.

Angles, leur classification, leur mesure et leur construction sur le papier et sur le terrain.

Triangles et polygones réguliers et irréguliers. Construction sur le terrain et sur le papier, périmètre, superficie et division en parties égales ou proportionnelles.

Circonférence, cercle, segment, secteurs circulaires, ellipses, ovoïdes, ovales. — Tracé sur le terrain et sur le papier, surface et division en parties égales ou proportionnelles.

Ellipse, volute, parabole, hyperbole.

Pyramides, troncs de pyramides, cubes, prismes, parallélipipèdes, cylindres, cylindres tronqués, cônes, troncs de cônes, sphères, ellipsoïdes de révolution, terrains accidentés, montagnes, etc. — Tracé graphique, surfaces et volumes de ces corps.

Représentation graphique du point, des lignes, des pyramides, des cônes, des prismes, des cylindres et d'une surface quelconque.

Dessin des moulures et des ordres appliqués dans les constructions rurales. — Dessin de portes, de fenêtres, de charpentes, de voûtes, de ponts, de planchers, de toits, etc. — Dessin et croquis d'édifices ruraux : maisons, étables, écuries, bergeries, porcheries, poulaillers, granges, caves, laiteries, etc.

Croquis et dessin d'instruments et machines agricoles : pelles, fourches, houes, charrues, herses, rouleaux, scarificateurs, semoirs, machines à faucher, machines à moissonner, batteuses, tarares, trilleurs, hache-paille, coupe-racines, etc.

Trigonométrie rectiligne.

Définition et objet. — Lignes trigonométriques : sinus, tangente, sécante, cosinus, cotangente, cosécante. — Relations entre les lignes trigonométriques et formules fondamentales. — Valeurs et signes de ces lignes.

Formules générales qui servent pour résoudre les triangles rectangles et obliquangles.

Construction des tables de logarithmes de lignes trigonométriques. — Usage des tables de Lalande et de Callet.

Application sur la résolution des triangles rectangles, suivant les divers cas qui peuvent se présenter. — Résolution pratique de toutes les questions relatives aux triangles obliquangles.

Formules trigonométriques qui représentent la surface des triangles. — Application pratique de tous les cas qui peuvent se présenter.

Tenue des livres.

Notions préliminaires. — Définition. — Importance de la comptabilité. — Calculs usuels. — Documents commerciaux. — Lettre de change. — Traite. — Protêt. — Lettre de voiture. — Reçu. — Compte-courant. — Livres de commerce.

Diverses méthodes de tenue des livres. — Partie simple. — Partie double. — Principaux livres : Journal, grand-livre, caisse, livres spéciaux. — Inventaire. — Balance. — Etablissement et pratique d'une comptabilité.

Physique et Météorologie appliquées à l'agriculture.

Définition. — Notions générales. — Division.

Propriétés générales des corps. — Etendue. — Définition.

Applications : vernier, vis micrométrique, sphéromètre, cathétomètre.

Divisibilité. — Mouvement. — Compressibilité. — Impénétrabilité. — Elasticité. — Porosité : définition et applications agricoles.

Statique. — Forces : notions générales. — Equilibre. — Machines : notions générales et conditions d'équilibre.

Cinématique. — Dynamique : notions générales.

Pesanteur : lois de la chute des corps. — Poids. — Densité. — Centre de gravité. — Balances. — Pendules. — Applications agricoles sur la pesanteur.

Hydrostatique. — Notions générales. — Conditions d'équilibre des liquides. — Applications agricoles : puits artésiens, niveau d'eau, presse hydraulique, etc.

Equilibre des liquides ou corps superposés. — Applications : niveau à bulle d'air, etc.

Détermination du volume d'un corps. — Poids spécifiques des solides et liquides. — Aréomètres. — Alcoomètres. — Pèse-sels. — Densimètres, etc. — Capillarité. — Hydrodynamique. — Propriétés générales des gaz. — Atmosphère : composition, pression atmosphérique. — Influence de la composition de l'air et de la pression atmosphérique en agriculture. — Baromètres.

Mesure de la force élastique des gaz. — Manomètres.

Diffusion et dissolution des gaz. — Applications agricoles. — Appareils et machines agricoles fondés sur les propriétés de l'air : machines de compression, siphons, pompes, etc.

Acoustique. — Notions générales.

Calorique. — Notions générales. — Températures. — Influences qu'elles exercent en agriculture. — Thermomètres. — Conductibilité des corps : applications agricoles. — Changements d'état des corps : évaporation, ébullition, congélation, applications agricoles. — Force élastique des vapeurs. — Tension de la vapeur d'eau à différentes températures. — Mélange des gaz et des vapeurs. — Production de la vapeur en vases clos. — Chaleur latente. — Etat sphéroïdal. — Surchauffement de l'eau. — Distillerie. — Machines à vapeur. — Sources du calorique : mécaniques, physiques, chimiques.

Caléfaction et ventilation.

Lumière. — Notions générales. — Influence en agriculture.

Magnétisme. — Electricité. — Notions générales et applications agricoles.

Météorologie agricole.

L'atmosphère. — Variations de la pression atmosphérique. — Baromètre et barographe : installation, usage et applications. — Observations barométriques.

Température. — Action calorique du soleil. — Irradiation de la terre.

Températures maximas et minimas. — Températures moyennes du jour, du mois, de l'année. — Marche annuelle de la température. — Variation de la température suivant la latitude, l'altitude, etc. — Thermomètres et thermographes : installation. — Observations thermométriques.

Les vents. — Causes. — Diverses classes de vents. — Direction. — Vitesse. — Influence des saisons sur les vents. — Girouettes. — Anémomètres : installation. — Observations.

Météores aqueux. — Évaporation. — Évaporomètre : installation. — Observations.

État hygrométrique de l'air. — Causes qui le modifient. — Influence de l'humidité en agriculture. — Psychromètres et hygromètres : installation. — Observations.

Passage de la vapeur d'eau à l'état liquide : rosée, gelées blanches, brouillards, serein, nuages, pluie, neige. — Pluviomètres et pluvioscopes : installation. — Observations.

Phénomènes optiques et électriques de l'atmosphère. — Météores lumineux et électriques : tempêtes, éclairs, tonnerre, grêle.

Installation des observatoires météorologiques agricoles. — Prévision du temps.

COURS SUPÉRIEUR OU TECHNIQUE

Climatologie agricole.

Climats agricoles. — Eléments qui constituent les climats agricoles.

Atmosphère. — Climats déterminés par la composition et les propriétés de l'air : climats sains, climats malsains.

Climats déterminés par la pression atmosphérique : climats de pression forte, moyenne et faible.

La chaleur. — Caractères climatériques déterminés par la chaleur. — Climats selon la somme de chaleur annuelle : climats chauds, tempérés et froids. — Climats suivant la distribution de la chaleur durant l'année : climats constants ou uniformes, variables et excessifs ou extrêmes. — Climats selon les maximas et les minimas de températures annuelles, des saisons, des mois et des jours.

La lumière et la chaleur solaires. — Caractères climatériques déterminés par la lumière et la chaleur solaires : climats lumineux, climats obscurs.

L'électricité. — Caractères climatériques déterminés par l'électricité. — Climats tempêtueux. — Climats sans tempêtes.

Les vents. — Caractères climatériques déterminés par les vents. — Climats venteux, de bourrasques, tranquilles, de vents constants et de vents variables.

Humidité atmosphérique. — Caractères déterminés par l'humidité de l'air. — Climats secs. — Climats humides. — Caractères climatériques que déterminent les pluies. — Climats sans pluie. — Climats avec petites pluies distribuées durant toute l'année ou seulement pendant une partie. — Climats avec pluies fortes distribuées pendant toute l'année ou seulement durant une saison.

Climats selon la position du lieu. — Climats continentaux. — Climats de vallées, de plaines, de hauts plateaux, de montagnes, de forêts, de déserts. — Climats maritimes. — Climats des îles et des bords des mers.

Climats suivant la nature du sol arable, les cultures, les améliorations agricoles, etc.

Description complète d'un climat agricole. — Essai d'une classification des climats agricoles.

Régions climatériques agricoles. — Détermination des régions agricoles. — Région de la canne à sucre : étendue géographique, caractères météorologiques, principales plantes cultivées, agriculture et zootechnie de cette région.

Région des oliviers : étendue géographique, caractères météorologiques, principales plantes cultivées, agriculture et zootechnie de cette région.

Région de la vigne : étendue géographique, caractères météorologiques, principales plantes cultivées, agriculture et zootechnie de cette région.

Région des céréales : étendue géographique, caractères météorologiques, principales cultures, agriculture et zootechnie de cette région.

Région des pâturages : Division : sous-région des pâturages permanents, des pâturages de montagnes, des pays humides et froids, des pâturages des pays de pluies de saisons. — Étendue géographique, caractères météorologiques, agriculture et zootechnie de chacune de ces sous-régions.

Région des forêts : étendue géographique, caractères météorologiques, agriculture et zootechnie de cette région.

Climatologie spéciale du Chili

Conditions agricoles dans les diverses régions et zones
qu'embrasse le territoire de la République.

Diversité de climats au Chili. — Divisions climatériques agricoles. — Régions et sous-régions. — Zones et sous-zones.

Région du nord. — Sous-région s : Nord-nord, Nord proprement dit et Nord-centre. — Zones de cette région : zone de
la côte, zone centrale et zone andine. — Sous-zones de la zone
de la côte : bords de la mer et les versants ouest de la chaîne
de la côte; cordillère proprement dite et versants est de la
chaîne. — Sous-zones de la zone centrale : plaines et plateaux
élevés, vallées intermédiaires et plaines et vallées basses. —
Sous-zones de la zone andine : la montagne boisée, les herbages
d'été et les neiges éternelles.

Limites, divisions, configuration générale, rivières et cours
d'eau, climat, sol, végétation spontanée, agriculture et zootechnie, améliorations agricoles possibles pour chacune de ces
divisions et sous-divisions.

Région du Centre. — Mêmes divisions et sous-divisions, et
mêmes considérations pour chacune d'elles.

Région du Sud. — Mêmes divisions et sous-divisions, et
mêmes considérations pour chacune d'elles.

Météorognosie.

Détermination des phénomènes futurs par l'observation des
accidents et faits présents. — Pronostics déduits des végétaux,

des animaux, de l'état du ciel et des observations météorologiques. — Prévision des caractères météorologiques des saisons
et des années futures. — Influence de la lune sur la végétation,
les semailles, les plantations, les récoltes, etc.

Agrologie.

Origine des terres arables.

Origine des roches plutoniques. — Refroidissement du
globe. — Formation des premières couches terrestres. —
Constitution physique des roches plutoniques cristallines. —
Section des gneiss. — Section des micaschistes. — Composition chimique des roches plutoniques cristallines.

Origine et formation des roches neptuniennes ou sédimentaires. — Formation des sédiments. — Constitution physique
des roches sédimentaires. — Terrains de transition. — Terrains
tertiaires. — Terrains quaternaires. — Composition chimique
des terrains sédimentaires.

Origine et formation des roches éruptives et d'épanchement.
— Constitution physique. — Composition chimique.

Formation des terres arables. — Décomposition des roches.
— Actions ou agents actuels qui concourent à la désagrégation
des roches : action de l'air atmosphérique, des agents atmo-
sphériques, des végétaux et de l'homme.

Divers modes de formation des terres arables. — Sols
arables formés en place ou sols détritiques. — Terrains détritiques formés par les roches plutoniques cristallines. — Terrains
détritiques formés par les roches neptuniennes. — Terrains détritiques formés par les roches éruptives et volcaniques.

Sols arables sédimentaires ou d'alluvions. — Terrains formés par les alluvions anciennes ou diluviennes. — Terrains arables formés par les alluvions modernes ou actuelles. — Alluvions marines, fluviales, lacustres ou paludéennes.

Relation qui existe entre la composition chimique des terres et leur origine géologique.

Disposition des couches géologiques qui forment les terres arables. — Sol et sous-sol.

Éléments physiques des terres arables.

Eléments physiques principaux ou essentiels. — Terrains caractérisés par eux.

Les pierres, les cailloux, les graviers. — Caractères physiques et chimiques de ces gros éléments, et leurs propriétés agricoles. — Les sables. — Terrains sableux. — Propriétés agricoles des sables et des terrains sablonneux.

L'argile. — Terrains argileux. — Propriétés agricoles des argiles et des terrains argileux.

Le calcaire. — Terrains calcaires. — Propriétés agricoles des calcaires et des terrains calcaires.

Le terreau et l'humus. — Terrains arables qu'ils caractérisent. — Propriétés agricoles du terreau, de l'humus et des terrains arables humifères.

L'eau des terres arables. — Humidité, fraîcheur, sécheresse des terrains arables. — Sol humide, sol frais, sol sec.

L'air du sol arable. — Fonction de l'air dans les terres arables.

Eléments physiques secondaires ou accidentels. — Terres arables caractérisées par eux.

L'oxyde de fer. — Terrains ferrugineux.

Le plâtre. — Terrains gypseux.

Le sel commun. — Le salpêtre : terrains salés.

Propriétés agricoles des terres arables.

Propriétés mécaniques : Etat meuble, perméabilité, ténacité et conservation des éléments fertilisants ou engrais.

Propriétés physiques : aération, état d'humidité et état de chaleur.

Propriétés chimiques : activité et richesse.

Causes qui modifient les propriétés agricoles des terres arables.

Dimensions des particules terreuses. — Couleur des terres arables. — Profondeur ou épaisseur du sol arable. — Sous-sol des terres arables. — Situation des terres arables. — Direction de surface des terrains. — Abris naturels ou artificiels. — Climat. — Régime ou système cultural auquel le sol a été soumis. — Leur influence sur les propriétés agricoles des sols arables.

Classification des terres arables.

Classification naturelle : — 1re classe : Terres parfaites.

2me classe : Terres argileuses, argilo-sablonneuses, argilo-calcaires, argilo-humifères, argilo-ferrugineuses, argilo-salifères.

3me classe : Terres sablonneuses, sablo-argileuses, sablo-calcaires, sablo-humifères, sablo-ferrugineuses, sablo-salifères.

4me classe : Terres calcaires, calco-argileuses, calco-sablonneuses.

5me classe : Terres humifères.

Classification et désignations vulgaires employées au Chili pour désigner les terres arables.

Classification des terres arables suivant leur situation géographique et topographique, suivant qu'elles sont arrosées ou non et suivant les cultures auxquelles elles sont destinées.

Désignations vulgaires employées au Chili pour signaler les sols arables, suivant les localités.

Description complète d'une terre arable. — Éléments naturels, éléments ou conditions économiques.

Propriétés agricoles des terres arables suivant la classe à laquelle elles appartiennent.

Propriétés agricoles des terres parfaites. — Propriétés agricoles des terres argileuses, sablonneuses, calcaires et humifères. — Leurs qualités essentielles. — Leurs défauts dominants et secondaires.

Défauts dominants des terres arables et leurs caractères vulgaires.

Moyens pratiques de les corriger. — Compacité. — Manque de consistance. — Humidité excessive. — Sécheresse excessive. — Insalubrité. — Pauvreté.

Végétation spontanée et plantes cultivées.

Indications qu'elles donnent pour déduire la valeur des terres arables.

Végétation spontanée : Terrains riches, pauvres, humides, secs, arides, salés, etc.

Plantes cultivées : Distribution des cultures. — Natures des plantes cultivées. — Rendements et qualités des produits. — Relation entre le poids des grains et graines, et les pailles ou les tiges. — Aspect de la végétation herbacée. — Végétation et accroissement des arbres de lignes, d'avenues, etc.

Analyse des terres arables.

Choix des échantillons.

Analyse physique des terres : Analyse mécanique. — Analyse physico-chimique. — Analyse chimique. — Résultats obtenus. — Interprétation au point de vue pratique agricole.

Alimentation végétale.

Composition chimique élémentaire des principales plantes agricoles. — Proportions centésimales des éléments organiques et des éléments inorganiques dans les plantes. — Distribution des éléments minéraux et des éléments organiques dans les différents organes des plantes. — Distribution des différents éléments organiques et inorganiques suivant les plantes et suivant leurs organes principaux. — Formation des végétaux. — Leurs différentes phases végétatives.

Amendements et Engrais.

Définition. — Objet. — Division : Amendements mécaniques, physiques et chimiques ou engrais proprement dits.

Amendements mécaniques.

Écobuage, écobuage à feu, écobuage sans feu : Avantages, inconvénients, conditions dans lesquelles cette opération convient au Chili.

Défrichements et nettoyages du sol : Importance, circonstances dans lesquelles ils conviennent au Chili, opération pratique.

Drainage et assainissement : Importance au Chili, circonstances dans lesquelles ils conviennent, opération pratique, effets produits.

Desséchements : Importance au Chili, divers desséchements convenables, opération pratique, résultats obtenus.

Amendements physiques.

Introduction directe dans le sol arable de sable, d'argile, de terreau, conditions dans lesquelles convient cette opération.

Chaulage : La chaux comme amendement, fabrication de la chaux, lieux où se fait cette fabrication dans le pays, diverses classes de chaux, terrains dans lesquels il convient employer la chaux comme amendement au Chili, chaulage, opération pratique, quantité de chaux employée, renouvellement du chaulage, effets produits.

Marnage : La marne comme amendement, caractères physiques et chimiques, variétés principales, lieux où se trouvent les dépôts naturels de marne au Chili, mode d'application, quantité employée, durée des effets.

Amendements ou engrais verts : Conditions dans lesquelles ils conviennent, leur importance au Chili, plantes qui peuvent servir, effets produits.

Amendements pailleux et secs.

Irrigations ou arrosages : Historique, objet des arrosages artificiels. Division suivant le but : Arrosages d'été, d'hiver, de toute l'année, colmatage et submersion. — Des eaux au point de vue des arrosages. — Composition. — Qualités. — Classification suivant leurs propriétés. — Lieux d'où s'extraient les eaux d'irrigations. — Eaux de puits : qualités, utilisation et usage dans le pays. — Eaux de sources : conditions dans lesquelles elles se trouvent au Chili, leurs qualités et leur utilisation.

Eaux de pluies : leur utilisation.

Eaux de réservoirs et d'étangs : conditions favorables que présente le Chili, pour obtenir ces eaux. — Qualités des eaux. — Exécution pratique des travaux. — Résultats obtenus. — Principaux réservoirs d'eaux qui existent actuellement sur le territoire chilien.

Eaux des villes, de drainage, etc.

Eaux des rivières. — Régime des rivières. — Moyens employés pour utiliser les eaux des cours d'eau. — Qualité des eaux de rivières. — Classification et énumération des rivières et cours d'eau du Chili, suivant leur origine et mode de formation. — Composition des eaux des principales rivières employées pour l'arrosage au Chili. — Principaux canaux et étendue des terrains arrosés.

Emploi des eaux pour l'arrosage. — Divers systèmes d'arrosage : arrosages par aspersion, par submersion, par épanchement, par infiltration, arrosage mixte. — Objet, conditions dans lesquelles ils conviennent, avantages et inconvénients. — Effets produits. — Détermination du système le plus convenable pour des conditions données. — Défauts généraux des arrosages au Chili. — Conséquences. — Moyens pratiques d'amélioration.

Quantité d'eau nécessaire pour les arrosages au Chili. — Divers moyens employés pour évaluer la quantité d'eau d'arrosage. — Mesure adoptée dans le pays.

Classification des cultures selon la quantité d'eau qu'elles demandent.

Application des arrosages aux principales cultures du Chili : Céréales, plantes fourragères et prairies, plantes sarclées, plantes industrielles, arbres et arbustes, vignes, vergers et jardins.

Amendements chimiques ou engrais.

Définition. — Objet. — Classification.

Engrais minéraux qui peuvent être employés au Chili.

Le plâtre. — Le sulfate de fer. — Le nitrate de potasse, le nitrate de soude, le chlorure de potasse, le sulfate de potasse, le sulfate d'ammoniaque.

La suie, les cendres, les os, le noir animal, les phosphates de chaux, les guanos naturels : composition, provenance, prix commercial, emploi comme engrais, climat, cultures, terrains, auxquels ils conviennent, quantité par hectare, effets produits, application à l'agriculture chilienne.

Engrais végétaux qui peuvent être employés au Chili :

Engrais verts, engrais végétaux secs : tourteaux, marcs, résidus divers. — Composition, provenance, prix commercial, emploi comme engrais. — Climat, cultures, terrains auxquels ils conviennent. — Mode d'emploi. — Quantité par hectare. — Effets produits. — Application à l'agriculture chilienne.

Engrais animaux qui peuvent être employés au Chili :

Matières fécales, déjections des animaux, résidus animaux. — Composition, provenance, prix commercial — Emploi comme engrais. — Propriétés et caractères principaux. — Mode d'emploi. — Climat, cultures et sol auxquels ils conviennent. — Quantité par hectare. — Effets produits. — Conséquences pratiques de son emploi dans le pays.

Engrais mixtes qui peuvent être employés au Chili :

Fumiers des cours (*corrales*). — Fumiers d'étables, écuries, bergeries et porcheries. — Composts. — Définition. — Composition. — Provenance. — Prix commercial. — Emploi et propriétés comme engrais. — Climats, cultures, terrains, auxquels ils conviennent. — Quantité par hectare. — Mode d'emploi. — Effets produits. — Son application au Chili.

Engrais industriels :

Définition. — Classification. — Composition. — Provenance. — Prix commercial et mode de vente. — Emploi.

Les engrais dans l'état actuel de l'agriculture chilienne.

Agriculture spéciale. — Culture.

Préparation mécanique du sol pour la culture des plantes agricoles.

Préparation préliminaire du terrain. — Écobuage. — Nettoyage. — Nivellement. — Importance de ces opérations. — Moyens les plus appropriés pour les effectuer.

Labours du sol. — But. — Effets qu'ils produisent. — Importance. — Leur nécessité.

Instruments qui s'emploient pour effectuer les labours :

Instruments aratoires au point de vue agricole. — Division.

Instruments aratoires manuels. — Pelle, fourche, rateau, houe, serfouette, binette, etc. — Diverses sortes de chacun de ces instruments. — Choix. — Conditions dans lesquelles ils conviennent. — Travaux qu'ils exécutent. — Emploi et application pratique.

Instruments aratoires mus par des moteurs animés et inanimés. — Charrues. — Cultivateurs. — Scarificateurs. — Extirpateurs. — Houes à cheval. — Butteurs. — Rigoleurs. — Herses. — Rouleaux. — Pelles à cheval, etc. — Diverses sortes de chacun de ces instruments. — Description sommaire.

— Appréciation au point de vue du travail qu'ils doivent exécuter. — Quantité de travail effectué par jour. — Choix des instruments les plus convenables pour chaque situation. — Emploi et application pratique.

Classification des labours. — Suivant la profondeur de la couche remuée par les instruments aratoires. — Labours profonds, labours ordinaires, labours superficiels, labours des sous-sols. — But. — Conditions dans lesquelles ils conviennent. -- Instruments les mieux appropriés. — Exécution pratique.

Suivant l'ordre des travaux : Premier labour, deuxième labour, troisième labour. — Instruments les plus convenables pour l'exécution de chacun d'eux.

Suivant la forme qu'ils donnent à la surface du sol : Labours plats, labours en planches, labours en sillons. — Conditions dans lesquelles ils conviennent. — Instruments les mieux appropriés. — Exécution pratique.

Suivant l'époque de l'année : Labours d'hiver, d'été, de printemps et d'automne. — But. — Conditions dans lesquelles ils conviennent.

Suivant le moteur : Labours ordinaires avec les animaux domestiques comme moteurs, labours à vapeur, à l'électricité. — Conditions dans lesquelles ils conviennent. — Exécution pratique.

Suivant un but spécial : Labours pour défricher le terrain, labours croisés, labours pour ameublir le sol, le nettoyer, l'aérer. — Labours pour enfouir les graines, les plantes vertes ou sèches.

Labours des jachères au Chili (Barbecho). — Son but. — Importance. — Avantages et inconvénients. — Améliorations qu'il conviendrait d'introduire dans ce système pour obtenir une bonne préparation du sol arable.

Opérations générales de culture.

Les semailles. — Epoques des semailles : semailles d'automne, de printemps, d'été et d'hiver. — Circonstances qui déterminent l'époque plus ou moins convenable pour les semailles des principales cultures dans les diverses régions et zones agricoles du Chili. — Semailles précoces, en saison et tardives. — Avantages et inconvénients. — Etat physique que doit présenter le terrain. — Etat de fertilité. — Importance d'une parfaite préparation du sol pour toutes les semailles.

Diverses sortes de semailles : semailles en place et semailles en semis et transplantation.

Manières d'effectuer les semailles. — Semailles à volée. — Distribution de la graine. — Enfouissage. — Exécution pratique. — Conditions dans lesquelles convient ce mode de semailles. — Avantages et inconvénients.

Semailles en lignes. — Divers systèmes : semailles sans raie, semailles avec le semoir mécanique. — Conditions convenables. — Avantages et inconvénients. — Comparaison avec les semailles à la volée. — Semailles en poquets. — Conditions dans lesquelles elles conviennent. — Cultures auxquelles elles peuvent s'appliquer. — Exécution pratique. — Avantages et inconvénients.

Instruments et machines qui s'emploient pour effectuer les semailles à la volée. — Semoirs mécaniques qui sèment à la volée et qui recouvrent ou non la semence; semoirs mécaniques qui sèment en lignes. — Cultivateurs, charrues, herses, rouleaux qui servent à l'enfouissement de la semence. — Diverses sortes de chacun de ces instruments. — Description

5

sommaire. — Appréciation au point de vue du travail qu'ils doivent exécuter. — Choix des instruments les mieux appropriés à chaque situation. — Quantité de travail effectué par jour. Emploi et opération pratique.

Les semences. — Considérations générales. — Importance des semences dans la production végétale. — Choix des variétés. — Appropriation des variétés aux conditions naturelles et économiques de chaque localité. — Variétés précoces, tardives, ordinaires, d'été, d'hiver, de printemps, d'automne ; de grande, de petite, de moyenne végétation ; variétés rustiques, délicates ; variétés qui talent ou non, exigeantes ou non relativement à la richesse du terrain ; variétés à grands, moyens et petits rendements ; variétés dont les produits se vendent facilement ou difficilement.

Conditions relatives aux qualités propres de chaque espèce de semence. — Conditions culturales : provenance, climat, sol, mode cultural, végétation, récolte. — Age de la semence. — Constitution et aspect physique ; couleur, forme, dimension, état de la surface et de la coupe, odeur, saveur, poids. — Propreté. — Pureté. — Maturité. — Conservation des variétés de semences agricoles. — Transmission des caractères. — Acclimatement. — Dégénération des semences. — Rénovation périodique des graines pour semence. — Sélection. — Hybridation. — Fécondation artificielle. — Durée de la faculté germinative des graines agricoles.

Préparation des graines avant la semaille. — Pralinage. — But. — Conditions convenables. — Graines qui se prêtent à cette opération. — Avantages. — Inconvénients. — Opération pratique.

Sulfatage. — But. — Espèces de graines pour lesquelles il

convient. — Conditions favorables. — Avantages. — Inconvénients. — Divers procédés. — Exécution pratique. — Importance du sulfatage au Chili.

Profondeur à laquelle il convient d'enfouir les semences pour obtenir une bonne germination et un bon développement des plantes. — Circonstances qui la font varier. — Quantité de semence que l'on doit employer par hectare et conditions qui la font varier. — Semailles claires. — Semailles épaisses. — Influence sur les produits de la récolte.

Récolte des produits agricoles. — Importance de cette opération. — Maturité des produits. — Caractères généraux qui l'indiquent. — Époque favorable pour les récoltes. — Moment favorable pour récolter. — Circonstances qui font varier ce moment. — Récolte prématurée, récolte des produits bien mûrs. — Inconvénients. — Avantages.

Récolte des céréales et des autres plantes agricoles granifères. — Moisson. — Diverses manières de moissonner. — Moisson à la main, avec la moissonneuse mécanique. — Quantité de travail effectué par jour. — Avantages. — Inconvénients de chacun de ces systèmes. — Engerbement. — Manière d'engerber. — Conservation des gerbes. — Moyettes. — Gerbiers ou granges. — Meules. — Transport des céréales avant le battage.

Instruments employés pour la récolte des céréales et autres plantes granifères. — Instruments manuels : faucille, sape, faux. — Instruments mus par les moteurs : moissonneuses mécaniques simples. — Moissonneuses-lieuses. — Voitures pour les transports. — Diverses sortes de ces instruments. — Description sommaire. — Appréciation au point de vue du travail qu'ils doivent effectuer. — Choix des instruments les mieux appropriés. — Comparaison des différents résultats obtenus.

— Avantages. — Inconvénients. — Emploi. — Application pratique. — Importance des moissonneuses mécaniques au Chili.

Battage des céréales et autres plantes granifères. — But et importance de cette opération. — Epoque. — Circonstances qui la font varier. — Lieu où se fait l'opération. — Diverses manières de battre. — Battage au fléau, avec le rouleau, dépiquage, battage avec les batteuses mécaniques. — Avantages et inconvénients. — Choix du système qui convient le mieux.

Instruments pour le battage et l'égrenage. — Instruments manuels : fléau, batteuses mécaniques à main. — Animaux domestiques pour le dépiquage : chevaux, mules.

Batteuses mécaniques mues par moteurs animés ou inanimés. — Divers modèles de chacune de ces machines. — Description sommaire. — Appréciation au point de vue du travail qu'ils doivent exécuter. — Choix des instruments. — Quantité de travail obtenu par jour. — Comparaison entre les divers systèmes de machines. — Emploi et opération pratique. — Importance des batteuses mécaniques au Chili.

Nettoyage des graines et des grains. — Importance du nettoyage de toutes les espèces de graines et grains. — Divers moyens employés : vannage au vent, avec des instruments spéciaux.

Instruments employés pour le nettoyage des graines. — Tarares, vans, cribles, trieurs. — Diverses sortes de chacun de ces appareils. — Description sommaire. — Appréciation au point de vue du travail qu'ils doivent produire. — Quantité de travail fait par jour. — Choix et comparaison des divers systèmes. — Emploi et opération pratique.

Récolte des tubercules, tubéroïdes et des racines. — Epoque la plus favorable. — Circonstances qui la font varier. — Maturité. — Indices. — Moments propices pour récolter. — Divers modes de récoltes : avec des instruments manuels, avec des instruments spéciaux.

Instruments qui s'emploient. — Instruments manuels : pelle, fourche, houe. — Instruments mus par des moteurs : charrues ordinaires, arracheurs spéciaux. — Divers modèles d'arracheurs spéciaux. — Description sommaire. — Appréciation au point de vue agricole. — Comparaison des divers systèmes. — Choix des instruments. — Quantité de travail exécuté par jour. — Emploi et application pratique. — Importance des arracheurs spéciaux au Chili.

Récolte des fourrages. — Epoque favorable. — Maturité. — Indices. — Moment favorable. — Coupe ou fauchage : avec des instruments manuels, avec des faucheuses mécaniques. — Divers systèmes de récolte : fauchage pour la consommation en vert à l'étable, pour la fabrication du foin, pour conserver le fourrage vert en silo. — Fanage : divers systèmes employés.

Instruments et machines employés pour récolter les fourrages. — Instruments manuels : faucille, sape, faux, râteau, fourche. — Instruments mus par les moteurs : faucheuses mécaniques, faneuses mécaniques, râteaux à cheval. — Diverses espèces de chacun de ces instruments. — Description sommaire. — Appréciation au point de vue du travail à exécuter. — Choix des instruments les mieux appropriés pour chaque situation. — Quantité de travail exécuté par jour. — Comparaison entre les différents systèmes. — Emploi et application pratique. — Importance des appareils mécaniques pour la récolte des fourrages au Chili.

Conservation des produits agricoles. — Importance de la

bonne conservation des produits. — Lieux où ils se gardent : greniers, caves, silos, granges, hangars, etc. — Conditions qu'ils requièrent. — Dispositions qui remplissent le mieux toutes les conditions nécessaires. — Choix du système le plus convenable pour chaque produit, suivant les circonstances.

Culture ou Monographie agricole des principales plantes qui peuvent être cultivées au Chili.

Classification des plantes agricoles.

PREMIÈRE CLASSE : *Céréales.* — Définition. — Importance des céréales dans le monde entier, et plus particulièrement au Chili. — Rôles qu'elles remplissent dans l'économie domestique, les industries et le commerce. — Plantes agricoles que comprend cette classe.

Le Froment. — Nom botanique, espagnol, français, italien, anglais et allemand. — Historique et origine du froment. — Géographie culturale. — Statistique : surface occupée par cette culture dans le monde entier, et spécialement au Chili ; production annuelle. — Caractères botaniques agricoles. — Classification. — Botanique commerciale, culturale.

Variétés cultivées au Chili ; leur distribution dans les diverses régions et zones agricoles. — Climat : conditions climatériques favorables. — Sol : conditions agricoles des terres arables qui conviennent au froment. — Préparation du sol. — Engrais : manières de les employer. — Semence. — Choix des variétés. — Qualité des grains. — Moyen de se procurer de bonnes semences. — Préparation de la semence.

Semailles : époque, moment favorable pour effectuer cette opération, dans les différentes régions et zones agricoles du

Chili. — Quantité de semence par hectare : variable suivant la nature, l'état physique, la qualité et la richesse du sol, l'époque des semailles, la variété de la semence, le mode de semailles et le climat. — Quantité moyenne. — Opération pratique des semailles : semailles à la volée, en lignes. — Indication du système qui convient le mieux dans les différentes régions et zones du pays. — Profondeur à laquelle doit être enterrée la graine. — Plombage du sol après les semailles. — Végétation du froment. — Première phase : germination; deuxième phase : croissance; troisième phase : maturation. — Travaux et soins durant la végétation. — Tracement des rigoles d'irrigation et d'écoulement, arrosage, nettoyage, roulage, etc. — Plantes qui nuisent à la végétation du froment, au Chili. — Accidents climatériques qui surviennent durant la végétation : verse, brûlure, coulure, grêle, gelées, tempêtes. — Moyens d'éviter ces accidents. — Maladies qui attaquent le froment pendant sa végétation, dans les différentes contrées de la République : carie, rouille, charbon. — Remèdes préventifs et curatifs. — Animaux et insectes qui attaquent le froment durant sa végétation, au Chili : oiseaux, rats, mulots, etc. — Précautions qu'il convient de prendre.

Récolte du froment. — Importance de cette opération. — Caractères de la maturité. — Moment convenable pour moissonner. — Durée de la moisson. — Epoque de la moisson, au Chili, suivant les régions et zones agricoles. — Excessive durée de la moisson dans le pays : causes et inconvénients. — Opérations pratiques de la moisson : moisson à la faucille, à la sape, avec la moissonneuse mécanique, simple ou lieuse. — Choix du système. — Fabrication des gerbes. — Conservation de la récolte jusqu'au battage. — Transport. — Battage. — But. —

Epoque et moment convenables. — Lieu où se fait cette opération. — Différents modes de battage : au fléau, dépiquage avec
le pied des animaux, avec le rouleau, la batteuse mécanique à
bras ou mue par moteur animé ou inanimé. — Opération pratique. — Quantité de travail effectué par jour. — Choix du système le plus convenable.

Nettoyage du froment ; par la batteuse elle-même, avec tarares, cribles, trieurs, ou par le vannage au vent. — Nécessité
d'un nettoyage parfait. — Appréciation des récoltes durant la
végétation. — Circonstances qui doivent être prises en considération.

Rendement ou appréciation des produits après la récolte. —
Mesures : poids, volume. — Relation entre le produit et la surface semée. — Produit en grain, en paille. — Relation entre le
poids du grain et celui de la paille. — Poids de l'hectolitre de
grain. — Rendement du froment au Chili. — Production totale
annuelle. — Conservation des produits du froment. — Grain :
conditions générales pour la bonne conservation du froment ;
conservation en greniers ordinaires ou spéciaux, en silos, etc. —
Transformation que subit le grain avec le temps. — Inconvénients d'une longue conservation. — Paille, balles, etc. — Conservation en granges, en meules, etc.

Animaux et insectes qui attaquent le grain de froment dans
les greniers : rats, souris, charançons, etc. — Précautions pré-
ventives : moyens pour faire fuir ou détruire ces animaux et
insectes.

Composition des produits du froment. — Composition de la
paille, des balles, du grain. — Classification des froments selon
la composition de leur grain.

Usage des produits. — Grain : pour semence, pour l'alimentation de l'homme et celle des animaux domestiques.

Pain. — Mouture du froment. — Quantité de farine et de son. — Classification des farines. — Conservation, altération. — Panification. — Quantité de pain obtenu par kilogramme de farine. — Son : composition et utilisation. — Pâtes d'Italie. — Espèces de froments qui conviennent pour les fabriquer. — Avantage de la vente immédiate du froment.

Paille et balles comme aliment pour les animaux domestiques, comme litière, comme combustible, pour les constructions et comme engrais.

Commerce du froment. — Pays qui exportent ou qui importent ce produit. — Marchés pour les blés du Chili.

Prix de vente, prix de revient dans le pays.

Examen critique de la culture du blé au Chili. — Améliorations qu'il conviendrait d'introduire.

Le Seigle, l'Orge, l'Avoine, le Maïs, le Riz, le Millet, le Sorgho, etc. — Monographie agricole de chacune de ces plantes, traitant les mêmes points que pour le blé.

DEUXIÈME CLASSE. — *Farinacées.* — Définition. — Importance de ces plantes en général et plus particulièrement pour le Chili. — Rôles qu'elles jouent dans l'économie domestique et dans les industries. — Plantes agricoles que comprend cette classe dans les différents pays, suivant les climats. — Plantes cultivées au Chili.

Le Haricot. — Nom botanique, espagnol, français, italien, anglais et allemand. — Historique et origine. — Géographie culturale. — Superficie qu'occupe cette culture dans les pays agricoles et particulièrement au Chili. — Caractères botaniques agricoles. — Classification botanique : selon la forme, grosseur et couleur du grain, le mode de croissance et la consistance.

Principales variétés cultivées au Chili et leur distribution dans les diverses régions et zones agricoles. — Climat : conditions climatériques favorables. — Sol : nature et conditions agricoles des terres arables qui conviennent le mieux. — Préparation du sol. — Engrais : application. — Graines pour semence; des variétés les mieux appropriées. — Choix.

Semailles : époque, moment favorable. — Quantité de graines par hectare. — Circonstances qui la font varier. — Opération pratique des semailles. — En lignes, en poquets : haricot seul ou associé avec le maïs. — Profondeur à laquelle doivent s'enfouir les graines. — État physique du sol au moment des semailles. — Végétation du haricot. — Germination, croissance et maturation. — Opérations et travaux d'entretien durant la végétation : nettoyage, binage, arrosage, etc. — Engrais complémentaire, application. — Plantes qui nuisent à la végétation du haricot.

Accidents climatériques qui surviennent pendant la végétation : gelées blanches, brouillards, humidité excessive, sécheresse extrême, grêle. — Précautions à prendre contre ces accidents.

Maladies qui attaquent le haricot durant la végétation : blanc, rouille, etc. — Remèdes préventifs et curatifs.

Animaux et insectes nuisibles. — Précautions à prendre contre eux.

Récolte du haricot. — Récolte en grains secs, époque, moment convenable. — Opération pratique. — Battage.

Influence de l'humidité excessive pendant la récolte des haricots. — Récolte du haricot à l'état vert comme légume, cosses vertes, grains verts. — Nettoyage et conservation des produits.

— Rendement : grain, poids de l'hectolitre. — Paille. — Relation entre le poids du grain et celui de la paille.

Production des haricots au Chili.

Composition des produits : composition des grains, de la paille.

Usage des produits : haricot vert comme légume, haricot sec comme légume et comme aliment pour les animaux domestiques. — Importance du haricot comme aliment pour l'homme dans le pays.

Commerce des haricots au Chili. — Consommation intérieure, exportation. — Pays producteurs et pays consommateurs.

Prix du haricot : prix de revient, prix de vente.

Examen critique de la culture du haricot au Chili. — Améliorations qu'il conviendrait d'introduire.

Le Dolic, la Fève, le Pois chiche, la Lentille, le Pois, la Vesse, le Soja, etc. — Monographie agricole de chacune de ces plantes, traitant les mêmes points que ceux du haricot.

Le Sarrasin, monographie agricole traitant les mêmes points que pour le blé.

TROISIÈME CLASSE. — *Plantes sarclées* qui se cultivent pour leurs tubercules, racines, tiges, feuilles ou fruits. — Définition. — Considérations générales. — Rôles que ces plantes jouent dans l'agriculture en général et au Chili en particulier. — Plantes que comprend cette classe dans les différents pays, suivant le climat. — Plantes cultivées au Chili.

La Pomme de terre. — Nom botanique, espagnol, français, italien, anglais et allemand. — Historique et origine. — Géographie culturale. — Etendue occupée par cette culture au Chili.

— Régions et zones où elle se cultive. — But de la culture :
comme légume, plante alimentaire, plante industrielle.

Caractères botaniques agricoles. — Classification : suivant la
couleur, la forme, la dimension du tubercule, le mode de végétation. — Climat : conditions climatériques favorables. — Terrain : nature et conditions agricoles du sol convenables pour la
pomme de terre. — Préparation du sol.

Engrais : application.

Multiplication : par tubercule, par graine. — Plantation :
époque, moment favorable. — Quantité de pommes de terre
par hectare. — Opération pratique de la plantation.

Végétation de la pomme de terre. — Travaux d'entretien durant la végétation : nettoyage, binage, arrosage, buttage.

Plantes nuisibles. — Accidents climatériques : gelées blanches,
grêle. — Maladies, insectes nuisibles.

Récolte. — Maturation complète ou incomplète, selon le but
de la culture. — Epoque, moment favorable. — Opération pratique : arrachage à la main, à la charrue, à l'arracheur spécial.
— Quantité récoltée par jour. — Influence de la lumière, de la
chaleur et du froid sur les tubercules. — Rendement. — Composition des tubercules, des tiges. — Qualité des pommes de
terre récoltées.

Usage des produits : tubercules comme légumes, comme matière alimentaire pour l'homme et pour les animaux domestiques,
pour la féculerie et la distillerie. — Tiges comme combustible,
comme engrais.

Commerce des pommes de terre au Chili. — Consommation
intérieure. — Exportation. — Pays producteurs et pays impor-
tateurs.

Prix des pommes de terre : prix de revient, prix de vente.

Culture hivernale de la pomme de terre. — Son importance dans le pays.

Examen critique de la culture de la pomme de terre au Chili et améliorations qu'il conviendrait d'introduire.

La Patate, l'Igname de Chine, le Topinambour, le Souchet comestible, le Basilier à fécule, le Crosne. — Monographie agricole traitant les mêmes points que ceux de la pomme de terre.

La Betterave. — Nom botanique, espagnol, français, italien, anglais et allemand. — Historique et origine. — Géographie culturale. — Etendue de cette culture au Chili. — But de la culture : comme légume, plante fourragère et industrielle. — Caractères botaniques agricoles. — Distinction des variétés suivant le degré de richesse en sucre. — Classification botanique culturale : Betteraves légumes, fourragères et saccharines.

Climat : conditions climatériques convenables; régions et zones propices à cette culture au Chili. — Sol : Nature et conditions favorables. — Préparation du terrain. — Engrais.

Multiplication. — Semis et transplantation, semailles en place. Avantages et inconvénients de chaque système. — Choix du système le plus convenable. — Choix des variétés. — Qualité de la graine.

Semis. — Epoque favorable, préparation du terrain. — Quantité de graine par mètre carré. — Opération pratique. Soins des semis.

Repiquage. — Arrangement du terrain. — Epoque. — Moment propice relativement à l'état du sol et à celui des jeunes plantes de semis. — Temps favorable. — Opération pratique.

Semailles en place sans repiquage. — Arrangement du sol. — Epoque. — Temps favorable. — Opération pratique : semis à la main, semis avec le semoir mécanique. — Quantité de graines par hectare. — Distance entre les lignes et entre les pieds sur les lignes. — Quantité de pieds par hectare. — Végétation de la betterave. — Soins culturaux pendant la végétation.

Accidents climatériques. — Plantes nuisibles. — Maladies. — Animaux et insectes nuisibles.

Récolte de la betterave. — Maturité, époque convenable, moment favorable. — Arrachage et transport. — Importance de l'arracheur spécial. — Utilité du chemin de fer portatif. — Conservation des betteraves. — Rendement par hectare : racines, feuilles. — Poids de l'hectolitre. — Composition des produits : composition des racines, des feuilles. — Usage des produits : comme légume, plante fourragère, plante saccharine. — Rendement industriel en alcool ou en sucre. — Résidus de fabrication : mélasses, pulpes, leur utilisation.

Commerce. — Valeur des produits.

La Carotte, le Panais, le Navet, le Rutabaga, le Chou-navet, le Chou de Siam, les Choux, les Melons, les Pastèques, les Courges, les Giraumons. — Monographie agricole traitant les mêmes points que pour la betterave.

Quatrième classe. — *Plantes fourragères.* — Définition. — But de leur culture. — Considérations générales. — Plantes agricoles que comprend cette classe. — Division. — Classification. — Plantes cultivées au Chili.

Première division : *Plantes fourragères vivaces* ou qui durent plus d'un an. — Considérations générales. — Importance de ces cultures au Chili.

La Luzerne. — Nom botanique, espagnol, français, italien, anglais et allemand. — Historique et origine. — Géographie culturale. — Etendue qu'occupe cette culture au Chili. — Régions et zones où elle existe. — But de cette culture. — Caractères botaniques agricoles. — Espèces et variétés cultivées. — Climat : conditions climatériques favorables. — Sol : nature et qualités agricoles convenables. — Préparation du terrain. — Engrais. — Amélioration du terrain par la culture de la luzerne.

Multiplication : graine. — Semaille, époque, moment convenable. — Etat du sol au moment de la semaille. — Culture qui précède et celle à laquelle elle est associée. — Semis de graine seule, — Opération pratique de la semaille. — Quantité de graine par hectare. — Végétation de la luzerne. — Soins culturaux durant la végétation des première, deuxième, troisième années, etc. — Accidents climatériques. — Plantes nuisibles au Chili. — Maladies. — Insectes nuisibles.

Produits et utilisation. — Récolte de la luzerne pour la consommation en vert ou pour être convertie en foin. — Pâturage de la luzerne par les animaux domestiques.

Coupes annuelles. — Rendement en fourrage vert et en foin. — Fabrication du foin. — Quantité d'animaux ou mieux poids des animaux vivants que peut alimenter un hectare de luzerne par le système de pâturage. — Avantages et inconvénients des différents modes d'utilisation de la luzerne. — Ce qui convient le mieux au Chili. — Foin de luzerne pressé haché ou non, importance industrielle et commerciale au Chili. — Luzerne pour graine. — Quantité de graine que produit un hectare. — Poids de l'hectolitre. — Critique du moyen employé au Chili pour obtenir la graine de luzerne. — Composition des produits à l'état vert, à l'état sec.

Commerce et prix au Chili.

Examen critique de la culture de la luzerne au Chili. — Améliorations qu'il conviendrait d'introduire.

Le Sainfoin, la Lupuline, le Trèfle violet, le Trèfle blanc, le Lotier, le Ray-grass, la Pimprenelle. — Monographie agricole de chacune de ces plantes traitant les mêmes points que celle de la luzerne.

Deuxième division : *Plantes fourragères annuelles.* — Définition. — Considérations générales. — Importance de ces cultures. — Leur convenance au Chili. — Principales plantes que comprend cette classe.

Le Maïs, l'Orge, l'Avoine, le Seigle, le Sorgho, le Millet, l'Alpiste, le Moha de Hongrie, le Trèfle incarnat, la Vesce, la Jesse, la Jarosse, le Pois gris, la Féverole, la Serradèle, le Lupin jaune, le Sarrasin ordinaire, le Sarrasin de Tartarie, la Spergule, la Moutarde blanche, le Colza, la Navette, etc. — Monographie culturale traitant les mêmes points que pour les céréales.

Troisième division : *Prairies naturelles et Prairies permanentes.* — Définition. — Division. — Importance au Chili.

Prairies ou pâturages naturels : Régions et zones agricoles où ils se trouvent au Chili. — Pâturages d'été, pâturages d'hiver, pâturages de toutes saisons, abondance et qualité de l'herbe et différence suivant les années. — Utilisation de ces pâturages.

Prairies permanentes. — Géographie culturale. — Zones et régions où elles se trouvent au Chili. — Climat : conditions climatériques favorables. — Sol : nature et qualités convenables. — Formation ou création des prairies permanentes. — Choix de la situation, préparation du terrain, principales plantes qui doivent entrer dans la formation des prairies permanentes. —

Prairies en terrain humide, en terrain sain, en terrain sec. — Graines, leurs qualités.

Semailles : époque, opération pratique. — Quantité de graines par hectare. — Soins annuels culturaux. — Végétation annuelle des prairies. — Utilisation des produits. — Fauchage ou coupe pour la consommation en vert, pour la fabrication du foin. — Production annuelle par hectare. — Quantité de coupes. — Poids de l'herbe verte. — Poids du foin. — Utilisation par le pâturage, quantité d'animaux ou poids d'animaux vivants que peut entretenir un hectare.

Composition des produits, composition de l'herbe verte et du foin.

Avantages que présentent les prairies permanentes. — Leur convenance au Chili.

CINQUIÈME CLASSE. — *Plantes industrielles*. — Définition. — Considérations générales. — Importance de ces plantes en général et pour le Chili en particulier. — Division. — Classification.

Première division: *Plantes oléagineuses*. — Définition. — Classification.

Le Colza. — Nom botanique, espagnol, français, italien, anglais et allemand. — Historique et origine. — Géographie culturale. — Etendue de cette culture au Chili. — Régions et zones où elle se fait. — Production annuelle. — Caractères botaniques agricoles. — Variétés cultivées. — Climat : conditions climatériques convenables. — Sol : nature et qualités appropriées à cette plante. — Préparation du terrain. — Engrais. — Graines : qualités et choix.

Culture. — Comme plante céréale, comme plante sarclée. — Avantages et inconvénients de chaque système, choix de ce-

lui qui convient le mieux. — Végétation. — Accidents climatériques. — Plantes, animaux et insectes nuisibles.

Récolte : mêmes considérations et mêmes travaux que pour
le blé.

Rendement par hectare : Graine, silique, paille. — Poids de
l'hectolitre de graine. — Relation entre le poids de la graine et
celui de la paille. — Usage des produits : graine pour la fabrication de l'huile ; siliques, comme aliment pour les animaux
domestiques, comme combustible, comme engrais. — Paille,
comme combustible et comme litière.

Composition des produits. — Commerce, prix de vente.

Quantité de produits donnés par la graine dans la fabrication
de l'huile : huile, tourteau. — Composition du tourteau. — Utilisation. — Prix commercial. — Usage de l'huile et prix commercial.

Examen critique de la culture du Colza au Chili. — Améliorations qu'il conviendrait d'introduire.

*La Navette, le Radis, le Rutabaga, la Cameline, le Ricin,
l'Arachide, le Sésame, le Pavot,* etc. — Monographie agricole
traitant les mêmes points que pour la culture du colza.

Deuxième division : *Plantes textiles.* — Définition. — Considérations générales. — Division. — Classification.

Plantes textiles annuelles. — *Le Lin.* — Nom botanique, espagnol, français, italien, anglais et allemand. — Historique et
origine. — Géographie et statistique culturales. — Régions et
zones, étendue de cette culture au Chili. — Produits annuels.
— Caractères botaniques agricoles. — Climat : conditions climatériques qui conviennent. — Sol : nature et qualités agricoles de terrain favorables. — Engrais. — Variétés cultivées. —
Choix. — Graine : qualité et choix.

Semailles : époque, moment convenable, opération pratique.
— Végétation, soins d'entretien. — Accidents climatériques. —
Plantes, animaux et insectes nuisibles.

Récolte : maturité, indices, époque et moment favorables.—
Arrachage, opération pratique. — Battage et nettoyage de la
graine.

Conservation du lin brut. — Conservation de la graine.

Produits : lin brut, graine. — Relation entre le poids de la
graine et celui du lin.— Poids de l'hectolitre de graine. — Composition des produits, lin brut, graine. — Usage des produits,
graine pour la fabrication de l'huile. — Produits qui résultent
de la fabrication de l'huile : quantité d'huile par 100 kilog. de
graine, quantité de tourteau. — Composition du tourteau. —
Usage et prix commercial.

Lin en rame. — Préparation de la fibre, rouissage, broyage,
teillage, écangage, espadage, peignage. — Rendement en filasse.
— Commerce et prix. — Vente du lin à l'état brut.

Examen critique de la culture du lin au Chili. — Améliorations qui pourraient être introduites.

Le Chanvre, le Coton herbacé. — Monographie agricole
traitant les mêmes points que pour le lin.

Plantes textiles vivaces. — *La Ramie, le Phormium tenace,*
l'Aloès, la Sparte. — Monographie agricole traitant les mêmes
points que ceux de la culture du lin.

Troisième division. — *Plantes tinctoriales.* — Définition. —
Importance de ces plantes. — Classification et division.

Plantes à principe tinctorial bleu : le Pastel, le Tournesol, la
Persicaire des teinturiers, l'Indigotier.

Plantes à principe tinctorial rouge : la Garance, le Carthame,
le Nopal de la cochenille.

Plantes à principe tinctorial jaune : la Gaude, le Safran.

Plantes à principe tinctorial noir : le Sumac des corroyeurs, l'*Algarrobillo*, le *Maqui*, le *Palqui*. — Monographie agricole traitant les mêmes points que ceux de la culture des autres plantes industrielles.

Quatrième division. — *Plantes saccharines.* — Définition. — Importance de ces plantes. — Convenance de leur culture au Chili. — Division. — Classification.

La Canne à sucre, la Betterave saccharine, le Sorgho sucré, le Melon, la Pastèque. — Monographie agricole traitant les mêmes points que ceux indiqués pour les autres plantes industrielles.

Cinquième division. — *Plantes diverses.*

Le Houblon. — Nom botanique, espagnol, français, italien, anglais et allemand. — Historique et origine. — Géographie et statistique culturales. — Régions, zones et surface que cette culture occupe au Chili. — Produit annuel. — Caractères botaniques agricoles. — Climat et sol convenables. — Préparation du sol. — Engrais. — Variétés cultivées.

Multiplication, graines, boutures. — Semis, repiquage. — Plantation. — Opération pratique. — Forme de la plantation. — Espacement des pieds. — Végétation. — Soins culturaux pendant les première, deuxième, troisième années, etc. — Accidents climatériques. — Maladies, animaux et insectes nuisibles.

Récolte. — Signes de maturité, époque, opération pratique. — Dessication des cônes. — Emballage et conservation.

Produits par hectare ; cônes secs, feuilles et tiges. — Composition de ces produits.

Usage des cônes et des tiges. — Commerce et prix de vente des cônes. — Durée d'une houblonnière.

Examen critique de la culture du houblon au Chili et améliorations possibles.

Le Tabac. — Nom botanique, espagnol, français, italien, anglais et allemand. — Historique et origine. — Géographie et statistique culturales. — Régions et zones de sa culture au Chili. Etendue cultivée. — Produit annuel. — Législation de la culture du tabac : pays où la culture est libre, pays où elle est réglementée et pays où elle est prohibée.

Caractères botaniques agricoles. — Classification des principales variétés cultivées. — Variétés cultivées au Chili et leur distribution suivant les régions agricoles.

Climat favorable. — Sol : nature et conditions agricoles convenables. — Préparation du terrain. — Engrais qui conviennent, application. — Culture arrosée, culture non arrosée.

Multiplication : graine, qualité, choix. — Semis : situation de l'endroit, préparation du terrain, époque du semis, opération pratique du semis, quantité de graine et de pieds par mètre carré. — Etendue nécessaire du semis pour planter un hectare. — Soins culturaux du semis. — Repiquage : importance, avantages et inconvénients. — Plantation : époque, état des jeunes plantes, temps convenable, arrangement préalable du sol, exécution pratique de la plantation, espacement des pieds, quantité de pieds par hectare.

Végétation. — Soins culturaux durant la végétation : nettoyage, binage, arrosage, engrais complémentaire, buttage, effeuillage.

Accidents climatériques qui surviennent durant la végétation. — Plantes et insectes nuisibles, maladies.

Récolte : maturité, signes, époque de la première récolte, temps convenable. — Système employé pour la récolte, par pied, par feuille, par section de pied (*mancuernos*). — Avantages et inconvénients de chaque système, choix. — Opération pratique. — Transport du tabac au hangar de dessication.

Dessication et fermentation. — Local convenable pour cette opération. — Fermentation en vert des feuilles de tabac, formation des tas, soins journaliers, temps nécessaire, accidents qui surviennent, séchage du tabac fermenté en vert. — Fermentation en sec, soins journaliers durant la dessication, temps nécessaire, mise en tas pour la fermentation. — Durée de la fermentation en tas, soins et opération pratique.

Classement et choix des feuilles; emballage, conservation du tabac.

Produits : première et deuxième récolte.

Commerce et prix du tabac.

Examen critique de la culture du tabac au Chili, et améliorations que l'on peut introduire.

Le Cardon à foulon, l'Anis, le Cumin. — Monographie agricole traitant les mêmes points que ceux indiqués dans la culture des autres plantes industrielles.

Économie rurale.

Définition. — But. — Objet. — Division.

Economie générale. — Notions générales, richesses naturelles, richesses limitées, richesses produites.

De la valeur. — Des nécessités. — Valeur en usage, valeur en échange.

Production. — Consommation. — Lois de la production. — Echanges. — Signes de la valeur en échange, monnaie.

De la liberté commerciale. — Système du libre-échange, système de la protection.

Douane. — Notions sur le crédit, banques.

Economie rurale ou économie de la production agricole. — Etude des éléments de la production agricole. — Son but économique. — Eléments économiques qui concourent à cette production.

L'Agriculteur. — Aptitudes physiques, intellectuelles et morales. — Moyens d'acquérir les qualités nécessaires. — L'éducation, l'instruction spéciale agricole. — Nécessité de cette instruction. — Moyens de l'acquérir.

Confusion qui se fait entre la théorie et la pratique en agriculture.

La maîtresse de maison au champ. — Son rôle et ses fonctions.

Le sol ou la terre. — Sa valeur économique en relation avec : l'étendue de la propriété, la nature du terrain qui la compose, la richesse de la terre arable et ses aptitudes culturales, les édifices destinés à l'exploitation et aux industries agricoles annexes, les clôtures, les plantations, vignes, vergers, jardins, parcs, avenues, bois, etc., les canaux, les étangs ou réservoirs d'eau pour les arrosages, la qualité et l'abondance des eaux d'irrigation, les chemins intérieurs ou d'exploitation, et les routes extérieures ou de sortie; la population de la contrée, densité, aptitude pour les travaux ruraux; valeur du travail manuel; la sortie des produits, vente dans la localité, vente pour l'extérieur; distances pour conduire les produits au lieu d'embarquement, frais de transport, etc.; charges imposées à la propriété, contributions personnelles, vicinales; impôts sur les animaux domestiques, sur les voitures, etc.; patentes, contribution territoriale, mobilière, etc. ; système douanier du pays.

Évaluation de la propriété rurale, rente, valeur du sol.

Classification économique des propriétés rurales.

Titres de possession : propriétaire, locataire, concessionnaire, métayer (*inquilino*) au Chili.

Le Capital. — Définition. — Classification agricole du capital d'exploitation : capitaux fixes, capitaux circulants, capitaux de réserve. — Capital foncier ou terre.

De la part qu'on doit attribuer au capital dans la production agricole, service ou intérêt, amortissement, risques et entretien.

Proportion suivant laquelle chacun des capitaux entre dans la production agricole. — Importance du capital de réserve et du capital de circulation.

Influence du capital dans la production agricole.

Système de culture en relation avec le capital. — Système de culture extensif, système de culture intensif.

Crédit agricole, organisation, influence et importance au Chili.

Le Travail. — Définition. — Classification.

Travail de l'homme, sa valeur, différents modes de l'acquérir.

Travail des animaux domestiques : travail du cheval, de la mule, de l'âne, du bœuf, de la vache, du lama. — Valeur de chacun d'eux. — Avantages et inconvénients. — Choix de l'animal de travail qui convient le mieux dans une situation donnée.

Travail des machines. — Instruments manuels. — Machines mues par les animaux domestiques, par moteurs à vapeur, par l'électricité, l'eau et le vent. — Avantages et inconvénients de chacune d'elles.

Choix des machines ou instruments, au point de vue économique.

Proportion dans laquelle doit entrer chaque sorte de travail, pour obtenir le meilleur résultat agricole au point de vue économique.

Organisation de la production agricole. — L'étude de la production agricole comprend : la prévision, l'administration et la vérification.

Divers systèmes d'exploitation du sol : exploitation directe par le propriétaire lui-même, par le locataire, le métayer et l'*inquilino*, etc. — Avantages et inconvénients de chaque mode. — Choix du système qui convient le mieux.

Division de la production agricole.

Production des industries végétales. — Classification économique : plantes dont les produits se vendent à l'état brut, plantes dont les produits se vendent plus ou moins transformés par l'agriculteur, plantes et arbustes fruitiers, arbres fruitiers dont les produits se vendent à l'état plus ou moins transformé. — Plantes dont les produits se consomment dans chaque propriété rurale. — Avantages et inconvénients de chacune de ces spéculations. — Choix de celles qui conviennent le mieux.

Production des industries animales. — Classification économique : animaux de rente, animaux de travail, animaux à plusieurs fins. — Avantages et inconvénients. — Choix des meilleures spéculations.

Industries agricoles. — Classification économique. — Végétales : fabrication du sucre, de l'amidon, de l'huile, distillerie, vinaigrerie, meunerie, brasserie, vinification, cidrerie, fruiterie, con-

serve de légumes. — Animales : vente directe du lait en nature,
du lait condensé, du lait en conserve; fabrication du beurre, du
fromage, de la viande séchée (*charqui*). Avantages et inconvénients de chaque spéculation. — Choix de celles qui conviennent
le mieux.

Spécialisation de la production agricole. — Avantages qu'elle
présente.

Systèmes de culture. — Définition, classification, choix. —
Proportion dans laquelle doit entrer chaque spéculation dans la
production agricole, pour obtenir le maximum de produits de
la manière la plus économique.

Examen critique de l'organisation de la production agricole
au Chili. — Modifications qui pourraient être introduites.

Comptabilité agricole.

Définition. — But. — Nécessité pour la bonne administration. — Son importance et son rôle dans la production agricole.

Conditions qu'elle doit remplir : simplicité, clarté, exactitude.
— Divers calculs usuels. — Documents commerciaux : lettre
de change, traite, chèque, change, comptes-courants.

Divers systèmes de comptabilité agricole : comptabilité en
partie simple, en partie double.

Classification des opérations agricoles. — Opérations intérieures ou opérations matières, opérations extérieures ou opérations argent.

Division de la comptabilité agricole. — Comptabilité matières,
comptabilité argent. — Différentes parties qu'elle comprend :
l'inventaire, la comptabilité matières, la comptabilité argent, le
compte économique ou de révision. — Livres nécessaires; des

inventaires, de la comptabilité matières, de la comptabilité argent ou de caisse, du compte de révision, et livres spéciaux. — Etablissement d'une comptabilité agricole suivant l'importance de l'exploitation. — Application pratique.

Arboriculture.

Définition. — Objet. — Divisions principales : arboriculture forestière, arboriculture ornementale, arboriculture fruitière, arboriculture industrielle.

Notions générales. — Pépinière. — Son importance. — Choix d'un emplacement convenable, clôtures, distribution du terrain, préparation préalable du sol, abris.

Multiplication naturelle des arbres et arbustes. — Semis.

Récolte et conservation des graines, stratification. — Durée de leur faculté germinative. — Qualités des semences. — Choix. — Préparation des semences, époque des semis, moment convenable. — Opération pratique des semis. — Soins culturaux à leur donner.

Multiplication artificielle ou par division.

La Greffe. — But de la greffe. — Utilité de cette opération. — Conditions dans lesquelles elle doit se pratiquer. — Instruments et matières employés pour la greffe. — Diverses sortes de greffes : par approche, par rameaux en fente, en couronne, de côté, sur racine ; greffe en écusson, en flûte. — Opération pratique. — Epoque favorable.

Marcottage. — Marcottage simple, par drageons, par racines, marcottages compliqués, marcottage en l'air. — Opération pratique. — Epoque favorable.

Boutures. — Diverses sortes de boutures : par rameaux,

par racines. — Opération pratique. — Epoque favorable.

Repiquage. — But. — Epoque favorable, âge des plants, préparation. — Repiquage en pleine terre, en pots.

Transplantation. — Plantation. — Soins à prendre. — Recépage.

Arboriculture spéciale.

Arboriculture forestière et d'ornement. — Définition, but. — Divisions principales : bois, taillis, forêts, avenues, lignes et haies, parcs et jardins. — Classification. — Diverses sortes de classification : classification botanique arboricole, suivant le mode de la chute et du remplacement des feuilles, suivant l'état résineux.

Arbres et arbustes résineux à feuilles caduques. — Les plus importants pour le Chili sont : Cyprès chauve, Ginkgo du Japon, Mélèze.

Monographie arboricole traitant les points suivants : — Nom botanique, espagnol, français, italien, anglais et allemand. — Origines et conditions naturelles de l'habitat. — Caractères botaniques arboricoles. — Conditions que présente le Chili pour la culture de chaque arbre. — Culture. — Multiplication. — Objet de la culture. — Plantation. — Soins culturaux. — Accroissement. — Dimensions des arbres adultes. — Longévité. — Exploitation. — Produits. — Bois, leurs qualités et leurs usages. — Autres produits. — Importance de chaque arbre pour le Chili.

Arbres et arbustes résineux à feuilles persistantes. — Les plus importants pour le pays, tels que : Pins, Sapins, Epicéas, Cèdres, Araucarias, Séquoias, Dammaras, Bélis, Arthrotaxis, Cyprès, Cryptomères, Rétinospores, Chamœcyparis, Thuias,

Thuiopsis, *Alerces*, Callitris, Actinostrobes, Pachylépis, Fré-
nèles, Genévriers, Libocèdres, Céphalotaxes, Ifs, Torreyas,
Phyllogladus, *Podocarpes*, *Lleuques*, *Manius*, *Saxe-Gothœas*,
Fitz-Royas, Microcachrys, Dacrydies, Uvettes.

Casuarines, Eucalyptus, *Molles* de Bolivie, Grévillées,
Liquidambars.

Monographie arboricole, traitant les mêmes points que ceux
indiqués pour les arbres et arbustes résineux à feuilles caduques.

Arbres et arbustes non résineux à feuilles caduques. — Les
plus importants pour le Chili sont : Acacias robiniers, Alisiers,
Amandiers à fleurs doubles, Aubépines, Aralias, Ailantes,
Arbres de Judée, Aunes, Azalées, Amorphes, Bonducs du
Canada, Bouleaux, Boules de neige, Calycantes, Catalpas,
Celtis, Cerisiers, Charmes, Châtaigniers, Chênes, Cognassiers,
Cornouillers, Colubrines, Cinamomes, Deutzias, Diospyros,
Erables, Frênes, Féviers ou Gleditschias, Féviers du Chili ou
Algarrobo, Gainiers, Genêts, Groseilliers, Hètres, Lagerstrœ-
mias, Lilas, Maclures épineux, Magnoliers à feuilles caduques,
Mûriers, Marronniers, Micocouliers, Millepertuis, Mûriers à
papier, Noyers, Noisetiers, Oliviers de Bohême, Ormes, Osiers,
Paulonias, Pavias, Pêchers à fleurs doubles, Paliures, Poin-
cianas, Peupliers, Sorbiers, Sureaux, Sumacs, Tamarix, Til-
leuls, Tulipiers, Viornes, Wéigélies.

Monographie arboricole de chacun de ces arbres traitant les
mêmes points que ceux indiqués pour les classes précédentes.

*Arbres et arbustes non résineux à feuilles semi-persistantes
et à feuilles marcescentes.* — Les plus importants au Chili sont :
Chênes à feuilles falquées, Chênes à feuilles de châtaigniers,
Hêtres, *Robles*, *Raulis. Coigues*. — *Poiriers du Japon.*

Monographie arboricole de chacun de ces arbres, comme pour les espèces précédentes.

Arbres et arbustes non résineux à feuilles persistantes. — Les plus importants pour le pays sont : Abutilons, Acacias mimosées, Abélies, Alaternes, Andromèdes, Aphélandres, *Arrayans*, Aveliniers du Chili, Arbousiers, Aucubas, Baccharis, Bambous, Banksias, Béjaries, Berberis, Bouvardias, Bruyères, Budleias, Buis, Brachychytons, *Bellotos, Boldos*, Callistemons, Camellias, *Canélos*, Cassias, Carroubiers, Céanothus, *Ciruelillos*, Culens, Cedrelas, Citrus, *Chacaïs, Chagnars, Colliguays, Coliguës*, Coronillas, Cotoneasters, Cratœgus, Daphnés, Daturas, Diosmas, Dracenas, Epines-vinettes, Erythrines, Escalonias, Eugenias, Fabianas, Ficus, Fusains, Forsythies, Fuschias, Gardenias, *Guayacans*, Grenadiers, Hortensias, *Huingames*, Houx, Indigotiers, *Huéviles*, Jacarandes, Jasmins, Justices, Lantanes, Lauriers, *Laurèles du Chili, Lingues, Litres, Lumas, Lippias du Chili*, Magnoliers, Mahonias, *Maquis, Maïtenes, Mayos, Murtas*, Myrtes, Morelles, *Notrus*, Néfliers du Japon, Oliviers, *Ombus*, Orangers, Palmiers, *Peumos, Palquis, Pataguas, Pitras*, Papayers, *Pélus*, Photinias, *Piches*, Pittospores, Polygalas, Pulteneas, *Quillaïs, Quilos*, Sterculias, *Saïbos, Tralhuens, Temus, Trevus*, Troènes, *Ulmos*, Viornes, Yuccas.

Monographie arboricole de chacun de ses arbres et arbustes comme pour les autres espèces précédentes.

Arboriculture fruitière. — Définition, but. — Divisions principales. — Classification.

Arbres et arbustes fruitiers propres aux climats du Chili.

Arbres et arbustes à pépins à feuilles caduques. — Poiriers, Cognassiers, Grenadiers.

Arbres et arbustes à pépins et à feuilles persistantes. — Oran-gers, Limoniers, Cédratiers, Pamplemousses, *Chirimoyas.*

Arbres et arbustes à noyaux et à feuilles caduques. — Pê-chers, Pruniers, Cerisiers, Abricotiers, Amandiers, Cornouil-lers, Jujubiers, Pistachiers.

Arbres et arbustes à noyaux et à feuilles persistantes. — Queules, Chagnars, *Peumos, Lleuques,* Avocatiers, *Lucumas.*

Arbres et arbustes à fruits à osselets et à feuilles caduques — Néfliers de Germanie, Azéroliers.

Arbres et arbustes à fruits à osselets et à feuilles persis-tantes. — Néfliers du Japon.

Arbres et arbustes à fruits en baies et à feuilles caduques. — Vignes, Groseillers, Framboisiers, Epines-vinettes, Figuiers.

Arbres et arbustes à fruits en baies et à feuilles persistantes — Figues de Barbarie, *Coguiles.*

Arbres et arbustes à fruits muculaires et à feuilles caduques. — Noyers, Noisetiers.

Arbres et arbustes à fruits muculaires et à feuilles persis-tantes. — Aveliniers du Chili,

Arbres et arbustes à fruits en capsules et à feuilles caduques. — Châtaigniers, Chênes à glands doux.

Arbres et arbustes à fruits en capsules et à feuilles persis-tantes. — Araucarias du Chili, Araucarias du Brésil, Pins pignons.

Arbres et arbustes à fruits oléagineux. — Oliviers, Noyers, Amandiers, Hêtres.

Arbres et arbustes à fruits en légumes ou gousses. — Carou-biers, *Algarrobos.*

Monographie arboricole de chacun de ces arbres et arbustes, traitant les points suivants : Nom botanique, espagnol, français, italien, anglais et allemand. — Origine et historique — Géographie et étendue culturales — Régions et zones favorables du Chili — Caractères arboricoles — Mode de végétation — Classification — Principales variétés cultivées — Culture, but de la culture — Climat, sol convenable — Multiplication par graines, greffes, boutures, marcottes — Pépinière — Plantation — Taille — Formes des arbres — Soins annuels culturaux — Accidents climatériques — Maladies des arbres — Animaux et insectes nuisibles — Remèdes ou moyens préventifs et curatifs — Récolte des fruits, degré de maturité, signes qui l'indiquent, moment favorable, temps convenable, mode de récolter les fruits — Conservation des fruits, fruitiers — Conservation à l'état sec — Produits, quantité récoltée, qualité des fruits — Usage des fruits — Leur valeur commerciale — Importance de chaque arbre et arbuste pour le Chili.

Jardins fruitiers. — Définition — But — Classification — Création de jardins fruitiers, choix de l'emplacement, clôtures, distribution du terrain, préparation du sol, choix des espèces et variétés d'arbres et arbustes, plantation, soins annuels culturaux — Produits, leur valeur — Examen critique des jardins fruitiers au Chili — Importance de cette industrie pour le pays.

Vergers et plantation d'arbres fruitiers pour la fabrication du cidre. — Régions et zones favorables du Chili — Importance de ces cultures.

Arboriculture industrielle. — Définition, but — Classification — Arbres et arbustes les plus importants pour le Chili.

Mûriers, Chênes liège, *Algarrobitos, Maquis,* Sumacs, Osiers, Bambous, Rosiers, Jasmins, Erables à sucre.

Monographie arboricole comme pour les arbres et arbustes fruitiers.

Horticulture

Définition, but — Divisions principales.

Plantes potagères qui peuvent être cultivées dans le pays.

Ail, Alkékenge, Ausérine, Arachide, Arroche, Artichaut, Asperge, Aubergine, Baselle, Basilic, Betterave, Canna, Caprier, Capucine, Cardon, Carotte, Céleri, Cerfeuil, Champignon, Chenille, Chervis, Chicorée, Chou, Chou-fleur, Chou-navet, Chou-rave, Ciboule, Ciboulette, Citrouille, Concombre, Corette, Courge, Crambé, Cresson, Crosne, Echalote, Epinard, Estragon, Fenouil, Fève, Fraisiers, Gesse cultivée, Giraumon, Gombo, Haricot, Hérisson, Hyssope, Igname, Laitues, Lavande, Lentille, Mâche, Macre, Maïs, Marjolaine, Mélisse, Melon, Moutarde, Navet, Nigelle, Ognon, Onagre, Oseille, Oxalis, Pak-choi, Panais, Pastèque, Patisson, Persil, Pé-tsai, Piment, Pimprenelle, Pissenlit, Poireau, Poirée, Pois, Pois-chiche, Pommes de terre, Potiron, Pourpier, *Quinoa*, Radis, Raifort, Raiponce, Rhubarbe, Romarin, Roquette, Salsifis, Sarriette, Scolyme, Scorsonère, Soja, Tétragone, Thym, Tomate, Topinambour.

Monographie horticole de chaque plante traitant les points suivants : Nom botanique, espagnol, français, italien, anglais et allemand — Origine et historique — Géographie et importance culturales — Régions et zones agricoles de la République qui sont les plus appropriées — Caractères horticoles — Mode de végétation — Classification — Principales variétés cultivées — Culture, son but — Climat, sol — Engrais — Multiplication, semis, repiquage, plantation — Soins de culture — Accidents climatériques — Maladies, animaux et insectes nuisibles — Récolte des légumes — Produits — Conservation — Usages —

Valeur des produits — Importance de chaque plante pour le Chili.

Jardins potagers ou jardins maraîchers. — Définition, but, classification — Création des jardins potagers ou maraîchers, choix de l'emplacement, clôtures, distribution du terrain, préparation du sol, engrais, travaux annuels de culture — Produits obtenus, valeur, vente.

Importance de cette industrie au Chili.

Viticulture et Vinification

Viticulture

Définition — Considérations générales.

La Vigne. — Nom botanique, espagnol, français, italien, anglais et allemand. — Origine et historique — Géographie et étendue culturales — Caractères botaniques viticoles — Classification des vignes cultivées — Principaux cépages cultivés au Chili — Végétation naturelle de la vigne — Climat : conditions climatériques, leur influence — Sol et sous-sol : nature et qualités agricoles du terrain — Régions viticoles du Chili et viticulture comparée.

Création d'un vignoble — Considérations générales, choix du terrain, étendue, but de la plantation — Travaux préparatoires, clôtures, divisions, nivellement et nettoyage du sol, chemins, canaux d'arrosage et d'assainissement.

Multiplication de la vigne — Par graines : choix des cépages et des graines, semis, repiquage, plantation, opération pratique — Résultat obtenu, son utilisation — Par boutures : diverses sortes de boutures, choix, conservation, transport — Par marcottage : provignage, diverses sortes de provins, conditions dans lesquelles il convient, époque et opération pratique — Par greffe : diverses sortes de greffes pour la vigne, conditions dans lesquelles elle convient, époque, opération pratique.

Plantation — Epoque, forme de la plantation, espacement des pieds, choix des cépages qui doivent composer le vignoble, variétés de cépages qui conviennent pour former un vignoble, choix du mode de plantation, boutures simples, boutures enracinées, opération pratique de la plantation, travaux complémentaires de la plantation — Soins à donner aux jeunes plantes, durant les première, seconde et troisième années, travaux relatifs au sol, travaux et soins relatifs à la plante.

Formes et systèmes auxquels on soumet les vignes. — Classification, choix. — Système de Guyot, de cordon bilatéral, de Thomery, de cordon vertical, de Cazenave, de pieds en têtes, en chaintres, en treilles, en hautains. — Composition de chaque système, établissement, conduite, coût approximatif, avantages et inconvénients, systèmes qui conviennent le mieux au Chili.

Travaux et soins annuels des vignobles. — Opérations relatives au terrain, labours, binages, déchaussements et buttages, nettoyages, arrosages. — Application des engrais. — Substances qui conviennent, mode d'application, époque, quantité, opération pratique.

Opérations et soins relatifs à la plante. — Taille d'hiver. — But. — Principes généraux de la taille de la vigne. — Diverses sortes : taille courte, moyenne, longue. — Choix de celle qui convient pour chaque cépage. — Epoque. — Opération pratique de la taille. — Instruments employés. — Ebourgeonnement ou épamprement, pincement, amarrage, rognage, effeuillage, incision annulaire, soufrage, sulfatage, vendange.

Accidents climatériques qui nuisent à la vigne. — Gelées d'hiver, gelées blanches de printemps et d'automne, grêle, tempêtes, coulure, brûlure, échaudage, pourriture du raisin. — Moyens employés pour les éviter.

Maladies qui attaquent la vigne. — Chlorose, apoplexie, rougeot, pourridié, oïdium, peronospera, antrachnose, black-rot et rot-blanc. — Causes de ces maladies, effets, remèdes préventifs et remèdes curatifs.

Insectes et animaux nuisibles. — Phytocoptos épidermi (érinose), hanneton, euchlore de la vigne, eumolpe, altise, attelabe, pyrale, noctuelle, cicadelle, phylloxera, etc. ; limaçons, escargots, oiseaux, rats, chiens, etc. — Effets produits. — Remèdes préventifs et curatifs.

Prix de revient d'un hectare de vignoble au Chili à la fin de la troisième année.

Vendange. — Importance de cette opération. — Maturité du raisin, signes qui l'indiquent. — Moment opportun pour vendanger. — Temps favorable. — Epoque de la vendange au Chili. — Durée de l'opération. — Instruments et appareils employés pour vendanger. — Systèmes ou moyens employés pour transporter le raisin. — Vendangeurs. — Exécution pratique de la vendange. — Dépense par hectare pour vendanger. — Produit en raisin par hectare. — Prix commercial à l'état frais.

Différents modes d'exploitation des vignobles. — Exploitation directe par le propriétaire, par locataire, par métayer. — Choix du mode d'exploitation. — Systèmes qui conviennent le mieux au Chili.

Vinification.

Définition. — But. — Importance de cette opération. — Opérations qui précèdent la vinification ; constatation de l'état du raisin qui arrive au cuvier, choix, constatation de la provenance, de la variété, de la quantité, de la qualité. — Appréciation de la richesse saccharine du raisin. — Instruments employés : gleucomètres, gleuco-œnomètres, mustimètres, pèse-moûts, densimètres, etc. — Opération pratique. — Procédés employés pour augmenter ou diminuer la richesse saccharine du moût.

Diverses sortes de liquides qui résultent directement ou indirectement du raisin :

Vins. — Définition. — Classification suivant les pays, les régions vignobles, les terrains des vignobles, le mode de fabrication, la force alcoolique, la couleur et le goût du vin, l'usage, l'âge. — Appréciation des vins. — Principales propriétés physiques et organoleptiques : couleur, clarté, odeur, goût, pureté, âge, conservation. — Dégustation des vins. — Analyse et essai des vins : quantité d'alcool, extrait sec, acidité, matières colorantes, tannin, bitartrate de potasse, substances étrangères.

Fabrication des vins. — Opérations qui précèdent la fermentation. — Transport du raisin à l'endroit où on le foule, divers modes employés : à main, avec les pieds, avec appareils mécaniques, fouloirs-égrappoirs ou égrappoirs-fouloirs. — Diverses sortes d'appareils. — Importance du foulage du raisin. — Circonstances dans lesquelles il faut égrapper ou non. — Règle générale qui doit être observée dans la vinification.

Vins blancs. — Définition. — Variétés de raisins qui peuvent produire des vins blancs. — Considérations générales sur les vins blancs.

Fabrication des vins blancs. — Foulage et égrappage du raisin. — Pressage de la vendange. — Pressoirs, diverses sortes, choix. — Mise du liquide dans les tonneaux ou barriques pour la fermentation. — Vaisseaux propres à la fermentation des vins blancs. — Lieu où on les place. — Caves, conditions qu'elles doivent remplir. — Remplissage des tonneaux ou barriques. — Quantité de vaisseaux nécessaires pour contenir la récolte de vin d'un hectare de vignoble.

Fermentation des vins blancs. — Conduite de la fermentation. — Soins à donner. — Durée de la première fermentation. — Fermentation lente. — Température nécessaire. — Ouillage, durée de la fermentation lente.

Premier soutirage. — Conditions indispensables à un bon soutirage. — Epoque. — Opération pratique. — Ouillage après le premier soutirage.

Second soutirage. — Epoque, soufrage des fûts, mutisme des vins.

Clarification des vins. — Substances employées. — Epoque. — Opération pratique. — Soins à donner aux vins blancs pendant les deuxième, troisième et quatrième années.

Vins rouges. — Définition. — Variétés de raisins qui peuvent servir à faire du vin rouge. — Considérations générales sur les vins rouges.

Fabrication des vins rouges. — Foulage, égrappage du raisin. Fermentation de la vendange dans les cuves. — Cuves de fermentation, diverses sortes. — Disposition convenable des cuves dans le cuvier. — Préparation des cuves, leur remplissage. — Fermentation dans les cuves ouvertes, sans grillages : ses diverses phases avec ou sans foulage. — Moyens employés pour fouler dans les cuves. — Fermentation dans les cuves fermées sans grillages, résultat obtenu. — Fermentation dans les cuves ouvertes ou fermées avec grillages. — Choix du meilleur système de fermentation des vins rouges. — Soutirage des vins des cuves, moment convenable. — Transport des vins dans les tonneaux ou fûts, moyens employés. — Disposition des fûts dans les chais, celliers, caves, conditions nécessaires. — Seconde fermentation ou fermentation lente dans les tonneaux. — Soins à donner aux vins rouges dans les caves : ouillage, soutirage, préparation des fûts à chaque soutirage, clarification, embouteillage. — Exécution pratique de ces travaux.

Vins rosés. — Définition. — Considérations générales. — Fabrication.

Vins noirs ou de macération. — Définition. — Considérations générales. — Fabrication.

Vins liquoreux ou doux. — Définition. — Considérations générales. — Fabrication.

Vins mousseux. — Définition. — Fabrication.

Chichas ou vins cuits. — Définition, classification. — Fabrication, foulage du raisin, pressurage, cuisson du moût, mise en tonneaux. Soins à donner aux *chichas* dans les celliers.

Vins de marc. — Définition. — Conditions convenables pour les obtenir. — Fabrication.

Eau-de-Vie, — *Cognac,* — *Pisco.* — Définition. — Fabrication. — Utilisation des marcs, des rafles.

Emploi du plâtre dans la fabrication des vins. — Influence de la lumière, du mouvement, du bruit, de l'état électrique de l'air sur les vins. — Action du froid, de la chaleur sur les vins.

— Pasteurisation des vins. — Influence de la masse sur les vins.

Édifices pour la vinification et la conservation des vins.

Classification et énumération. — Edifices principaux. — Foulerie, cuvier, caves, chais et celliers ; édifices accessoires, lieux spéciaux pour les pressoirs et pour le lavage des marcs, grenier ou magasin, distillerie, local pour embouteiller, atelier pour la fabrication et réparation des fûts, bureaux.

Situation des édifices. — Conditions spéciales qu'ils doivent remplir. — Dimensions de chaque département suivant l'importance du vignoble. — Dispositions de l'ensemble des édifices. — Édifices principaux formant un seul corps avec ou sans cave souterraine. — Edifices principaux formant plusieurs corps de bâtiments. — Edifices principaux disposés de manière à former une cour intérieure. — Caves parallèles et cuvier transversal avec ou sans caves souterraines. — Modèles de chaque disposition.

Récipients ou vaisseaux pour la fabrication des vins et pour leur conservation. — Leur importance, considérations générales. — Récipients ou vaisseaux pour la vinification. — Cuves : diverses sortes, dimensions, formes, capacité, choix. — Quantité de cuves nécessaires.

Récipients ou vaisseaux pour conserver les vins. — Foudres, tonneaux, barriques. — Diverses espèces, forme, dimensions, capacité. — Choix des meilleurs vaisseaux vinaires. — Quantité nécessaire. — Renouvellement des vaisseaux vinaires, entretien. — Bouteilles pour les vins. '

Botanique agricole.

Botanique théorique. — Définition de la botanique. — Division. — Organes des plantes. — Organes élémentaires. — Cellules, leur structure, leur composition et les matières qu'elles contiennent. — Fibres et vaisseaux. — Tissus, fibres, vaisseaux, interstices intercellulaires, conduits aériens, résifères et vaisseaux lactés. — Epiderme et pores.

Organes composés. — Organes de la nutrition. — Racines, leur structure, leurs parties constitutives, leur forme. — Racines adventices, plantes parasites. — Tige, dimension, durée, diverses sortes, structure de la tige ligneuse des végétaux dicotylédonés, monocotylédonés, acotylédonés et des dicotylédonés annuels.

Différents accidents qui s'observent dans les tiges.

Feuilles : leur structure, situation, durée, dimension, accidents et transformations. — Appendices foliacés, stipules, bractées, spathes, etc. — Boutons, leur situation, contenu, etc.

Organes de la génération. — Différence entre la multiplication par génération et par division. — Fleur : du pédoncule et de l'inflorescence, du calice, de la corolle, des étamines et des pistils en général. — Fleurs hermaphrodites, unisexuelles et neutres, doubles, pleines, prolifères et vivipares. — Du pollen. — De l'ovaire. — Organes spéciaux de quelques fleurs, disque corolliforme, nectaire.

Physiologie végétale. — Génération. — Fécondation. — Développement de l'ovule et du pistil depuis la fécondation. — Classification des fruits. — Embryon. — Germination. — Hybridation. — Multiplication des plantes cryptogames. —

Nutrition. — Aliment des plantes. — Sève, circulation, absorption et marche de la sève. — Transpiration. — Respiration. — Assimilation. — Influence de la chaleur et de la lumière sur la respiration.

Multiplication des plantes par division. — Boutures. — Marcottes. — Greffes. — Conditions essentielles pour les réaliser.

Classification des plantes. — Système de Linnée. — Système de Jussieu. — Système de Candolle.

Botanique appliquée. — Plantes dicotylédonées, polypétales, monopétales, apétales, gymnospermes. — Plantes monocotylédonées. — Plantes acotylédonées. — Applications agricoles.

Zootechnie.

Zoologie agricole et Zootechnie.

Définition. — Considérations générales. — Divisions principales.

Anatomie et Physiologie des animaux domestiques. — Définition. — Etude de la cellule. — Tissu cellulaire, séreux, fibreux, élastique, adipeux, musculaire, cartilagineux, osseux, muqueux.

Organes, appareils, fonctions. — Appareil du mouvement ou de la locomotion. — Squelette, tête, colonne vertébrale, thorax, bassin, membres antérieurs, membres postérieurs. — Os des oiseaux de basse-cour. — Articulations, muscles, tendons, ligaments. — Attitudes, station, coucher ou décubitus. — Mouvements sur place, cabrer, ruade. — Mouvements progressifs, allures, amble, trot, galop, pas, pas relevé, saut, reculer, traquenard. — Défectuosités des allures. — Boiteries. — Tirage au collier, au joug. — Harnachements agricoles.

Fonction de la digestion. — Appareil de la digestion. — Bouche, glandes salivaires, pharynx, œsophage, intestins, pancréas, foie. — Aliments. — Sensations digestives, faim, soif. — Actes du travail digestif. — Préhension des aliments. — Mastication. — Insalivation. — Déglutition. — Rumination. — Digestion stomacale. — Digestion intestinale. — Digestion chez les oiseaux de basse-cour.

Absorption. — Mécanisme de l'absorption. — Organes destinés à l'absorption. — Absorption par les veines, par les lymphatiques, absorption dans les voies digestives, dans les voies respiratoires, par les muqueuses, par les membranes séreuses, absorption cutanée, par le tissu cellulaire, absorption intestinale ou réabsorption.

Fonction de la respiration. — Appareils de la respiration. — Cavités nasales. — Larynx. — Trachée. — Bronches. — Poumons. — Cavité thoracique. — Actes mécaniques de la respiration. — Inspiration. — Expiration. — Respiration des oiseaux de basse-cour. — Phénomènes chimiques de la respiration. — Changements que l'air éprouve dans la respiration. — Changements qu'éprouve le sang durant cette fonction. — Nature des actions chimiques de la respiration. — Résumé.

Fonction de la circulation. — Appareils de la circulation. — Cœur. — Artères et système artériel. — Veines et système veineux. — Rate. — Système capillaire. — Système lymphatique. — Thyroïdes et thymus. — Actes de la circulation. — Circulation artérielle. — Circulation capillaire. — Circulation veineuse.

Nutrition. — Propriétés et composition du sang. — Propriétés physiques du sang. — Eléments anatomique du sang. — Composition chimique du sang. — Modifications qu'éprouve la composition du sang. — Formation. — Consommation et renouvellement du sang. — Distribution du sang dans les différents tissus. — Formation et multiplication des éléments des tissus.

Chaleur animale. — Variation de la chaleur animale. — Equilibre de la température animale. — Sources de la chaleur animale. — Chaleur et mouvement.

Sécrétions. — Des sécrétions en général. — Rôle du sang dans les sécrétions. — Rôle des glandes dans les sécrétions. — Fonction du système nerveux dans les sécrétions. — Caractères généraux des sécrétions.

Des sécrétions en particulier. — Exhalation de la sérosité cellulaire. — Sécrétion de la graisse. — Transpiration cutanée. — Matière sébacée. — Le foie et ses produits, — Les reins. — Sécrétion urinaire. — Sécrétion du lait.

Système nerveux. — Appareil de l'innervation. — Eléments des systèmes nerveux. — Système nerveux de la vie animale : Encéphale. — Cerveau. — Cervelet. — Bulbe du rachidien. — Moelle épinière. — Nerfs. — Nerfs crâniens. — Nerfs rachidiens.

Système nerveux de la vie organique. — Fonctions du système nerveux. — Propriétés du système nerveux. — Action nerveuse en général. — Fonctions de l'encéphale, — Fonctions de la moelle épinière. — Fonctions du grand sympathique.

Facultés instinctives et intellectuelles. — Appareils des sens. — Enumération des sens. — Appareil du toucher : Peau. — Derme. — Papilles ou corpuscules du tact. — Glandes de la peau. — Epiderme. — Poils. — Laine et duvet. — Soies. — Cornes frontales. — Châtaignes. — Sabot. — Ongles. — Siège de la sensation du tact.

Appareil du goût. — Sensation du goût. — Appareil de l'odorat : organe et sensation de l'odeur. — Appareil de l'audition : organes et mécanisme de l'audition. — Appareil de la vision : organes et mécanisme de la vision.

Fonction de la reproduction. — Organes génitaux du mâle : Testicules. — Canaux déférents. — Sperme. — Pénis. — Organes génitaux de la femelle. — Ovaires. — Utérus. — Vagin. — Vulve. — Mamelles. — Appareils de la génération des oiseaux de basse-cour. — Fonction de la génération. — Fécondation. — Développement de l'embryon. — Gestation. — Parturition.

Extérieur des animaux domestiques.

Définition. — Considérations générales.

Extérieur du Cheval, de l'Ane et du Mulet. — Division de cette étude. — Aptitudes des équidés.

Appareil de la respiration : Naseaux. — Face, ganaches. — Auge. — Trachée. — Poitrail. — Côtes. — Flancs.

Appareil de la digestion : Bouche. — Ventre. — Anus. — Appareil de la force motrice. — Caractères de l'énergie : tête. — Volume et résistance des muscles. — Queue.

Appareil de la locomotion : Encolure. — Ligne dorso-lombaire. — Garrot, dos, reins, hanche, croupe.

Membres. — Tares des membres : tares osseuses et leur traitement. — Tares molles et leur traitement.

Membres antérieurs : Epaule. — Avant-bras. — Coude. — Genou. — Canon. — Boulet. — Paturon. — Couronne. — Sabot. — Membres postérieurs : Cuisse. — Fesse. — Grasset. — Jambe. — Jarret. — Châtaigne. — Canon. — Boulet. — Ergot et fourchette. — Paturon. — Couronne. — Sabot. — Pied. — Hygiène du pied.

Ferrure du cheval. — But. — Diverses sortes de ferrures. — Exécution pratique. — Conditions que doit remplir une bonne ferrure, durée et renouvellement.

Ferrure du mulet et de l'âne.

Défauts et maladies du pied : pied grand, petit, pieds inégaux, pied plat, dérobé, étroit; pieds à talons serrés ; pied encastelé ; pieds à talons hauts, bas ; pied mou, maigre ; pied panard, cagneux; pied de travers, pinçard ; pied-bot, plein, comble ; pied à fourchette maigre, grasse. — Seime, mal d'âne, cercles, faux-quartier, bleime, sole foulée, oignons, fourchette échauffée, pourrie, crapaud, fic, fourbure chronique, croissant, fourmilière. — Clous de rue, furoncle de la fourchette, compression du pied par les clous, piqûre, enclouure, sole chauffée ou brûlée. — Cerises. -- Traitement.

Aplombs. — Proportions. — Définition. — Conditions des bons aplombs.

Locomotion. — Attitudes. — Station libre, forcée. — Décubitus. — Mouvement sur place : Cabrer, ruade, saut, reculer. — Allures. — Amble. — Trot, diverses sortes de trots. — Galop, diverses sortes de galops. — Pas, diverses sortes de pas. — Pas relevé. — Saut. — Reculer. — Immobilité.

Défectuosités des allures : Chevaux qui troussent, qui rasent le tapis, qui se bercent, qui billardent, qui se coupent, qui forgent ; chevaux qui ont les épaules froides, chevillées. — Eparvin sec. — Boiteries.

Organes de la reproduction. — Organes du mâle : Testicules. — Maladies dont ils sont le siège : orchys, sarcocèle, hydrocèle, hernie. — Traitement. — Prépuce, maladies spéciales. — Pénis. — Organes génitaux de la jument. — Vulve. — Mamelle ou tette.

Peau et robes. — Peau. — Maladies de la peau, traitement. — Robes. — Classification naturelle. — Première classe : Poils et crins d'une seule couleur : Noir, blanc, café au lait, alezan. — Deuxième classe : Poils et crins de plusieurs couleurs, une seule couleur et les membres et les crins noirs, isabelle, souris, bai ; Poils de deux couleurs : gris, roux, louvet ; de trois couleurs : rouan. — Association du blanc avec les autres couleurs ; aubère. — Particularités ou caractères secondaires des robes. — Particularités sans siège fixe. — Zain, rubican, argenté, doré vineux, pommelé, miroité, moucheté, truité, tigré, neigé, tisonné, zébré, bordé, épis, taches de ladre, marqué de feu. — Particularités de la tête : cap de more, pelote, étoile, liste, belle face, moustaches. — Particularités du tronc : raie de mulet, taches blanches accidentelles, couleur des crins. — Particularités des membres : Balzanes, couleur des membres, couleur des sabots. — Particularités diverses.

Robes de l'âne et du mulet. — Influences diverses qui modifient les robes. — Saisons, lumière, âge, sexe, état d'embonpoint.

Influence de la robe sur la valeur du cheval.

Signalement du cheval.

Connaissance de l'âge. — Dents, leur anatomie. — Diverses espèces de dents : incisives, crochets, molaires ; dents de lait ou caduques, dents adultes ou permanentes. — Signes fournis par les dents pour la connaissance de l'âge. — Irrégularité dans la dentition du cheval. — Fraudes relatives à l'âge. — Particularités relatives à l'âge de l'âne et du mulet.

Examen du cheval en vente ou dans une exhibition publique. Connaissance extérieure du cheval réduite à l'étude de quelques caractères. — Examen de la forme ou conformation du cheval. — Etude des caractères qui indiquent le fond ou la résistance. — Expression numérique de la valeur de la forme et du fond d'un cheval. — Résultats pratiques.

Manifestation de l'état de santé et de maladie : attitudes, peau et poil, appétit, digestion, respiration, circulation.

Extérieur des animaux de l'espèce bovine. — Aptitudes des bovidés. — Considérations générales. — Division: bœuf, vache laitière.

Appareil de la respiration. — Fosses nasales, face, ganaches, larynx, trachée, poitrail,

Appareil de la digestion. — Bouche, ventre, flancs, anus. — Maladies spéciales. — Traitement.

Agents de la force motrice. — Tête, encolure, garrot, dos, région lombaire, croupe, queue, membres. — Maladies spéciales. — Traitement. — Ferrure du bœuf. — Maladies du pied. — Traitement.

Organes producteurs du lait. — Mamelles, tettes, veines superficielles. — Maladies spéciales. — Traitement. — Ecusson. — Système Guénon.

Organes de la reproduction. — Organes du mâle. — Testicules, prépuce, verge. — Maladies spéciales. — Traitement. — Organes génitaux de la vache. — Vulve. — Maladies spéciales. Traitement.

Connaissance de l'âge. — Dents. — Signes fournis par les dents pour la connaissance de l'âge. — Connaissance de l'âge par les cornes.

Conformation des animaux bovins selon leurs aptitudes spéciales. — Bœuf de boucherie. — Bœuf de travail. — Vache laitière.

Appréciation des animaux gras. — Maniements. — Mesure.

— Poids. — Signes de la santé. — Signes de l'état malade.

Extérieur du mouton et de la chèvre. — Extérieur du mouton. — Tête. — Tronc. — Membres. — Peau. — Maladies spéciales. — Traitement. — Type de la bonne conformation. — Etude sur la laine. — Connaissance de l'âge. — Signes fournis par les dents.

Extérieur de la chèvre.

Extérieur du porc. — Tête. — Tronc. — Membres. — Organes génitaux. — Peau. — Maladies spéciales. — Traitement. Type de bonne conformation. — Connaissance de l'âge.

Zootechnie générale.
(D'après A. Sanson.)

Lois naturelles et méthodes zootechniques.

Lois de l'hérédité. — Définition. — Hérédité individuelle. — Hérédité sexuelle. — Influence respective des sexes. — Doctrine de l'infection de la mère. — Consanguinité. — Rafraîchissement du sang. — Atavisme. — Loi de réversion. — Loi des semblables. — Résumé. — Lois de la classification zootechnique. — Différences sexuelles. — Individualité. — Différences d'âge. — Définition de la famille. — Définition de la race. — Définition de l'espèce. — Caractéristique de l'espèce chez les vertébrés. — Méthode et détermination des caractères spécifiques. — Définition de la variété. — Définition du genre. — Classification. — Lois de l'extension des races. — Aire géographique. — Origine ethnique des espèces. — Formation des races. — Conditions d'adaptation. — Acclimatement et acclimatation. — Extension des races domestiques. — Formation des variétes.

Méthodes de reproduction. — Enumération. — But des mé-

thodes. — Sélection. — Sélection zoologique. — Sélection zootechnique. — Croisement. — Hybrides et métis. — Théorie
du croisement. — Métissage. — Théorie du métissage. — Pratique du métissage. — Méthodes de gymnastique fonctionnelle.
— Définition. — Objet des méthodes. — Théorie physiologique.
— Précocité. — Pratique de la gymnastique fonctionnelle. —
Méthodes d'exploitation. — But de l'exploitation. — Enumération des méthodes d'exploitation.

Conditions générales d'exploitation. — Production des
jeunes animaux. — Exploitation des jeunes animaux. — Méthodes d'encouragement. — Définition. — Enumération des
méthodes d'encouragement. — Enseignement spécial. —
Vacheries, bergeries, haras nationaux. — Concours et expositions. — Méthodes de classification. — Examen des méthodes.
— Classification zoologique et zootechnique. — Nomenclature.
— Tableau de la classification zootechnique.

Alimentation des animaux domestiques. — Aliments. —
— Définition. — Origine. — Nécessité. — Composition. —
Influence du climat. — Equivalents. — Foins des prairies naturelles, des prairies artificielles, de luzerne, trèfle, ray-grass. —
Maïs. — Sorgho. — Paille. — Grains et graines : avoine, orge,
froment, seigle, maïs, sorgho, sarrasin, féveroles, pois, haricots, lin, alpiste. — Farine. — Son. — Tourteau. — Malt. —
Drèche. — Résidus de distillerie, de grains, d'amidonnerie. —
Fruits secs : glands, châtaignes. — Racines charnues et tubercules : betteraves, carottes, navets, pommes de terre, topinambours, panais. — Feuilles d'arbres, de vigne. — Résidus de
fabrique de sucre, d'alcool, de fécule. — Marcs de raisin, de
pommes, de poires. — Matières animales : petit lait et autres
résidus des laiteries. — Chair, œufs, vers, etc.

Préparation des aliments. — Son but. — Division. — Mélange. — Germination. — Macération. — Cuisson. — Infusion. — Silos. — Condiments. — Condiments acides, toniques, excitants, relâchants, sel commun.

Composition et détermination de la ration. — Distribution des aliments. — Boissons. — But des boissons. — Distribution. — Eau potable, ses caractères. — Eaux de sources, de ruisseaux, de rivières, de lacs, d'étangs, de marais, de puits, de citernes.

Alimentation avec l'herbe verte ou fraîche. — Prairies. — Pâturages des montagnes, des chaumes. — Pâturages marécageux. — Salés.

Air atmosphérique au point de vue hygiénique pour les animaux domestiques.

Zootechnie spéciale.

Equidés. — Chevaux. — Anes. — Mules. — Fonctions économiques des équidés. — Conditions économiques de leur production. — Races introduites au Chili.

Chevaux de selle : race asiatique. — Caractères spécifiques et zootechniques. — Aire géographique. — Variétés. — Variété arabe, sa valeur, son introduction au Chili. — Cheval de pur sang anglais, historique, caractères, élevage, gymnastique fonctionnelle. — Préparation, but, influence et conséquence. — Etat actuel de la production du pur sang anglais. — Race africaine. — Caractères spécifiques et zootechniques. — Aire géographique. — Variétés. — Variété berbère ou barbe, caractères. — Chevaux d'Andalousie, origine, caractères, intérêt qu'ils présentent pour le Chili.

Chevaux carrossiers. — Race germanique. — Caractères spécifiques et zootechniques. — Aire géographique. — Variétés. — Chevaux Cleveland-bay. — Chevaux anglo-normands — Chevaux danois et allemands. — Trotteurs du Norfolk. — Trotteurs américains. — Trotteurs d'Orloff. — Caractères. — Aire géographique. — Origine. — Valeur. — Importance pour le Chili.

Chevaux de trait. — Race percheronne. — Race frisonne, variété Clydesdale. — Race britannique. — Variétés de Suffolk et de Norfolk. — Boulonnaise. — Caractères spécifiques et zootechniques. — Origine. — Aire géographique. — Valeur. — Importance pour le Chili.

Cheval chilien. — Origine. — Caractères spécifiques et zootechniques. — Aptitudes et utilisation. — Production, son état actuel, son avenir.

Production des chevaux. — Sélection des reproducteurs. — Étalon, âge, hygiène, alimentation, exercice, travail, logement, etc. — Jument, âge, gestation normale, hygiène, rôle de la jument dans la reproduction. — Monte. — Epoque convenable. — Monte en liberté, dirigée, mixte. — Préparation de l'étalon et de la jument. — Pratique de la monte. — Fécondité de l'étalon, de la jument. — Soins à donner à la jument et à l'étalon après la monte.

Gestation de la jument. — Le part. — Allaitement. — Maladies des jeunes poulains. — Traitement. — Sevrage des poulains. — Régime après le sevrage jusqu'au moment du travail. — Castration. — Marque. — Dressage. — Soins à donner aux sabots, ferrure, nettoyage. — Tonte. — Harnais. — Alimentation. — Maladies les plus communes. — Symptômes. — Traitement. — Conditions de logement. — Ecuries. — Conditions hygiéniques et économiquesqu'e lles doivent remplir.

Anes. — Caractères. — Espèces d'ânes. — Races. — Race d'Egypte. — Variété égyptienne commune. — Race d'Europe. — Variétés d'Espagne, d'Italie, de Poitou. — Caractères spécifiques et zootechniques. — Aire géographique. — Production et utilisation des ânes au Chili. — Utilité. — Robusticité. — Frugalité. — Aliments. — Reproduction. — Elevage. — Maladies principales. — Traitement.

Mulets et Bardots. — Caractères. — Conformation. — Fonctions économiques, la charge, le trait. — Eléments d'une bonne production de mulets. — Production des mulets au Chili. — Utilisation. — Nécessité pour le pays.

Bovidés. — *Animaux bovins.* — Fonctions économiques des bovidés. — Considérations économiques sur la production de la viande, du lait, du travail ou force motrice. — Spécialisation. — Conformation. — Aptitudes.

Division des bovidés, espèces domestiques. — Animaux bovins introduits au Chili. — Races bovines. — Race des Pays-Bas. — Variétés : Hollandaise, Flamande, Durham. — Race Irlandaise. — Variétés du Kerry, d'Ayr, de Devon, des îles de la Manche, de Bretagne. — Race Germanique. — Variétés Allemandes, Danoises, Normandes, de Hereford. — Race Britannique. — Variétés de Galloway, Angus, Norfolk, Suffolk. — Race des Alpes. — Variétés Suisses de Schwitz. — Race Jurassique. — Variété de Fribourg. — Race Asiatique. — Variété carmagnole. — Race Ibérique. — Variétés espagnoles. Caractères spécifiques et zootechniques. — Aire géographique. — Aptitudes, utilisation, valeur. — Importance pour le Chili.

Les animaux bovins au Chili. — Introduction. — Propagation. — Utilisation. — Importance. — Production des animaux bovins. — Reproduction. — Reproducteurs : taureau, vache.

— Pratique de la reproduction. — Monte. — Gestation. — Parturition. — Maladies consécutives à la parturition. — Traitement. — Allaitement. — Sevrage. — Élevage. — Maladies spéciales des jeunes animaux. — Castration. — Bœufs de travail. — Choix des bœufs de travail. — Alimentation. — Emploi de la force motrice. — Engraissement des animaux bovins.— Conditions convenables. — Maladies des animaux bovins. — Traitement. — Etables. — Conditions hygiéniques et économiques qu'elles doivent présenter.

Vaches laitières. — Conditions favorables pour la production du lait. — Choix des vaches laitières. — Élevage et alimentation des vaches laitières, boissons, abris. — Conditions d'habitation. — Traite. — Lait. —, Sa composition, ses altérations. — Quantité de lait. — Laiterie pour la vente du lait en nature, pour le conserver, pour la fabrication du beurre, des fromages. — Renseignements spéciaux pour la construction des édifices pour laiteries. — Situation, abris, matériaux, dispositions. — Ustensiles. — Machines et matériel des laiteries. — Conservation du lait. — Fabrication du beurre. — Fabrication des fromages.

Ovidés. — *Animaux ovins et caprins.* — Fonctions économiques des ovidés. — Production de la viande et de la laine. — Considérations générales sur la production de la laine au Chili. — Les moutons précoces dans les terrains pauvres et secs. — Animaux ovins introduits au Chili. — Races de moutons. — Variétés. — Race mérine ou mérinos. — Caractères spécifiques et zootechniques. — Aire géographique. — Variétés. — Variétés espagnoles, de Negretti, Mérinos de France. — Variétés de Rambouillet, de Mauchamp. — Mérinos d'Allemagne. — Race Germanique. — Caractères spécifiques et zootechniques.

— Aire géographique. – Variétés allemandes, Dishley ou New-Leicester, Lincoln. — Race des Pays-Bas. — Caractères spécifiques et zootechniques. — Aire géographique. — Variétés Romney-Marsh ou New-Kent. — Race britannique. — Caractères spécifiques et zootechniques. — Aire géographique. — Variétés : Cottswald, Cheviot. — Races des dunes. — Caractères spécifiques et zootechniques. — Aire géographique. — Variétés Black-faced, South-Down, Oxfordshire-Down, Shropshire-Down, Hampshire-Down.

Les moutons au Chili. — Introduction et propagation. — Récentes introductions d'Europe. — Les moutons et les conditions naturelles : climat et terrain. — Fertilité du sol.

Production des moutons. — Pratique de la reproduction. — Reproducteurs : Bélier, brebis. — Choix des reproducteurs. — Monte. — Gestation. — Agnelage. — Allaitement. — Sevrage. Maladies des agneaux. — Traitement. — Amputation de la queue. — Castration. — Marques. — Régime des animaux après le sevrage. — Alimentation. — Pâturages. — Transhumance. — Hivernage. — Tonte.

Engraissement du mouton. — Berger. — Chien de berger. — Maladies des moutons. — Traitement.

Bergeries. — Conditions hygiéniques et économiques qu'elles doivent posséder.

Chèvre. – Races caprines. — Leurs produits. — Leur utilité au Chili. — Chèvres introduites au Chili : Chèvres communes, de Malte, d'Angora, de Cachemyr. — Caractères spécifiques et zootechniques. — Aire géographique. — Exploitation économique de la chèvre. — Reproduction et élevage. — Utilisation des produits.

Suidés. — Animaux porcins. — Fonctions économiques des

porcs. — Production de la viande, de la graisse et utilisation des résidus d'exploitation. — Conditions économiques de la production. — Races porcines. — Variétés. — Porcs introduits au Chili. — Race Napolitaine. — Race Asiatique. — Races Anglaises. — Caractères spécifiques et zootechniques. — Aire géographique. — Valeur. — Production des porcs. — Reproducteurs : verrats, truies. — Choix des reproducteurs. — Pratique de la reproduction. — Accouplement. — Gestation. — Parturition. — Allaitement. — Sevrage. — Castration. — Bouclement. — Elevage. — Conditions d'habitation. — Porcheries, conditions qu'elles doivent remplir. — Alimentation. — Engraissement. — Maladies spéciales des porcs. — Préparation et utilisation des produits.

Animaux de Basse-Cour. — Considérations générales. — Division. — Classification.

Lapins et Léporides. — Production économique. — Espèces. — Variétés. — Reproduction. — Alimentation. — Engraissement. — Maladies spéciales. — Traitement. — Clapier, conditions qu'il doit remplir. — Utilisation des produits. — Importance de cette production pour le Chili.

Oiseaux. — *Poules.* — *Paons.* — *Pintades.* — *Oies.* — *Canards.* — *Pigeons.* — Fonctions économiques. — Avantages et inconvénients. — Espèces. — Variétés. — Caractères. — Coutumes. — Origine. — Aire géographique. — Reproduction. — Choix des reproducteurs. — Pratique de reproduction. — Accouplement. — Ponte. — Incubation. — Naissance. — Elevage. — Alimentation. — Engraissement. — Produits. — Viande. — Œufs. — Plumes. — Valeur et utilisation. — Maladies spéciales. — Traitement. — Logement, conditions qu'il doit remplir. — Importance de cette production au Chili.

Apiculture.

Considérations générales. — Histoire naturelle des abeilles. — Espèces d'abeilles. — Abeille italienne. — Composition et constitution d'un essaim. — Ponte. — Produits récoltés par l'abeille: miel, pollen et propolis. — Rayons ou gâteaux de miel. — Formation et sortie des essaims. — Ruchers. — Diverses sortes de ruches : ruches communes, travaux annuels. — Ruches avec rayons mobiles. — Avantages. — Travaux annuels. — Etude critique des divers systèmes de ruches. — Ustensiles et instruments d'apiculture. — Maladies et ennemis des abeilles. — Produits, utilisation. — Valeur. — Importance de l'apiculture au Chili.

Sériciculture. — Vers à soie.

Considérations générales sur la production de la soie au Chili. — Histoire naturelle des vers à soie. — Espèces et variétés. — Classification. — Le Mûrier. — Education des vers à soie. — Magnanerie, conditions qu'elle doit remplir. — Ustensiles et appareils nécessaires. — Conservation de la graine. — Soins. — Naissance des vers. — Alimentation. — Soins journaliers. — Montée. — Récolte. — Production de la graine. — Usage de la soie. — Importance de cette industrie pour le Chili.

Aquiculture.

Définition. — But. — Considérations générales. — Division. *Eaux douces.* — Etangs, lacs, ruisseaux, rivières, fleuves. — Poissons d'eaux douces au Chili : *pejereyes, truchas, bagres.* — Espèces étrangères qu'il conviendrait d'introduire. — Histoire naturelle et coutumes des poissons. — Pratique de la pis-

ciculture. — Multiplication artificielle. — Etablissement piscicole. — Repeuplement des cours d'eaux, étangs, etc. —
Importance de la pisciculture d'eaux douces au Chili. — Nécessité de cette industrie.

Eaux salées. — Principaux poissons utilisés au Chili dans
l'économie domestique.

Ostréiculture. — Considérations générales. — Etat actuel de
la production des huîtres au Chili. — Moyens indispensables
pour l'augmenter. — Avenir de cette industrie. — Pratique de
l'ostréiculture.

Chimie générale.

Chimie inorganique.

Notions préliminaires. — Nomenclature.
Métalloïdes et leurs principales combinaisons.
Oxygène. — Hydrogène. — Eau. — Eau oxygénée.
Azote. — Air atmosphérique. — Protoxyde d'azote, bioxyde,
acide nitrique, pernitrique. — Ammoniaque.
Phosphore. — Acide oxygéné. — Hydrogène phosphoré. —
Chlorures, etc.
Arsenic. — Acides arsénieux et arsenic. — Hydrogène arsénié,
sulfures, chlorures.
Soufre. — Acides hydrosulfureux, sulfureux, sulfurique, etc.
Hydrogène sulfuré. — Principaux sulfures.
Sélénium. — Tellure.
Chlore. — Acides oxygénés du chlore. — Acide chlorhy-
drique. — Chlorures d'azote, de soufre. — Chloroxydes des
métalloïdes.

Brome. — Acides oxygénés. — Hydracydes.

Iode. — Acides oxygénés. — Hydracides.

Fluor. — Acides oxygénés. — Hydracides.

Carbone. — Oxyde de carbone. — Acide carbonique. — Composés hydrogénés du carbone, gaz d'éclairage, etc. — Sulfure de carbone; fabrication et usage. — Cyanogène, principaux composés.

Silicium. — Acide silicilique. — Chlorure et fluorure de silicium. — Acide fluorsilicilique.

Bore. — Acide borique. — Chlorure et fluorure.

Classification des métalloïdes.

Métaux et leurs principales combinaisons.

Généralités. — Alliages. - Oxydes. — Sulfures. — Chlorures.

Notions générales sur les sels. — Cristallisation.

Potassium. — Potasse, chlorures, bromures, iodures, carbonates, sulfates, nitrates, chlorates, hyperchlorates, etc.

Rubidium et Cesium. — Principaux composés.

Sodium. — Soude. — Chlorures, carbonates, sulfates et sulfites, hyposulfites, nitrates, phosphates, borax

Sels ammoniacaux.

Lithium et Thallium. — Principaux composés.

Barium. — Barite, chlorures, carbonates, sulfates, nitrates, etc.

Strontium. — Principaux composés.

Calcium. — Chaux, chlorures, carbonates, sulfates, hypochlorites, phosphates. — Plâtre.

Magnésium. — Magnésie, chlorures, carbonates, sulfates.

Aluminium. — Alumine, alun, argiles.

Métaux rares : Glucinium, Zirconium, Torium, principaux composés.

Fer. — Oxydes, sulfures, chlorures. — Métallurgie, acier.

Manganèse. — Oxydes. — Permanganates. — Acides manganiques et permanganiques.

Chrome. — Sesquioxydes. — Chromates et acide chromique.

Nickel et Cobalt. — Principaux composés.

Zinc. — Oxydes. — Principaux sels. — Métallurgie.

Cadmium et Indium.

Uranium. — Oxydes, sels principaux.

Etain. — Métallurgie, oxydes. chlorures, stannates.

Titane. — Principaux sels.

Antimoine. — Oxydes, sulfures.

Vanadium. — Tantale. — Niobium. — Principaux composés.

Molybdène. — Tungstène. — Acides molybdiques, molybdates d'ammoniaque, etc.

Bismuth. — Oxydes et principaux sels.

Plomb. — Métallurgie, litarge, minium, oxyde, sulfures, carbonates, chromates.

Cuivre. — Métallurgie. — Bronzes, oxydes, sulfures, sulfates, arséniates, arsénides, etc.

Mercure. — Oxydes et principaux sels.

Argent. — Métallurgie, alliages et principales combinaisons.

Or. — Oxydes, acides et principaux sels.

Platine. — Etat naturel. — Extraction, oxydes et principaux sels.

Paladium et Rubidium. — Oxydes et principaux sels.

Ruténium et Osmium. — Oxydes et principaux sels.

Verres. — Argiles.

Notions sommaires de métallurgie générale.

Chimie organique.

Généralités. — Objet et méthode de la chimie organique. — Analyses organiques. — Poids moléculaire et formule de substances organiques. — Densité de vapeurs. — Classification des substances organiques.

Cyanogène. — Acide cyanhydrique, cyanure de potassium, percyanure. — Bleu de Prusse. — Acide cyanique, etc.

Hydrocarbures par familles naturelles. — Gaz des marais. — Gaz oléifiant. — Amylène, acétylène. — Radicaux alcooliques.

Alcools. — Esprit de bois. — Chloroforme. — Alcool vinique et éthylique. — Ether ordinaire, éthers composés. — Principales substances naturelles contenues dans les alcools à l'état libre ou en combinaison. — Combinaisons alcalines dérivées des alcools. — Ethylamines. — Bases phosphorées. — Cacodyles.

Composés organo-métalliques. — Ethyle. — Acides gras volatils.

Acides formiques. — Acide acétique et acétates.

Acides stéarique, margarique, palmitique et autres de la même série.

Acide oléique. — Amides. — Acétamides. — Aldéhydes. — — Aldéhyde vinique. — Chloral. — Acétone.

Alcools diatomiques. — Glycol éthylémique. — Acide lactique. — Acide oxalique et oxalates. — Acide succinique. — Glycoïde. — Oxamides.

Alcools triatomiques. — Propiliglycérine.

Corps gras naturels.

Alcools polyatomiques et principaux dérivés.

Acide molybdique, acide tartrique et tartrates. — Acide citrique et citrates.

Térébenthine. — Essences naturelles. — Résines. — Benzine. — Toluène. — Naphtaline. — Anthracène. — Phénol. — Acide phénique. — Combinaisons basiques dérivées du phénol. — Aniline. — Toluidine. — Naphtaline.

Combinaisons acides. — Acide benzique. — Acide salycilique. — Acide gallique.

Essences d'amandes amères.

Quinine. — Alizarine. — Indigo. — Matières sucrées. — Sucres de fruits, du lait. — Sucre de canne, de betterave.

Fermentations. — Matières amylacées, amidon, dextrine, inuline.

Gomme. — Matières pectiques.

Cellulose. — Amygdalines et principaux produits naturels.

Tannin. — Alcaloïdes de l'opium, de la quinine, de la strychnine, du tabac, etc. — Substances albuminoïdes : Albumine, caséine, gluten, gélatine, etc.

Manipulations chimiques.

Chimie analytique.

Définition, but. — Considérations générales. — Division. — Analyse qualitative. — Analyse quantitative. — Voie humide. — Voie sèche. — Analyse spectrale. — Réactifs généraux. — Réactifs spéciaux. — Préparation et purification des principaux réactifs : Eau distillée, alcool, éther, acide chlorhydrique, acide azotique, acide sulfurique, acide sulfureux, acide acétique, acide sulfhydrique, acide oxalique, acide tartrique, eau de baryte, eau régale, eaux de chaux, ammoniaque, oxalate d'ammoniaque, sulfhydrate d'ammoniaque, chlorhydrate d'ammoniaque, sulfate de magnésie ammoniacale, chlorure de magnésium ammoniacal, carbonate de potasse, carbonate de soude, carbonate de chaux, sulfure alcalin, ferrocyanure de potasse, hyperhydrate de potasse, nitromolybdate d'ammoniaque, azotate d'argent, chlorure d'or, chlorure de platine.

Voie sèche. — Réactifs. — Emploi du chalumeau. — Méthode générale d'analyse. — Recherche de la base ou du métal d'un sel soluble dans l'eau : marche générale à suivre, différents groupes de corps. — Recherche de l'acide d'un sel soluble dans l'eau: marche à suivre, différents groupes de corps. — Recherche de la base d'un sel insoluble dans l'eau, mais soluble dans les acides. — Recherche de l'acide d'un sel insoluble dans l'eau, mais soluble dans les acides. — Composés insolubles dans l'eau et dans les acides.

Analyses des mélanges divers. — Acides organiques.

Analyses des terres arables. — Importance de l'analyse des sols. — Prise de l'échantillon. — Analyse mécanique du sol : préparation de la terre, détermination de la densité, séparation des éléments par ordre de grosseur : pierres, cailloux, sables gros, terre fine — Analyse physico-chimique du sol : dosage de l'eau, du calcaire, du sable, de l'argile, de la matière noire. — Analyse chimique du sol: dosage de l'acide phosphorique total, de l'acide phosphorique combiné à la matière organique ; dosage de la chaux, de la magnésie, de la potasse, de l'ammoniaque et de l'acide nitrique ; dosage de l'azote sous ses trois formes.

Analyse des argiles et de la partie du sol insoluble dans les acides. — Utilité de cette analyse. — Analyse complète d'une terre arable.

Analyse des matières calcaires. — Analyse du gypse ou plâtre. — Analyse complète d'un calcaire. — Analyse de la chaux destinée au chaulage. — Analyse d'une marne. — Recherche et études des principes nuisibles à la fertilité des terres arables. — Acidité du sol. — Sels de protoxyde de fer. — Sel marin. — Nitrate de soude. — Sulfure de fer.

Analyse des eaux. — Importance de cette opération. — Essai des eaux. — Leur analyse qualitative : recherche des éléments minéraux, des azotates alcalins et terreux, de l'ammoniaque, des matières calcaires. — Essai hydrotimétrique des eaux. — Analyse quantitative des eaux : dosage de la silice, du fer, de la chaux, de la magnésie, de la potasse et soude, du chlore, des acides sulfurique, carbonique, azotique, azoteux, des matières organiques.

Analyse des engrais. — Importance. — Prise de l'échantillon de l'engrais à analyser. — Précautions à prendre. — Engrais azotés : débris de chair et sang desséché, déchets de laine, de drap, de cuir et de viande ; du sulfate d'ammoniaque, du nitrate de potasse, du nitrate de soude (salpêtre sodique). — Engrais phosphatés : phosphorites, coprolithes, phosphates précipités, os, noir d'os, cendre d'os.

Engrais azotés et phosphatés : poudre d'os, noir de raffinerie. — Guanos du Chili, du Pérou, etc. — De la poudrette, des tourteaux divers, etc.

Engrais phosphatés et potassiques : cendres de bois, de houille, de tourbe, des excréments des animaux domestiques.

Engrais potassiques : salins de betterave, chlorure de potassium, carbonate de potasse, etc.

Analyse des engrais complexes : fumiers de ferme, matières fécales, urine, composts.

Analyse de végétaux, séparation et dosage des principes immédiats. — Les céréales, les grains, les farines, le pain, le son. — Dosage de l'eau, des matières grasses, azotées; dosage du gluten, de l'amidon, de la cellulose, des cendres.

Les fourrages : fourrages verts, foin, paille. — Dosage de l'eau, des matières grasses, azotées, sucrées; amidon, matières pectiques, cellulose, matières indéterminées, cendres.

Betteraves à sucre. — Betteraves fourragères. — Sorgho sucré. — Canne à sucre, détermination approximative, par la densité du jus, de la quantité de sucre et de substance sèche. — Saccharimètre optique, dosage du sucre. — Dosage de l'azote, des matières grasses, de la cellulose brute et des cendres; dosage des nitrates, de la fécule.

Pommes de terre, topinambours, navets, carottes. — Dosage des matières azotées, des matières organiques non azotées, des matières minérales.

Analyse des fourrages fermentés et ensilés. — Pulpes. — Drèches, etc.

Analyse des boissons fermentées. — Le vin, la bière, le cidre, la *chicha*. — Dosage de l'alcool, de l'extrait sec, de l'acidité, du tannin, des cendres, de la matière colorante, etc.

Etude et recherche des falsifications des boissons fermentées. — Analyse des vinaigres, falsifications.

Analyse du lait et recherche des falsifications. — Dosage de l'eau, de la substance sèche; dosage du beurre, de la caséine, de l'albumine, du sucre de lait, de l'azote; dosage des cendres. — Analyse de la crème. — Analyse du beurre. — Analyse du fromage.

Chimie agricole.

Définition. — But. — Considérations générales. — Division.
Terres arables. — Définition. — Origine. — Formation. — Désagrégation et décomposition des roches. — Décomposition des roches sur place et formation des terrains détritiques. — Qualités. — Valeur agricole. — Terrains de transport. — Leur formation, qualités et leur valeur agricole. — Formation actuelle des terrains d'alluvion. — Alluvions marnées, fluviales, lacustres.

Propriétés physiques des terres arables. — Pesanteur spécifique des terres. — Imbibition des terrains par l'eau. — Faculté hygrométrique des terres arables. — Propriétés calorifiques des terres arables. — Ténacité des terres. — Classification des terres arables d'après leurs propriétés physiques. — Constitution chimique des terrres arables. — Azote contenu dans la couche arable du sol. — Acide phosphorique contenu dans la terre arable. — Potasse contenue dans la couche arable. — Chaux contenue dans le sol arable.

Air du sol arable. — Sa composition, son rôle.

Fertilité et stérilité des terres arables. — Influence du climat. — De l'excès d'humidité ou du manque d'eau. — Influence de la composition minéralogique des terres. — Sols rendus infertiles par la présence de matières nuisibles à la végétation.

Stérilité des terrains arables par défaut de matières nécessaires à l'alimentation des plantes agricoles. — De l'épuisement des terres arables par les récoltes. — Statique de la fertilité des terres arables. — Amendements et engrais au point de vue chimique.

Plantes agricoles. — Notions générales sur le développement des végétaux. — Graines. — Germination. — Nutrition des plantes. — Composition chimique des végétaux. — Composition des cendres des végétaux.

Engrais. — Eléments de la végétation et des engrais. — Eléments essentiels. — Eléments secondaires. — Assimilabilité. — Origine et source industrielles des éléments essentiels.

Azote, matières azotées : Sulfate d'ammoniaque. — Nitrate de soude. — Nitrate de potasse. — Matières organiques. — Assimilation de chacune de ces matières par les plantes. — Phosphore, acide phosphorique, phosphates. — Matières phosphatées d'origine minérale, d'origine organique, végétale ou animale. — Phosphates divers. — Superphosphates. — Phosphates précipités. — Assimilation de l'acide phosphorique par les plantes.

Potasse, matières potassiques : Carbonate, sulfate de potasse. — Chlorure de potassium. — Assimilation de la potasse par les plantes.

Chaux, calcaires : Carbonate de chaux, gypse. — Assimilation de la chaux par les plantes.

Guanos, classification. — Les guanos comme engrais au point de vue chimique.

Eaux. — Eaux au point de vue agricole. — Eaux météoriques, éléments fixes contenus dans les eaux de cette espèce.

Ammoniaque et acide nitrique. — Origine des principales matières contenues dans les eaux fluviales. — Conséquences au point de vue agricole. — Qualité des eaux fluviales. — Eaux terrestres — Eaux de rivières, de fleuves, de ruisseaux, de sources, d'étangs, de puits, de drainage, etc. — Substances contenues dans ces eaux. — Leurs qualités agricoles. — Les eaux au point de vue des usages domestiques : eaux potables. — Diverses eaux employées comme boisson. — Rôle des divers principes contenus dans les eaux destinées à la boisson. — Eaux employées pour les besoins de l'agriculture : alimentation des animaux domestiques. — Eaux employées pour les arrosages artificiels. — Leurs qualités agricoles.

Atmosphère. — Notions générales. — Constitution. — Composition. — Rôle général de l'atmosphère. — Limite. — Propriétés physiques, chimiques et physiologiques.

Technologie agricole.

Définition, but. — Notions préliminaires. — Importance de cette étude. — Industries agricoles qui extraient leurs matières premières du règne minéral. — Fabrication de la chaux qui est employée comme amendement. — Fabrication des briques de terre crue (*adobes, adobillos*) et des briques cuites employées pour les constructions rurales.

Description des machines et appareils. — Installation. — Marche des opérations. — Pratique de la fabrication.

Industries agricoles qui extraient leurs matières premières du règne végétal. — Distillerie des betteraves, des pommes de terre, des topinambours, du sorgho sucré, du seigle, du maïs, du poiré, du cidre, des fruits, des marcs, des melons, etc.

Fabrication de sucre de betterave, de canne à sucre.

Fabrication du cognac, du rhum, des liqueurs.

Fabrication de la fécule et de l'amidon de grains, de froment, de pommes de terre, de châtaignes, de *liuto*, etc.

Génie rural.

Topographie agricole. — Définition. — Préliminaires. — Division.

Planimétrie ou levé des plans. — Définition. — Considérations générales. — Ensemble des opérations nécessaires pour exécuter le levé d'un plan. — Triangulation. — Canevas topographique. — Levé des détails. — Echelles. — Mesure des distances. — Tracé et étude des alignements. — Appréciation des distances à la vue, par le son, par la marche de l'homme, celle des animaux et spécialement du cheval, par les podomètres, etc. — Diastimètres, chaîne d'arpenteur, ruban d'acier, cordeau, règles. — Fiches. — Stadia. — Lunettes analytiques. — Omnimètres. — Tachymètres, etc. — Choix et vérification. — Description et usage de ces instruments.

Réduction des distances à l'horizon.

Mesure des angles. — Considérations générales. — Tracé des angles sur le terrain : cordeau et jalons. — Equerre. — Planchette et alidade. — Choix et vérification. — Description et usage de ces instruments. — Application pratique. — Goniomètres, graphomètre, pantomètre, boussole, théodolite, instruments de réflexion. — Choix et vérification. — Description et usage. — Applications pratiques.

Levé des plans. — Théorie générale du levé des plans. — Orientation des plans. — Levé des détails : Méthode du cordeau et des fiches ou jalons, méthode des perpendiculaires, méthode des directions, méthode des intersections. — Choix de la méthode. — Opération pratique sur le terrain. — Levé régulier et opérations de précision, sur le terrain et sur le papier.

Triangulation de premier ordre. — Triangulation de second ordre ou canevas topographique. — Choix des points. — Signaux. — Opérations préparatoires. — Choix et mesure de la base. — Observation des angles. — Répétition et réitération.

— Manière de reconnaître si le polygone se ferme bien. — Réduction des angles au centre de la station. — Construction des plans. — Détermination de la surface d'un terrain à la vue du plan connaissant l'échelle. — Applications pratiques.

Arpentage. — But. — Evaluation des surfaces sur le terrain. — Surfaces régulières. — Surfaces irrégulières. — Evaluation des surfaces moyennant les renseignements obtenus sur le terrain. — Méthodes à suivre. — Partage des propriétés. — Opérations pratiques sur le terrain.

Nivellement. — Définition. — Principes fondamentaux. — Notions préliminaires. — Surfaces et lignes de niveau. — Niveau vrai, niveau apparent et réfraction atmosphérique. — Plans et surfaces de comparaison. — Sondes et altitudes. — Repères.

Instruments. — Classification. — Niveaux : niveau de maçon, niveau de charpentier, niveau à bulle d'air, niveau d'eau, niveau à pinnules, niveau à lunette et à bulle, niveau d'Egault, de Lenoir, de Gravatt's, niveau de Chézy, niveau de pente de Chézy, de pente de Lefranc ; boussole nivelante, baromètres, tachéomètre, — Mires, signaux. — Choix et vérification. — Description et usage de chaque instrument. — Opérations pratiques sur le terrain.

Nivellement régulier. — Nivellement régulier simple, élémentaire, général et par rayonnement.

Nivellement composé. — Nivellement longitudinal ou par profil en long. — Nivellement transversal ou par profil en travers. — Nivellement par polygone topographique. — Nivellement par cheminement dans une ou plusieurs directions et par points cotés ou nivellement des détails, plans cotés. — Nivellement par rayonnement et par courbes de niveau. —

Nivellement par le système des sondes. — Nivellement réciproque. — Opérations pratiques sur le terrain. — Carnet.

Nivellement topographique. — Principes généraux. — Nivellement topographique à petite portée ou spécial. — Nivellement trigonométrique à grande portée ou général. — Nivellement barométrique. — Nivellement tachéométrique. — Applications pratiques sur le terrain.

Applications de nivellement. — Applications sur le papier. — Relief du sol par profils en long et en travers, par plans cotés, par courbes horizontales de niveau. — Applications pratiques. — Nivellements spéciaux : nivellement de reconnaissance, des térrains plats, des terrains marécageux, des mines, des canaux, des montagnes, des chemins, des bois.

Nivellement de projets pour la construction des chemins, des canaux, des drainages, etc., etc. — Opérations pratiques sur le terrain.

Tachéométrie. — Tachéomètres. — Mires. — Opérations nécessaires pour faire le levé des plans et le nivellement d'un terrain. — Opérations sur le papier. — Calculs. — Avantages des procédés tachéométriques dans la topographie agricole. — Applications pratiques.

Dessin topographique. — Dessin de plans. — Tracé des lignes au crayon, à l'encre de Chine. — Représentation des différentes qualités de terrains : landes, bruyères, terres labourées, terrains pierreux, etc. — Représentation des terrains accidentés et des montagnes. — Représentation des terrains occupés par les eaux : rivières, ruisseaux, canaux, lacs, étangs, marais, tourbières, etc. — Mode de représentation des terrains suivant la nature de la culture ou de la végétation qui les couvre : prairies, bois et forêts, vignes, jardins, vergers, parcs, etc.

Lavis. — Combinaisons des diverses couleurs qui produisent les teintes conventionnelles qui servent dans les dessins topographiques. — Ecriture des plans. — Titres. — Travaux pratiques de dessins.

Copie et réduction de plans. — Copie. — Calque. — Calquoir. — Méthode des intersections, des perpendiculaires, papier quadrillé et millimétrique. — Réduction. — Système des intersections, perpendiculaires, papier quadrillé. — Compas de réduction. — Pantographes. — Opérations pratiques. — Mémoires et explications. — Matières que doit comprendre la description agricole d'une propriété. — Manière de rédiger l'estimation d'une propriété et son partage. — Rapports sur les opérations d'arpentage, division ou partage des propriétés rurales du ressort des ingénieurs agricoles relativement à la topographie. — Applications.

Mécanique agricole.

Définition. — Notions préliminaires. — Division. — Des forces : composition et décomposition. — Etude des diverses sortes de mouvements. — Relation entre les forces, les vitesses, les accélérations et les masses en mouvement. — De la pesanteur. — De l'impulsion des forces. — Du pendule. — Du centre de gravité. — Equilibre des corps pesants. — Force centrifuge. — Théorie des mouvements. — Travail des forces. — Théorie des forces vives. — De la force d'inertie. — Théorie du choc des corps. — Théorie des machines. — Des leviers. — Des balances. — Poulies. — Tour. — Plan incliné. — Vis. — Du coin. — Le cric. — Transmission et transformation des mouvements. — Organes des machines. — Engrenages. — Frottement. — Résistance des matériaux : résistance à la traction, à

la compression, à la flexion, à la torsion. — Dessin de machines.
— Croquis. — Applications pratiques.

Moteurs agricoles. — Définition. — Notions préliminaires.
— Division.

Moteurs inanimés. — Le vent : travail dynamique du vent.
— Ventilateur avec ailes. — Vis d'Archimède. — Moulins à
vent. — Turbines à vent. — Utilité de l'emploi des moteurs à
vent au Chili.

Moteurs hydrauliques. — Roues hydrauliques suspendues, à
palettes planes mues par en bas, mues de côté, de Poncelet, à
augets, etc. — Turbines centrifuges, turbines qui laissent
échapper l'eau par en bas. — Etude et description de chacun
de ces moteurs. — Importance des moteurs hydrauliques au
Chili.

Moteurs à vapeur. — Etude sur la formation de la vapeur
d'eau. — Parties constituantes des machines à vapeur fixes :
foyer, conduits guides de la flamme, cheminées, manomètres,
hydromètres, soupapes de sûreté, etc. — Machines à vapeur
semi-fixes. — Locomobiles : parties qui les composent. —
Manière de les diriger. — Applications pratiques. — Importance des moteurs à vapeur au Chili.

Moteurs animés. — Notions générales. — L'homme : ses
divers modes de travail. — Alimentation des travailleurs au
Chili. — Le cheval, le mulet, l'âne, le bœuf, la vache, le
lama. — Diverses classes de travaux mécaniques qu'ils peuvent
exécuter. — Différentes sortes de manèges employés pour les
travaux agricoles. — Evaluation du travail développé par les
moteurs agricoles. — Choix des moteurs. — Applications pratiques.

Instruments et machines agricoles.

Définition, but. — Notions générales. — Division. — Pour préparer le sol; instruments manuels : pelles, fourches, houes, râteaux, etc. ; instruments mus par les animaux : charrues, scarificateurs, herses, rouleaux, etc. ; instruments mus par les moteurs à vapeur : les charrues et autres instruments aratoires composés. — Description au point de vue mécanique. — Application pratique.

Instruments pour les semailles. — Semoirs mécaniques pour les grains et graines, les engrais; mixtes pour les ingrédients insecticides, etc. — Description et étude au point de vue mécanique et application pratique.

Instruments pour les récoltes. — Céréales. — Fourrages. — Plantes racines. — Cultures industrielles et diverses : instruments manuels, instruments mécaniques, moissonneuses, faucheuses, râteaux à cheval, arracheurs de pommes de terre, de betteraves, de topinambours, etc. — Description et étude au point de vue mécanique. — Applications pratiques. — Importance des machines pour les récoltes dans le pays.

Instruments pour le battage et l'égrenage des récoltes. — Instruments manuels et instruments mus par moteurs animés ou inanimés : fléaux, rouleaux, machines à battre, égréneuses spéciales. — Description et étude au point de vue mécanique. — Applications pratiques. — Importance des machines à battre au Chili.

Instruments pour le nettoyage des récoltes : vans, tarares, trieurs, etc. — Description et étude spéciale. — Applications pratiques.

Instruments pour la préparation des aliments de l'homme et

des animaux. — Moulins agricoles. — Concasseurs, hache-paille, coupe-racines, etc. — Description et étude spéciale. — Applications pratiques.

Appareils, machines et instruments spéciaux pour les industries agricoles.

Hydraulique agricole.

Définition, but. — Notions préliminaires. — Principes nécessaires pour l'étude de l'hydraulique. — Lois et hypothèses admises en hydraulique. — Division. — Vitesse de l'eau. — Flotteurs isolés, accouplés, moulinet de Woltman, tube de Pitot, tube de Darcy. — Description et emploi pratique. — Débit ou écoulement de l'eau. — Par des orifices de diverses sortes, par déversoirs, tubes, canaux, rivières, etc. — Applications pratiques.

Construction des canaux. — Prises d'eau, déversoir, canal proprement dit, ponts, aqueducs, siphons, tunnels. — Etudes pratiques sur le terrain. — Projets.

Distribution. — Module arabesque, du canal de Marseille, italien, milanais, de Ribera, des canaux de Henarès. — Distributeur du canal de Maipu, etc. — Application pratique.

Irrigation. — Irrigation par aspersion, submersion, déversement, infiltration.

Rivières et canaux. — Crues, inondations, protection des rives, etc.

Réservoirs pour l'irrigation. — Bassin. — Pluies et hauteur de l'eau tombée annuellement. — Infiltration. — Evaporation, etc. — Choix des lieux convenables. — Théorie générale sur la construction des murailles des réservoirs. — Murailles en terre glaise. — Déversoirs. — Divers modes de prendre l'eau dans les réservoirs.

Réservoirs en murailles de briques ou de pierres. — Construction. — Importance des réservoirs pour l'irrigation au Chili.

Appareils et machines pour élever l'eau. — Appareils simples mus à la main : seaux, pompes à bras, seaux et poulies, etc.— Appareils et machines différentes des pompes : noria arabe, manége de maraîcher, norias américaines, roues à palettes, roues chinoises, vis d'Archimède, béliers hydrauliques, puits artésiens. — Pompes : pompes d'incendie, pompes à vapeur, pompes centrifuges, etc.

Drainage. — Définition. — Considérations générales. — Traité des drainages. — Diverses sortes : drainages à fossés ouverts, à fossés couverts, avec des tuyaux, etc. — Applications sur le terrain. — Importance du drainage au Chili.

Constructions rurales.

Notions préliminaires. — Nécessité. — Conditions générales que doivent remplir les constructions rurales. — Division et classification.

Matériaux de construction : mortier, briques, pierres, tuiles, chaux, ciments, plâtre, sable, bois, métaux, vitres, peintures, etc., etc.

Parties constitutives des constructions. — Fondations : de pierres, de briques, de pilotis, avec mortier de chaux, de ciment, etc. — Murs de briques crues (*adobes*), de briques, de pierres et mortier à la chaux. — Murs de revêtement. — Cloisons. — Sous-terrains. — Stuc. — Charpentes diverses. — Bois de charpente : poutres, solives, ferrures, etc. — Couvertures : de paille, bardeaux, tuiles, fer galvanisé, toiles, etc. — Planchers : de terre, pavés, briques, bois, asphalte, ciment, etc. — Plafonds.

— Portes. — Fenêtres. — Claires-voies. — Impostes. — Cheminées. — Escaliers. — Moulures, etc.

Habitations pour l'homme. — Types appropriés aux diverses régions agricoles du Chili, pour petites, moyennes et grandes propriétés; pour travailleurs ou ouvriers agricoles.

Habitations pour les animaux. — Etables. — Ecuries. — Bergeries. — Porcheries. — Basses-cours, etc. appropriées aux diverses régions agricoles du Chili.

Édifices pour les industries agricoles. — Caves, celliers, chais, cuviers. — Greniers et granges. — Distilleries. — Hangars, etc.

Constructions diverses. — Clôtures. — Portes. — Ponts. — Chemins. — Abreuvoirs et filtres. — Bains. — Puits. — Citernes. — Lieux d'aisances. — Fosses à fumier, etc.

Projets. — Devis. — Estimations. — Prix des matériaux de construction dans les diverses centres du Chili. — Variations annuelles. — Projets et devis des constructions agricoles.

Législation rurale.

Préliminaires. — Définition de la loi. — Décrets du Président de la République, ordonnances municipales, sentences judiciaires : conditions nécessaires pour qu'ils soient obligatoires. — Des personnes. — Distinction. — Personnes civiles. — Des biens. — Meubles. — Immeubles. — Biens nationaux. — Différents modes d'acquérir la propriété. — La chasse. — La pêche. — Droit d'accession. — Tradition. — Succession. — Prescription. — Possession. — Des eaux : distinction, usages, modes d'acquérir la propriété des eaux, irrigations, distribution des eaux, etc. — Limitation de l'exercice du droit de la propriété.

— Droit d'usufruit. — Droit d'usage et d'habitation. — Des servitudes naturelles, légales, volontaires. — Expropriation. — Coupe des bois — Propriétés des mines.

Contributions : agricole, patentes, droits de succession et de vente. — Droit de péage, mobiliaire. — Vente. — Achat. — Permutation. — Loyer et bail. — Police rurale. — Dispositions pénales.

PROGRAMME GÉNÉRAL

DU MÉMOIRE A PRÉSENTER POUR OBTENIR LE TITRE D'INGÉNIEUR AGRICOLE

Le mémoire que doivent présenter les candidats au titre d'ingénieur agricole, a pour but principal de permettre au jury d'examen d'apprécier les connaissances des aspirants, en agriculture et dans toutes les autres branches qui s'y rattachent.

En conséquence, chaque candidat devra faire, dans ce travail, une étude complète de la localité ou de l'exploitation rurale décrite, au point de vue agricole, traitant spécialement les points suivants :

1°. — Situation du lieu. — Désignation. — Situation géographique, topographique, etc.

2°. — Présenter un plan complet d'une exploitation ou propriété rurale d'une étendue d'au moins de 500 hectares. Ce plan doit être exécuté sur le terrain et certifié par une personne compétente qu'il a été levé et dessiné par l'aspirant. De plus, il doit être accompagné de la minute et des calculs des coordonnées.

3º. — Caractères naturels de la localité : flore agricole, faune, collections.

4º. — Climatologie : description complète du climat agricole de la contrée. — Conséquences ou applications agricoles.

5º Sol et sous-sol : description complète du sol arable. — Caractères principaux du sous-sol. — Analyse complète de la terre arable et essai du sous-sol. — Echantillons des principaux types de terres arables et sous-sols.

6º — Amendements et engrais : désignation, usage, mode d'emploi, résultat. — Analyse complète des eaux d'irrigation. — Echantillons des engrais et des eaux d'arrosage.

7º. — Machines et instruments agricoles : les machines et instruments employés pour les différents travaux et industries agricoles. — Etude critique. — Nouvelles machines et appareils qu'il conviendrait d'introduire.

8º. — Constructions rurales : plan général des édifices agricoles de l'exploitation, étude critique. — Projet et devis de ceux qu'il conviendrait d'établir ou des modifications à faire à ceux qui existent.

9º. — Canaux d'irrigation. — Réservoirs d'eau pour l'arrosage. — Clôtures. — Chemins. — Ponts, etc. — Examen critique, améliorations à introduire. — Plans et devis des nouveaux travaux à faire.

10º. — Organisation culturale : mode d'exploitation, système de culture suivi. — Réformes qu'il conviendrait de faire.

11º. — Description des cultures : énumération, travaux qu'elles comprennent, examen critique au point de vue technique et économique. — Nouvelles cultures à introduire. — Collection des principaux produits récoltés.

12°. — Cultures spéciales : Vignes. — Vergers. — Jardins fruitiers. — Cultures maraîchères. — Olivier. — Chêne-liège. — Châtaigneraies. — Bois, taillis, etc. — Etude et examen critique, améliorations possibles, introduction de nouvelles cultures industrielles. — Collections des produits.

13°. — Industries agricoles : Fabrication des vins et liqueurs. — Cidrerie. — Distillerie. — Sucrerie. — Amidonnerie. — Meunerie. — Huilerie, etc. — Description, examen critique, plans détaillés. — Plans et devis des améliorations à faire.

14°. — Zootechnie : Animaux domestiques ; espèces, variétés, races. — Enumération et description. — Examen au point de vue zootechnique et économique. — Alimentation, reproduction, produits, etc. — Améliorations possibles.

15°. — Industries zootechniques : l'élevage, l'engraissement, l'industrie laitière, etc, etc. — Conditions dans lesquelles elles se pratiquent, étude et critique. — Réformes. — Plans et projets.

16°. — Apiculture. — Sériciculture. — Animaux de basse-cour. — Etude, améliorations possibles.

17°. — Aquiculture : utilisation des eaux agricoles pour la production des poissons.

18°. — Législation rurale. — Statistique agricole locale.

19°. — Comptabilité agricole.

Nota. — Le mémoire, les plans, les projets et les collections doivent être remis au Secrétariat de l'Institut agricole, au moins un mois et demi avant l'époque des examens pour l'obtention du titre d'ingénieur agricole, lesquels ont lieu immédiatement après les examens semestriels de l'établissement.

TRAVAIL DES VACANCES

Programme général.

Afin d'habituer les élèves à observer les faits agricoles et les obliger au travail personnel, comme complément de leurs études, ils doivent effectuer durant les vacances les travaux indiqués dans le programme général suivant et dont les détails leur sont donnés en temps opportun.

Première partie. — Journal des vacances.

Pendant les vacances, les élèves doivent passer deux mois, au moins, dans une propriété agricole, de leur choix, ou qui leur est indiquée par le Directeur. Durant leur séjour dans la ferme, ils rédigeront jour par jour un journal qui contiendra toutes les notes et observations recueillies par eux sur toutes les opérations journalières effectuées sous leurs yeux dans l'exploitation.

Toutes les fois que cela sera possible, il convient qu'ils prennent part eux-mêmes aux différents travaux agricoles.

Ce journal sera signé par l'élève et certifié par le chef ou directeur de l'exploitation où il aura séjourné.

Deuxième partie. — Travaux d'application des cours.

Physique agricole : observations météorologiques agricoles, etc.

Agrologie : examen des terrains, des sous-sols, des eaux d'irrigation, des engrais. — Collections de terres arables, d'eaux d'arrosage, de roches, d'engrais, etc. — Carte agrologique d'une ferme.

Cultures : Travaux culturaux. — Graines et grains pour semences. — Produits. — Usage. — Collections des principaux produits.

Arboriculture : Jardins fruitiers, vergers, bois, forêts, avenues, taillis. — Etudes et observations pratiques. — Collections de bois.

Horticulture : Légumes cultivés, leurs produits, etc.

Viticulture et vinification : Vignobles principaux. — Cépages qui les composent, maladies, accidents, animaux et insectes nuisibles à la vigne. — Remèdes. — Produits. — Vendanges, fabrication des vins. — Caves, etc.

Botanique agricole : Formation d'un herbier des plantes importantes de la ferme ou de la localité.

Zoologie : Faune locale, animaux et insectes utiles ou nuisibles à l'agriculture. — Collections.

Zootechnie et industries zootechniques : Principales espèces, variétés et races d'animaux domestiques de la localité, leurs produits. — Maladies dominantes. — Industries zootechniques locales : élevage, engraissement, animaux de service, laiterie, etc.

Animaux de basse-cour. — Valeur, importance, produits. — Apiculture, sériciculture, pisciculture. — Etudes pratiques de ces industries.

Technologie agricole : Examen et étude des principales industries agricoles de la ferme ou de la localité. — Leurs produits. — Collections.

Génie rural : Arpentage, nivellement d'une propriété agricole.

Moteurs agricoles. — Machines et instruments agricoles. — Etudes appliquées, croquis, dessins et plans.

Hydraulique agricole : projets, plans, dessins et devis de canaux, de réservoirs, de drainage, etc.

Bâtiments agricoles : plans, croquis, dessins d'ensemble pour les parties principales. — Projets et devis.

Economie rurale et comptabilité agricole : appréciation des rendements avant et après la récolte, pratique de la comptabilité, etc.

Les élèves ne sont pas obligés, et il leur serait impossible, du reste, de traiter toutes les questions énumérées ci-dessus ; mais chacun devra s'occuper de quelques-unes des plus importantes qui se présentent dans la ferme ou dans la localité.

Le journal des vacances et les travaux d'application des cours devront être remis au secrétariat de l'Institut Agricole, au moment même de la rentrée scolaire, chaque année.

Ces travaux seront ensuite examinés par les professeurs respectifs et recevront une note spéciale, qui entrera dans la somme totale des points pour le classement annuel des élèves.

SERVICES INTERNES DE L'ÉTABLISSEMENT

Comme application des différents cours techniques, durant les travaux scolaires, les élèves sont obligés de suivre certains services d'une façon plus spéciale.

Ils sont répartis en sections par années et leurs services se font à tour de rôle, en suivant un programme particulier pour chacun d'eux.

La durée du service est d'un mois pour chaque section.

Chaque section, à la fin du mois, présente un rapport des observations et des faits enregistrés. Ces rapports sont transcrits sur un registre et font, s'il y a lieu, l'objet de conférences, faites par les professeurs de chaque cours, auxquels ils ont trait.

Les sections sont les suivantes :

1re section : Observations météorologiques.

2e section : Cultures, jardins, etc.

3e section : Vignes et caves.

4e section : Ecuries, étables, laiterie, hôpital vétérinaire.

EMPLOI DU TEMPS

ANNÉE 1889

A — Cours préparatoire.

Lundi	{	Arithmétique. Géométrie......... de 8 1/2 h. à 10 h. A.M.	
	{	Minéralogie et Géologie.......... — 3 — 4 P.M.	
Mardi	{	Arithmétique, Géométrie...... .. — 8 1/2 — 10 A.M.	
	{	Minéralogie et Géologie.......... — 3 — 4 P.M.	
Mercredi	{	Algèbre, Trigonométrie........ .. — 8 1/2 — 10 A.M.	
	{	Zoologie.............. .... — 3 — 4 P.M.	
Jeudi	{	Algèbre, Trigonométrie (application) - 8 1/2 — 10 A.M.	
	{	Physique et Météorologie agricole.. — 3 — 4 P.M.	
Vendredi	{	Dessin et Géométrie appliquée..... — 8 1/2 — 10 A.M.	
	{	Physique et Météorologie agricole . — 3 — 4 P.M.	
Samedi	{	Dessin, Tenue de livres.......... — 8 1/2 — 10 A.M.	
	{	Physique et Météorologie agricole . — 3 — 4 P.M.	

B — Enseignement technique.

Cours, conférences, répétitions et travaux pratiques.

PREMIÈRE ANNÉE

Lundi	Dessin topographique, etc........	8 1/2 à 10 1/2 h.	A. M.
	Zootechnie (cours)	1 1/2 — 2 1/2	P. M.
Mardi	Génie rural (travaux pratiques)...	8 1/2 — 10 1/2	A. M.
	Zootechnie (cours)	1 1/2 — 2 1/2	P. M.
	Botanique agricole (cours).	3 — 4 1/2	P. M.
Mercredi	Génie rural (cours)..............	8 1/2 — 10	A. M.
Jeudi	Agriculture (travaux pratiques)...	8 1/2 — 10 1/2	A. M.
	Agriculture (cours).......	1 1/2 — 2 1/2	P. M.
	Botanique (cours).......	3 — 4 1/2	P. M.
Vendredi	Chimie agricole (cours,...	9 — 10	A. M.
	Agriculture (cours).....	1 1/2 — 2 1/2	P. M.
Samedi	Chimie agricole (cours)....... ..	9 — 10	A. M.
	Génie rural (répétition)..	1 1/2 — 2 1/2	P. M.
	Zootechnie (répétition)...........	3 — 4	P. M.

DEUXIÈME ANNÉE

Lundi	Agriculture ou Arboriculture (travaux pratiques).............	8 1/2 — 10 1/2	A. M.
Mardi	Agriculture (cours)..............	1 1/2 — 2 1/2	P. M.
	Chimie analytique (cours).......	3 — 4	P. M.
Mercredi	Chimie analytique (application) .	8 1/2 - 10 1/2	A. M.
	Agriculture (cours)..	3 — 4	P. M.
Jeudi	Génie rural (cours)	8 1/2 — 10	A. M.
	Zootechnie (cours).............	1 1/2 — 2 1/2	P. M.
Vendredi	Génie rural (travaux pratiques)...	8 1/2 — 10 1/2	A. M.
	Zootechnie (répétition)..........	3 — 4	P. M.
Samedi	Zootechnie (cours)..............	1 1/2 — 2 1/2	P. M.

TROISIÈME ANNÉE

Lundi	Agriculture ou Arboriculture (travaux pratiques	8 1/2 — 10 1/2 h.	A. M.
	Chimie analytique (cours).......	3 — 4	P. M.
Mardi	Chimie analytique (applications).	8 1/2 — 10 1/2	A. M.
	Agriculture (cours)	1 1/2 — 2 1/2	P. M.

Mercredi	Zootechnie (cours)....	1 1/2 — 2 1/2	P. M.
	Agriculture (cours)	3 — 4	P. M.
Jeudi	Législation rurale (cours).	9 — 10	A. M.
	Zootechnie (répétition)...	3 — 4	P. M.
Vendredi	Législation rurale (cours)..	9 — 10	A. M.
	Zootechnie (cours)...	1 1/2 — 2 1/2	P. M.
Samedi	Génie rural (cours)........... .	8 1/2 — 10	A. M.
	Viticulture et Vinification (cours).	1 1/2 — 2 1/2	P. M.
	Génie rural (travaux pratiques)...	3 — 4	P. M.

Travaux pratiques de zootechnie (étables, laiterie, hôpital vétérinaire), tous les jours de 8 h. 1/2 à 10 h. 1/2. A. M.

La bibliothèque est ouverte tous les jours de 8 h. 1/2 à 10 h. 1/2. A. M. et de 1 à 4 h. P. M.

Excursions et visites agricoles.

Au moins une fois par mois, les élèves sont conduits par les professeurs ou répétiteurs dans les différentes sections agricoles et zootechniques de la *Quinta Normal*.

Au commencement et à la fin de chaque année scolaire, il y a une excursion agricole pour les élèves de deuxième et de troisième année.

Après chaque visite ou excursion, les élèves sont obligés de rédiger un travail où ils consignent les résultats de leurs observations.

Matériel d'enseignement.

Les différentes collections d'objets, d'instruments, d'appareils, etc. qui constituent le matériel de l'enseignement technique, ont été classées suivant les nécessités de l'enseignement.

Chaque professeur a, dans sa salle de cours, à sa disposition, tous les objets qui lui servent pour ses démonstrations pendant les classes.

Les travaux pratiques se font sur le terrain, en dehors des classes, dans les différentes sections de la *Quinta Normal*.

Les principales collections que possède l'*Institut Agricole*, sont les suivantes :

Bibliothèque agricole.

La bibliothèque de l'*Institut Agricole* est surtout destinée aux professeurs de l'établissement et aux élèves.

Les agriculteurs et les personnes qui ont besoin de renseignements spéciaux, peuvent également consulter les livres qu'elle renferme, en demandant la permission au bibliothécaire.

Elle est administrée par un bibliothécaire qui est responsable des livres et en opère le classement, au fur et à mesure de leur entrée.

La bibliothèque comprend deux parties distinctes : les livres et les brochures ; les publications spéciales et les journaux agricoles.

Les livres sont tous des dernières éditions, les anciennes s'éliminent; on ne fait pas de collections d'un même ouvrage.

Les ouvrages principaux sont en espagnol, en anglais et en français. Ces derniers sont les plus nombreux, parce que la bibliographie agricole de ce pays est la plus complète, et parce que la langue française est de beaucoup la mieux connue et la plus répandue au Chili de toutes les langues étrangères.

Les livres sont classés par matières. Il y a aussi un catalogue alphabétique. Cette double disposition facilite beaucoup les recherches, et lorsqu'on veut se rendre compte des ouvrages d'une section, on les a tous sous les yeux.

Aucun ouvrage ne peut sortir de la bibliothèque.

Sections de la bibliothèque et quantité d'ouvrages que chacune d'elles comprend :

1°. — *Ouvrages et brochures.*

	volumes.	brochures.
Zoologie.	130	4
Botanique agricole.	80	6
Physique, météorologie.	5	10
Minéralogie et géologie.	41	1
Chimie générale et chimie agricole	140	19
Technologie agricole.	91	40
Arboriculture (sylviculture).	42	15
Agriculture générale.	250	25
Economie rurale et comptabilité agricole.	31	16
Cultures spéciales.	35	20
Agriculture locale.	27	7
Arboriculture fruitière	41	5
Viticulture et vinification.	140	54
Horticulture.	98	7
Anatomie et physiologie comparées des animaux domestiques.	35	5
Zootechnie générale	50	15
— spéciale, Equidés : chevaux, ânes, mulets.	65	17
— — Bovidés	22	6
— — Industrie laitière.	16	5
— — Ovidés, suidés, chiens, etc	21	
A revorter .	1360	277

Report. . . .	1360	277
Zootechnie spéciale : Animaux de basse-cour.	25	
Aquiculture.	24	10
Entomologie agricole.	18	43
Apiculture	47	11
Sériciculture.	21	9
Médecine vétérinaire.	76	18
Hygiène.—Alimentation de l'homme, etc.	30	8
Topographie agricole.	25	4
Mécanique.	18	3
Instruments et machines agricoles. . .	30	10
Hydraulique agricole.	46	10
Constructions rurales	30	6
Histoire et description agricole des diffé-rents pays.	68	4
Géographie, voyages agricoles. . . .	65	6
Economie politique, etc.	55	4
Colonisation	12	10
Législation rurale.	37	24
Expositions.	60	416
Statistique agricole	89	75
Encouragement à l'agriculture. . . .	140	110
Mémoires agricoles	1	
Plans, cartes géographiques.	25	
Catalogues d'instruments agricoles, de librairie, etc.		150
Instruction agricole	15	10
A reporter .	2317	1218

Report . . .	2,317	1,218
Dictionnaires	20	
Revues scientifiques.	120	
Journaux agricoles	145	
Total	2,602	1,218

2°. — Journaux et publications que reçoit la bibliothèque :

Asociacion Rural de Uruguay (Montevideo).

Anales de la Sociedad Rural Argentina (Buenos-Ayres).

Annales agronomiques (Paris).

Annales de la Science agronomique (Paris).

Annales de l'Institut agronomique (Paris).

Anales de la Universidad (Santiago).

Agricultural Gazette (London).

American Agriculturist (New-York).

Année scientifique (Paris).

Annuaire météorologique de Montsouris (Paris).

Boletin de la Sociedad Nacional de Agricultura (Santiago).

Boletin del Departemento Nacional de Agricultura (Buenos-Ayres).

Boletin de la Sociedad Nacional de Fomento Fabril (Santiago).

Comptes rendus de l'Académie des Sciences (Paris).

Diario Oficial (Santiago).

Feuille vinicole de la Gironde (Bordeaux).

Gaceta Agrícola (Madrid).

Gardener's Chronicle (London).

Journal d'Agriculture pratique (Paris).

Journal de l'Agriculture (Paris).

Journal de la Vigne (Paris).

Journal des Economistes (Paris).

L'Economiste français (Paris).

L'Industrie laitière (Paris).

La Nature (Paris).

L'Illustration horticole (Gand).

Los Vinos i los Aceites(Madrid).

Live Stock Journal (London).

L'Acclimatation — Journal des éleveurs (Paris).

La Vigne française (Paris).

La Vigne américaine (Paris).

Moniteur vinicole (Paris).

La Maison de campagne (Paris).

Progrès agricole et viticole (Montpellier).

Revista del Instituto Catalan de San Isidro (Barcelona).

Revue scientifique (Paris).

Revue des Deux-Mondes (Paris).

Revue horticole (Paris).

Revista Agricola do Imperial Instituto Fluminense do Agricultura (Rio do Janeiro).

Rural Press (San Francisco).

Revue internationale de l'Enseignement (Paris).

Recueil de Médecine vétérinaire (Paris).

Scientific American (New-York).

The Farmer (London).

Wine and Fruit Grower (New-York).

Un petit atelier de lithographie, composé des principaux appareils, sert pour les travaux ordinaires; trois autocopistes avec tous leurs accessoires pour l'impression des cours; un appareil cyclostyle pour le même objet.

Matériel et collections pour les cours d'agriculture, d'arboriculture, d'horticulture et de botanique agricole.

Album Vilmorin :

Planches coloriées vernies collées sur toiles et sur châssis :

Légumes et planches fourragères.	38 planches.
Fleurs	37 —
Plantes bulbeuses.	29 —
Plantes à prairies.	9 —
Total	113 planches.

Plan topographique et géologique du Chili.

Échantillons.

Terres arables du Chili : Sols et sous-sol, collection en bocaux étiquetés et classés 500

Collection des eaux d'irrigation analysées et classées. 50

Collection des engrais qui peuvent être utilisés au Chili. 175

Roches géologiques agricoles, etc. 211

Grains de céréales : froment, seigle, orge, avoine, maïs, riz, millet, sorgho, alpiste, etc., collections des principales variétés. 250

Mêmes collections pour l'étude 375

Grains et graines de plantes farinacées : haricot, pois, fève, lentille, pois chiche, gesse, féverole, sarrasin, etc. 306

Mêmes collections pour l'étude 175

Graines de plantes fourragères. — Collection des principales espèces et variétés utiles pour le pays. 115

Graines de plantes industrielles. — Collection des principales espèces et variétés 120

Pèse-grains, balances, mesures de capacité pour les
grains. . . . .
Graines de plantes potagères. — Collection des principaux légumes cultivés au Chili 125
Graines de plantes diverses. — Collection spéciale. . 175
Produits agricoles divers. — Collections de farines,
sons, gruaux, amidons, fécules, tapiocas, sagous,
huiles, cires végétales, *yerba mate*, houblons,
pailles et foins hachés et non hachés, pressés et non
pressés, tourteaux, sucres, filasses de chanvre, de
lin, de ramie, de palmiers, etc. 450
Tabacs en feuilles et tabacs préparés. — Collections
de la Havane, de l'Amérique du Nord, du Centre-
Amérique, du Chili, etc.. 210
Collection des plantes agricoles cultivées à la Quinta
Normal : plantes entières. 250
Epis ou parties supérieures de la tige 260
Collections de graines d'arbres et d'arbustes indi-
gènes et de ceux introduits dans le pays 215
Collections de graines d'arbres fruitiers : pépins,
noyaux, amandes, châtaignes, baies, etc. . . . 125
Produits arboricoles divers : écorces, résines, gom-
mes, lièges, etc. 80
Collections des bois du Chili et des pays voisins ;
échantillons préparés pour l'étude. 650
Bois en troncs et planches bruts 286
Collection de fruits artificiels, de grandeur et aspect
naturels : poires, pommes, pêches, abricots, bru-
gnons, prunes, cerises, figues, groseilles, fram-
boises, kakis, etc., etc. 150

Planches.

Collection de planches ou cartes murales d'histoire naturelle. – Géologie, botanique et zoologie. 62

Pièces ou plantes.

Collection de préparations d'anatomie clastique
du Dr Auzoux, pour l'étude de la botanique. . 32
Collection de champignons : comestibles et véné-
neux 120
Collections de préparations microscopiques pour
l'étude des plantes agricoles et de leurs principales maladies. 300
Loupes, microscopes, etc. 6

Les travaux pratiques de ces cours ont lieu dans les jardins,
vergers, parcs, bois, cultures, prairies, etc., des différentes sections de la *Quinta Normal.*

*Collections et matériel pour le cours de viticulture
et vinification.*

Collection des vins, eaux-de-vie et cidres produits au Chili.
Les produits sont classés suivant leurs usages et conservés
en bouteilles tels qu'ils se vendent dans le commerce :

Vins rouges de table.	.	95 espèces et	285	bouteilles.	
Vins blancs de table.	.	33	—	—	99	—
Vins liquoreux . .	.	80	—	—	240	—
Vins cuits (*chichas*).	.	25	—	—	75	—
Eaux-de-vie . . .	.	100	—	—	300	—
Cidres	.	20	—	—	60	—
Liqueurs diverses. .	.	12	—	—	36	—

365 espèces et 1,095 bouteilles.

Collections spéciales d'instruments et de machines pour la viticulture : Charrues vigneronnes, houes, bêches, pioches, houes à cheval,
plantoirs, déplantoirs, cordeaux, piquets, harnais pour bœufs, treuils pour tendre les cordeaux, pour dévider les fils de fer, serpes, sécateurs, scies, greffoirs, échalas, poteaux, fils de
fer, raidisseurs, poteaux pour palissages, coupe-
sève, inciseurs, soufflets, boîtes, machines à
soufrer, sacs à soufre, appareils pour la production des nuages artificiels, échantillons de soufre,
paniers, bastes, portoirs pour la vendange, ciseaux, couteaux de vendangeurs, etc. . . .   240 objets.
· Collections de modèles de greffes, de marcottes, de boutures pour la vigne.

Collections spéciales de machines et instruments constituant l'outillage vinicole : Arrache-
bouchons, baquets, bascule vinicole, bassines,
battes, bidons, bondonnières, bouche-bouteilles, brocs, brosses, cannelles, chaînes à rincer
les bouteilles, ciseaux, crics, dames-jeannes,
égouttoirs, entonnoirs, douilles, essettes, éti-
quettes, faussets, filtres, forets à air, mèches
soufrées, fouets à coller, fourneaux pour fondre
la cire, goupillons, goûte-vins, grattoirs, jauges,
lampes de sûreté, machines à boucher, machines à déboucher, machines à capsuler, machines à rincer les bouteilles, machines à tirer les
bouchons, marques, marteaux, martinets, mèches, méchoirs à soufrer, mesures, ouilloirs, fou-

loir-égrappoir, paniers, pinceaux, pinces, plaques, plombs à rincer les bouteilles, pompes, porte-bouteilles, porte-étiquettes, poulains, pince à plomber, pressoirs, robinets, rouannes, siphons à décanter les bouteilles, siphons, soufflets, tenailles, tire-bouchons, tire-plombs, modèles de tonneaux, barriques, barils, cuves, seaux, tubes ou éprouvettes à peser, verres à déguster, tasses de dégustation, vignettes, vilebrequins, vrilles, sondes, machines à étamper les bouchons, échantillons de bouchons, de capsules, de cire à cacheter. . 3oo objets.

Collection d'instruments de précision pour étudier les moûts, les vins, les eaux-de-vie : ébullioscopes, alambics, vins, calorimètre, gleucomètres, gleuco-œnomètres, gypsomètre, densimètres, mustimètres, acétimètres, œnomètres, ou pèse-vins, œnobaromètres, aréomètres, nécessaire pour reconnaître la coloration des vins, alcoomètres, microscopes . . . . . . 26 appareils.

Les travaux pratiques de ce cours se font dans la vigne, les celliers et les caves de l'Ecole Pratique d'Agriculture.

Matériel et collections pour les cours de zootechnie, de médecine vétérinaire, de sériciculture, d'apiculture, d'animaux de basse-cour et de pisciculture.

Echantillons.

Collections de squelettes : cheval, bœuf, mouton, chèvre, chabin, lama, vigogne, guanaco, alpaca, porc, chien, chat, lapin, oie, canard, poule, pintade, dindon, autruche, etc. 20

Collections d'os des principaux animaux domestiques.   70
   —   de mâchoires naturelles et artificielles pour
          l'étude de l'âge chez les animaux do-
          mestiques   150
   —   de pieds des solipèdes pour l'étude de
          cette partie.   50
   —   de membres des animaux domestiques
          pour l'étude de ces parties.   25
   —   de cornes : bœuf, mouton, chèvre, cerf.   20
   —   de peaux : lapin, léporide, *chinchilla,*
          coipo, vigogne, *guanaco,* lama, alpaca,
          chabin, chèvre, etc.   40
   —   de dents des animaux domestiques. . .   110
   —   de laines de moutons des principales races.   250
   —   de laines, crins, poils, soies de : lama,
          vigogne, alpaca, *guanaco,* chèvre, cha-
          bin, porc, cheval, etc.   115
   —   de plumes : oies, poules, canards, autru-
          ches, pintades, dindons, etc.   60
   —   d'animaux de basse-cour empaillés : lapins,
          léporides, oies, canards, poules, pigeons,
          pintades, paons, autruches, cygnes, etc.   52
   —   d'œufs : autruches, oies, canards, poules,
          pigeons, pintades, dindons, cygnes, etc.   150
   —   d'ustensiles de basse-cour : couveuses, épi-
          nettes, gaveuses, nids à couver, man-
          geoires, abreuvoirs, billots pour poussins,
          cages pour poussins, caisses à transporter
          les œufs, caisses à transporter les volailles
          vivantes, lampe à mirer les œufs, etc.   70

Collection de chiens en métal 25
— de pièces d'anatomie clastique pour l'étude
du ver à soie : insecte à l'état parfait,
papillons mâle et femelle, vers et papillons naturels, etc. 23
— de cocons de vers à soie 30
— de soies 125
— des ustensiles pour la sériciculture. . . 25
— de pièces d'anatomie clastique pour l'étude
des abeilles, insectes naturels, etc. . 50
— d'ustensiles pour l'apiculture : ruches,
mellificateurs, rayons artificiels, etc. . 120
— de cires et miels 100
— de fers et de pieds pour l'étude de la ferrure du cheval, mulet, bœuf, etc . . . 160
— d'instruments de ferrures 60
— de préparations microscopiques pour
l'étude anatomique et pathologique des
animaux 300
— de cartes et de tableaux pour l'étude de la
zootechnie, etc. 25
— de microscopes, lampes, micromètres, etc. 12
— de mors, d'anneaux, de tondeuses, etc. 60
— d'instruments et appareils de pansage des
animaux domestiques 60
— d'égagropiles 20
— des principales substances alimentaires
pour les animaux domestiques : grains,
graines, sons, farines, foins, pailles,
tourteaux, etc. 120

Collection complète d'instruments et appareils pour la médé-
cine et chirurgie vétérinaires.

Les appareils, instruments et ustensiles de l'industrie laitière
forment un musée spécial placé dans la laiterie de l'Ecole Pratique d'Agriculture de la *Quinta.*

Les travaux pratiques se font à l'hôpital vétérinaire, au jardin
zoologique et dans les étables, écuries, laiterie et fromagerie de
l'Ecole Pratique d'Agriculture.

Matériel et collections pour les cours de Génie rural, d'Hydraulique et de Constructions rurales.

Instruments.

Instruments de nivellement, de topographie : théo-
dolites, équerres, planchettes, boussoles, graphomètres, tachéomètres, pantomètres, niveaux, mires,
télémètres, podomètres, curvimètres, cercles divi-
seurs, chaînes d'arpenteur, ruban d'acier, décamètres, fiches, cordeaux, jalons, boîtes de compas pour
dessin, rapporteurs, compas de réduction, pantographes, doubles décimètres, boîtes de couleurs pour
dessin, carton à dessin, planchettes à dessiner, modèles de dessins topographiques. etc., etc.   .   .   .   150

Pièces.

Collection de modèles pour la mécanique : modèles
en carton pour l'étude de la géométrie
dans l'espace, modèles en relief, organes
de machines; modèles pour le travail du
bois, affutages, assemblages, applications: solides géométriques; collection
de modèles d'assemblage de charpente
et de menuiserie, etc.   200

Collection de modèles d'instruments et appareils hydrauliques : turbines, roues, moulinet
de Waltmann, tube de Darcy, tubes de
drainage, presse hydraulique, distribu-
teurs d'eau, d'irrigation, instruments de
drainage, etc. 140
Modèles.

— de modèles de moteurs, de machines et
d'instruments agricoles : machine à vapeur, chaudière à vapeur, moulin à
vent, dynanomètre, manèges, charrues,
houes, scarificateurs, herses, charrues
vigneronnes, râteaux, rouleaux, faucheuses, moissonneuses, machines à
battre, égréneuses, tarares, trieurs,
coupe-racines, hache-paille, bascules,
chemin de fer portatif avec ses vagons
spéciaux, voitures, tombereaux, etc. . 110

— de modèles de constructions rurales : maisons d'habitation, étables, écuries, granges, hangars, laiteries, caves, celliers,
cuveries, abreuvoirs, ponts, portes, etc. 70
Piéces.

— de matériaux de construction : pierres,
sables, chaux, ciments, terres argileuses,
briques, tuiles, bois de construction, fer,
zinc, fer galvanisé, tuyaux, etc. . . . 400

Les machines, appareils et instruments agricoles forment un
musée à part dans un grand hangar de l'Ecole Pratique d'Agriculture.

Les travaux pratiques de ces cours ont lieu dans les champs de culture de la *Quinta Normal* et dans le hangar des machines·

Matériel pour les cours de Chimie et de Technologie agricole.

Les appareils, instruments et collections spéciales pour la démonstration de ces cours existent à la Station Agronomique qui forme une annexe de l'*Institut Agricole*.

Élèves de l'Institut Agricole depuis sa fondation jusqu'en 1888.
Leur situation après leur sortie.

Durant la période d'installation, lorsque l'établissement ne possédait pas encore tous les éléments suffisants pour recevoir de nouveaux élèves chaque année, l'Ecole ne comptait qu'une seule promotion qui se renouvelait à la fin des trois années d'études.

Depuis 1883, on reçoit tous les ans une nouvelle promotion. Ceci explique pourquoi, dans le tableau suivant, les premières promotions paraissent plus nombreuses que celles qui suivent à partir de cette époque.

	Élèves admis.	Auditeurs libres.
Année 1876 (promotion triennale). .	56	27
— 1879 — — . .	40	34
— · 1882 — — . .	60	63
— 1883 (promotion annuelle). .	33	28
— 1884 — — . .	34	29
— 1885 — — . .	36	24
— 1886 — — . .	38	18
— 1887 — — . .	40	15
— 1888 — — . .	50	12
Total. . . .	387	250

Elèves qui ont terminé leurs études.

	Ingénieurs agricoles.	Agronomes.	Certificat d'études.
Année 1876.	1	7	15
— 1879.	4	12	17
— 1882.	2	14	26
— 1883.	1	9	10
— 1884.	»	7	9
— 1885.	»	3	6
Total. . .	8	52	83

Le nombre des élèves qui arrivent à terminer leurs études est relativement réduit, si on le compare à celui des élèves admis à suivre les cours.

Ce fait s'explique par les causes suivantes.

Le manque de préparation pour beaucoup de jeunes gens les oblige à abandonner avant la fin de la première année, les cours qu'ils ne peuvent suivre.

De plus, dans les pays nouveaux, comme le Chili, les jeunes gens n'étudient point pour savoir seulement, mais surtout pour profiter immédiatement des connaissances acquises.

Beaucoup se retirent avant les examens de sortie, soit pour cultiver leurs terres, soit attirés par les grands propriétaires.

Ceux-ci apprécient beaucoup les jeunes gens qui ont passé par l'*Institut Agricole*; le titre, dans ce cas, leur importe peu.

Les éleves diplômés ont toujours une situation assurée dans l'agriculture et un bon nombre d'entre eux peuvent être cités comme des agriculteurs émérites.

Toutes les écoles pratiques d'agriculture récemment installées dans les différentes provinces de la République, sont dirigées par d'anciens élèves de l'*Institut Agricole*. Il en est de même de la *Quinta Normal de Agricultura de San Juan* (République Argentine).

Ces élèves sont également très recherchés par les agriculteurs des Républiques voisines et les positions qui leur sont offertes, sont généralement avantageuses.

Services rendus par l'Institut Agricole à l'Agriculture Chilienne.

Outre son enseignement par les cours, l'*Institut Agricole* contribue d'une manière très active au progrès du pays, par les moyens suivants :

Ouvrages agricoles publiés par les professeurs de l'établissement :

Cours d'agriculture . . .	2 prem. t., par René F. Le Feuvre.			
Viticulture et Vinification .	2 tomes,	—	—	—
Oïdium tuckeri de la vigne.	1 broch.	—	—	—
Anthrachnose de la vigne.	1 broch.	—	—	—
Les Guanos et le Salpêtre.	1 broch.	—	—	—
Culture du Tabac au Chili.	1 broch.	—	—	—
La Quinta Normal de Agri cultura	1 tome,	—	—	—
Cours de Zootechnie . .	3 prem. t., par Jules Besnard.			
Le Charbon	1 broch.	—	—	—
La Phtisie, la Fièvre aphteuse, le Choléra des poules.	1 broch.	—	—	—
La Gourme, la Cachexie aqueuse, le Tournis, etc.	1 broch.	—	—	—
La Lèpre et la Trichinose .	1 broch.	—	—	—

Analyse des Guanos et Salpêtres	1 broch., par L. Zegers et A. Yañez
Cours de topographie (1re partie)	1 vol., par M. H. Concha.
Physiologie végétale. . .	1 broch., par F. Philippi.
Insectes nuisibles à l'agriculture	1 broch. — —

Les élèves de l'*Institut Agricole* ont aussi fait paraître plusieurs ouvrages agricoles importants, dont voici les principaux :

Le Principal, mémoire agricole	1 vol. par Salvador Izquierdo.
Fabrication du beurre . .	1 broch. — —
La Esmeralda, mémoire agricole	1 vol., par Aurelio Fernandez.
Anthrachnose de la vigne .	1 broch., par Maximo Jéria.
Rapport sur l'organisation des Ecoles d'Agriculture au Chili.	1 broch., par Maximo Jéria.
Bulletin de la Quinta Normal d'Agriculture de San Juan (République Argentine)	Journal mensuel, par E. Gonzalez.

En outre, de nombreux articles agricoles et zootechniques d'actualité ont été publiés par les professeurs et les élèves, dans les différents journaux de Santiago et plus spécialement dans le *Bulletin de la Société Nationale d'Agriculture.*

Propagande agricole. — L'*Institut Agricole* a fait connaître et a propagé dans le pays de nombreux procédés culturaux et zootechniques.

Plusieurs cultures importantes, inconnues au Chili, lui sont dues; il en est de même du traitement des plantes et des animaux malades.

Cette propagande a donné d'importants résultats :

Culture du tabac ;

Culture du trêfle violet;

Culture perfectionnée des asperges ;

Emploi des engrais verts ;

Emploi du guano et du salpêtre ;

Culture du topinambour ;

Culture de la betterave à sucre ;

Préparation des semences par le sulfatage;

Soufrage des vignes pour les préserver de l'oïdium ;

Irrigations d'hiver ;

Traitement des pommiers par le pétrole et l'eau de chaux pour la destruction du puceron lanigère ;

Culture de la ramie ;

Clôtures de haies vives et sèches ;

Culture du chêne-liège et d'autres arbres utiles ;

Utilisation des tourteaux pour l'alimentation des animaux ;

Vaccine contre le charbon;

Castration du cheval par les casseaux et celle des bêtes bovines et ovines par la ligature élastique.

Recettes de médecine vétérinaire, etc., etc.

Introductions utiles. — L'*Institut Agricole* a fait de nombreuses introductions utiles et en a fait faire de plus nombreuses encore par les agriculteurs.

En voici les principales :

Charrues Brabant simples et doubles à un ou plusieurs corps ;

Arracheurs de pommes de terre ;

Arracheurs de betteraves ;

Laveurs de betteraves ;

Charrues vigneronnes ;

Egréneuses de trèfles et de luzerne ;

Trieurs alvéolaires ;

Soufreuses mécaniques ;

Pressoirs du système universel de Mabille, Roudier, etc.

Fouloir égrappoir de Mabille ;

Instruments et appareils spéciaux pour la viticulture et la vinification ;

Bascules imprimant le poids de E. Chameroy ;

Ecrémeuses à main de Laval ;

Instruments et appareils nouveaux pour la fabrication du beurre et du fromage, etc. ;

Principales races améliorées des oiseaux de basse-cour, qui se sont rapidement propagées dans tout le pays;

Moutons mérinos précoces.

L'enseignement de l'*Institut Agricole* a contribué beaucoup par son influence à propager au Chili les animaux Durham et les chevaux percherons.

Enfin cet établissement a fait également connaître les principaux ouvrages et journaux agricoles publiés en Europe et aux Etats-Unis.

Collections agricoles envoyées à l'étranger. — L'*Institut Agricole* a formé de nombreuses et importantes collections des principaux produits de l'agriculture chilienne. Plusieurs ont été envoyées dans la plupart des pays européens où il y avait intérêt à faire connaître le Chili.

Renseignements fournis aux agriculteurs. — Chaque jour, de nombreux agriculteurs viennent à la *Quinta Normal* pour y demander des renseignements sur des questions agricoles. Ceux qui demeurent trop loin pour se rendre à l'établissement, demandent ces renseignements par écrit, et ils leur sont toujours fournis, quand cela est possible.

De cette manière, l'*Institut Agricole* se trouve en relation constante avec l'agriculture militante, à laquelle il imprime un mouvement considérable.

Conseil de l'Enseignement technique.

L'importance croissante de l'*Institut Agricole*, le grand développement donné à l'Ecole Pratique d'Agriculture de Santiago et la création de nouvelles écoles analogues dans différentes provinces de la République, ont bientôt fait sentir le besoin de soumettre cet enseignement à un régime approprié et de le placer sous la direction d'un Conseil spécial.

Aussi, un des premiers actes du nouveau Ministère de l'Industrie et des Travaux Publics, duquel dépend l'enseignement agricole, a été l'organisation d'un Conseil de l'enseignement technique, comme l'indique le décret suivant du Président de la République, en date du 9 septembre 1887.

Art. 1er. — Il est créé un Conseil d'enseignement technique, chargé de la surveillance des établissements d'enseignement et écoles qui dépendent du Ministère de l'Industrie et Travaux Publics.

Art. 2. — Ce Conseil se composera :

Du Ministre qui sera le Président ;

Des Présidents des Sociétés Nationales d'Agriculture, d'Encouragement à l'Industrie et des Mines ;

D'une personne désignée pour deux ans, par le Conseil supérieur de chacune de ces sociétés ;

Du directeur de l'Institut Agricole ;

Du directeur de l'Ecole des Arts et Métiers ;

De quatre membres nommés tous les deux ans par le Président de la République.

Art. 3. — Le Conseil se divisera en trois sections :

1º Agriculture ;

2º Industrie ;

3º Mines.

Art. 4. — Le Conseil élira dans son sein un Vice-Président, pour deux ans. Il se réunira ordinairement une fois par semaine et pourra fonctionner avec cinq membres présents.

Art. 5. — Le rôle de ce Conseil sera :

1º Surveiller la marche des établissements et écoles qui dépendent du Ministère de l'Industrie ;

2º Proposer les plans d'études, méthodes d'enseignement et la forme des examens que doivent subir les élèves, la nomination et la révocation des Directeurs des établissements ou écoles ; et toutes les mesures qu'il croirait convenables pour le développement de l'enseignement agricole et industriel ;

3º Présenter au Ministère les budgets annuels des établissements et écoles, examiner les comptes des dépenses et présenter à ce sujet un rapport au Ministère ;

4º Remettre au Ministère dans la première quinzaine d'avril, un rapport sur l'état de l'enseignement et les améliorations qu'il conviendrait d'introduire ;

5º Désigner la personne qui doit remplir les fonctions de secrétaire du Conseil.

STATION AGRONOMIQUE

A. — Kiosque pour les observations météorologiques agricoles
à l'abri.

B. — Enclos pour les observations météorologiques à l'air libre.

G. — Gazomètre.

F. — Cabinet du Directeur.

E. — Chambre obscure pour les analyses des matières sucrées
par le saccharimètre.

D. — Chambre des balances.

H. — Laboratoire du Directeur.

C. — Laboratoire des élèves de l'Institut Agricole.

I. J. — Laboratoires des préparateurs et aides.

K. — Salle de classe.

O. — Magasin.

L. M. N. — Laboratoire de physiologie animale pour la préparation du virus charbonneux suivant le système
de Chauveau.

P. P. P. P. — Passages et corridors.

Q. R. — Magasin de vente des graines et bureau de l'administration de la Quinta Normal.

S. S. — Grande salle pour l'exposition permanente de machines agricoles.

STATION AGRONOMIQUE

Légende.

A. — Kiosque pour les observations météorologiques agricoles à l'abri.
B. — Enclos pour les observations météorologiques à l'air libre.
C. — Gazomètre.
D. — Cabinet du Directeur.
E. — Chambre obscure pour les analyses des matières nitrées par le chalumeau.
F. — Chambre des balances.
G. — Laboratoire du Directeur.
H. — Laboratoire des élèves de l'Institut Agricole.
I. — Laboratoires des préparateurs et aides.
J. — Salle de classe.
K. — Magasin.
L. M. N. — Laboratoire de physiologie animale pour la préparation des êtres chimiques suivant le système de Chauveau.
O. P. P. — Passages et corridors.
Q. R. — Magasin de vente des graines et bureau de l'administration de la Station Normale.
S. S. — Grande salle pour l'exposition permanente des machines agricoles.

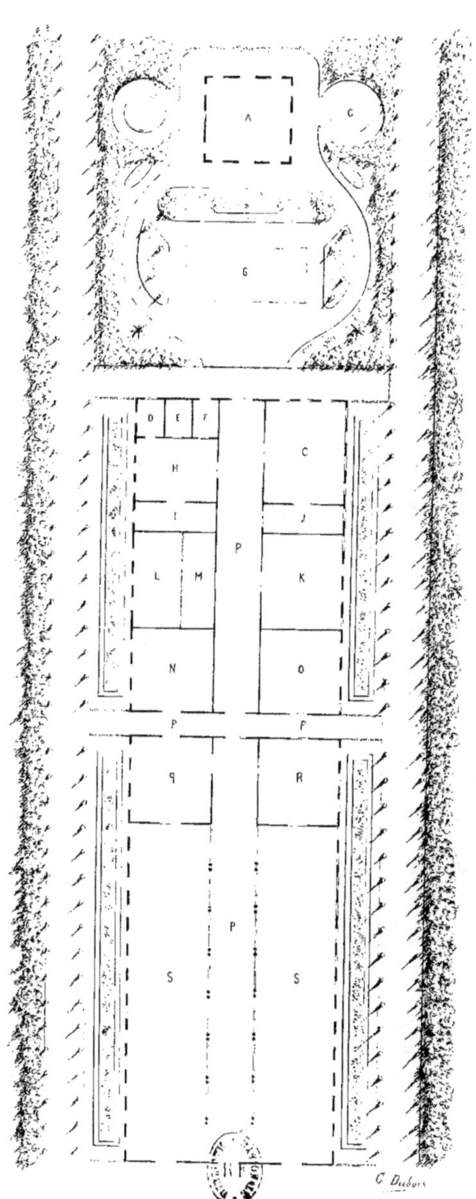

STATION AGRONOMIQUE

LABORATOIRES DE CHIMIE

La *Station Agronomique* de la *Quinta Normal* est une annexe et un complément important de l'Institut Agricole.

En effet, par l'enseignement pratique de la chimie qu'elle donne aux éleves, elle forme une vraie section d'application de cet établissement.

Les facilités qu'elle offre aux professeurs de l'Institut pour les préparations et démonstrations de leurs cours, les études et expériences culturales et zootechniques qu'elle entreprend, servent dans une large mesure à l'enseignement agricole.

Enfin, les travaux spéciaux qu'elle effectue, les observations météorologiques qu'elle publie journellement et les renseignements techniques qu'elle fournit aux agriculteurs sur toutes les questions relatives aux industries agricoles, végétales et animales, répondent à de véritables besoins que l'Institut Agricole ne pourrait satisfaire d'une façon aussi complète.

Cet établissement a été fondé en 1881 et commença à fonctionner l'année suivante.

Il fut d'abord installé dans les bâtiments de l'Institut Agricole ; mais les agrandissements de ce dernier firent bientôt transférer la *Station Agronomique* dans un autre local.

Aujourd'hui, elle est établie dans les édifices qui servirent à l Exposition Nationale de 1884 et qui sont voisins de l'Institut Agricole.

Toute la partie nord de ces bâtiments, convenablement appropriée, a été affectée à la *Station Agronomique*. Le reste, qui en est séparé par un passage, est occupé par les bureaux de l'administration de la *Quinta Normal* et par la grande salle destinée à l'exposition permanente de machines agricoles.

La *Station* possède en outre un jardin assez spacieux où se trouvent les kiosques et les autres installations pour le service météorologique.

Les étables de l'hôpital vétérinaire et celles de l'Ecole Pratique, le champ d'études et les cultures de la *Quinta Normal*, complètent l'ensemble des moyens mis à la disposition de l'établissement pour ses travaux et recherches.

Le laboratoire spécial de physiologie animale pour la préparation du virus charbonneux, qui figure dans les locaux de la *Station Agronomique*, fait partie d'une autre section et est placé sous les ordres du Directeur de l'Institut de vaccine animale de la *Quinta Normal*.

Règlement général organique de la Station Agronomique approuvé par Décret du 26 avril 1881.

Art. 1ᵉʳ. — Il est établi une *Station Agronomique* dans la *Quinta Normal de Agricultura* sous la dépendance du Conseil Supérieur de la Société Nationale d'Agriculture.

Art. 2. — La *Station Agronomique* a pour but de faire les

études et les expériences relatives aux principales industries que comprend l'agriculture nationale.

En conséquence, ses travaux principaux auront pour objet des études comparatives des principales variétés de plantes appropriées à l'agriculture chilienne.

Etudes sur l'acclimatement des nouvelles plantes qui pourraient convenir au pays.

Etudes des procédés de culture les plus convenables, pour les diverses régions agricoles de la République.

Essais des engrais et amendements sur les principales plantes cultivées.

Etudes des effets des eaux d'irrigation sur les terrains et les produits récoltés, dans les différentes régions agricoles de la République.

Expériences sur l'acclimatation des animaux domestiques.

Etudes sur les plantes vénéneuses pour les animaux domestiques.

Etudes des maladies des plantes agricoles, des remèdes et moyens les mieux appropriés pour les combattre.

Essais et analyses des eaux d'arrosage et de celles qui servent aux usages domestiques et industriels.

Essais et analyses des terres arables.

Détermination des propriétés agricoles des terres arables et des engrais qui conviennent au sol pour une culture déterminée.

Détermination des aptitudes agricoles des terres arables et des cultures qui leur conviennent le mieux.

Essais et analyses pour déterminer la fécule, l'amidon, le sucre, les huiles, le gluten, etc. des divers produits agricoles naturels ou transformés.

Observations et études de tous les phénomènes météoriques

qui constituent les climats agricoles et qui s'y rapportent, tels que l'état du ciel, la chaleur et la lumière solaires, la température de l'air ambiant, celle du sol et des eaux d'arrosage, les pluies, les rosées, les gelées, les gelées blanches, les vents, etc.

Répondre aux consultations verbales ou écrites, faites par des agriculteurs, industriels ou commerçants, sur toutes les questions qui ont rapport à l'agriculture nationale.

Faire les essais et analyses que les particuliers demanderaient à l'établissement.

ART. 3. — Le Conseil Supérieur de la Société Nationale d'Agriculture a pour mission de :

1º. — Surveiller la marche de la *Station Agronomique*.

2º. — Approuver les règlements intérieurs et le tarif des travaux, essais et analyses que les particuliers demandent à l'établissement.

3º. — Approuver le budget annuel et le compte des frais que le Directeur doit présenter chaque année.

4º. — Proposer au Gouvernement la nomination ou la révocation du Directeur et des autres employés.

5º. — Proposer au Ministre compétent les réformes nécessaires pour la bonne marche de l'établissement.

ART. 4 — Le personnel de la *Station Agronomique* se composera de :

Un Directeur ;

Un préparateur, répétiteur des cours de chimie ;

Un aide ;

Un domestique.

ART. 5. — L'administration de la *Station Agronomique* de la *Quinta Normal de Agricultura* sera exercée par un Directeur nommé par le gouvernement.

Art. 6. — Le Directeur a les attributions suivantes :

1º Diriger et exécuter tous les travaux de l'établissement qui demandent une compétence technique spéciale ;

2º Faire des conférences publiques sur des questions agricoles d'actualité ;

3º Professer à l'Institut Agricole le cours de chimie agricole et de technologie ou un autre qui a trait à sa spécialité ;

4º Proposer au Conseil Supérieur de la Société Nationale d'Agriculture les réglements intérieurs de l'établissement et le tarif des essais, analyses et autres travaux qui seront faits pour le compte des particuliers ;

5º Présenter annuellement au Conseil un rapport, sur les travaux exécutés dans l'établissement, le budget des dépenses et les comptes de frais faits ;

6º Indiquer au Conseil les mesures qu'il croirait convenables pour assurer la bonne marche de l'établissement ;

7º Rendre compte au Conseil des travaux que celui-ci lui commanderait.

Art. 7. — Le Directeur de la *Station Agronomique* donnera la préférence aux travaux, qui sont d'intérêt général pour l'agriculture nationale et à ceux que lui demanderaient le gouvernement et le Conseil Supérieur de la Société Nationale d'Agriculture.

Art. 8. — La *Station Agronomique* fonctionnera dans les locaux et les dépendances de l'Institut Agricole qui suivent :

Le laboratoire actuel qui sera réorganisé et complété avec tous les principaux instruments et appareils nécessaires pour l'approprier à sa nouvelle estination.

Le champ d'études, la vigne-école et les autres sections de culture de la *Quinta Normal,* qui seront mises à la disposition de la *Station Agronomique,* selon ses besoins et d'accord avec le Directeur de la *Quinta Normal.*

L'Observatoire météorologique de la *Quinta Normal* qui sera affecté au service de la *Station Agronomique.*

L'hôpital vétérinaire qui, suivant les besoins, sera mis à la disposition de la *Station,* avec l'assentiment du Directeur de cet établissement.

Nota. — Depuis 1885, la *Station Agronomique* forme une annexe de l'Institut Agricole et est placée sous la dépendance directe du Conseil Supérieur de cet établissement.

PROGRAMME GÉNÉRAL

des Travaux de la Station Agronomique

Cet établissement exécute les travaux suivants :

PREMIÈRE PARTIE

Section I. — Essais et Analyses.

1º *Terres arables.*

A. — Essai d'une terre arable pour connaître ses éléments de fertilité. Détermination de la chaux, de la potasse, de l'acide phosphorite et de l'azote.

B. — Analyse complète d'un sol arable. Détermination de tous les éléments qui le constituent et examen des principales propriétés mécaniques, physiques, chimiques et physiologiques.

C. — Détermination des amendements et engrais qui conviennent à une terre arable en vue de certaines cultures.

D. — Détermination des aptitudes agricoles des terrains et des cultures qui leur conviennent.

E. — Étude générale des principales terres arables des diverses régions agricoles de la République.

2º *Amendements et Engrais.*

1º Eaux d'irrigation : eaux de puits, eaux de sources, eaux de drainages et d'infiltrations, eaux d'étangs et de réservoirs, eaux de pluies, eaux de rivières, eaux des villes, etc.

A. — Essai hydrotimétrique; matières organiques, sulfates, chlorures.

B. — Analyse complète : 1º matières en dissolution; gaz et matières organiques, azote, oxygène, acide carbonique, acide nitrique, composés organiques azotés et non azotés, carbures d'hydrogène; matières minérales : chaux, soude, potasse, magnésie, alumine, fer, silice, chlore, acide sulfurique, etc.; 2º matières en suspension : matières minérales : sable, argile, calcaire, plâtre; matières organiques et terreau.

C. — Reconnaissance de la valeur des eaux pour les irrigations, pour les usages domestiques, pour les animaux, pour les industries agricoles, etc.

D. — Etude comparée des principales eaux qui sont employées pour les arrosages dans les diverses régions agricoles de la République.

2º Engrais minéraux. — Chaux, marne, tangues, sables calcaires, plâtre, cendres pyriteuses, sels de potasse, de soude, ammoniacaux, suie, cendres de bois, de houille, de tourbe, de paille, de bouse, de marcs de raisins et de sarments de vigne, de feuilles, d'herbes, etc.; phosphates, os, noir de raffinerie, guanos minéraux, etc.

A. — Détermination de l'humidité, des matières organiques azotées et non azotées, des matières minérales : chaux, potasse, acide phosphorique, magnésie, alumine, fer, silice, etc.

B. — Détermination de l'état assimilable de chacun de ces éléments dans le même engrais.

3° Engrais végétaux. — Engrais verts : colza, navette, sarrasin, moutarde, trèfles, lupin, luzerne maculée, galéga, etc. Engrais secs : tourteaux de colza, navette, lin, chanvre, noix, cocos, etc. Marcs de raisin, pommes, poires, olives, etc.

A. — Détermination de l'humidité, des matières organiques azotées et non azotées, des cendres ; chaux, potasse, soude, acide phosphorique, silice, magnésie, fer, etc.

4° Engrais animaux. — Substances excrétées : matières fécales, excréments solides et liquides des animaux domestiques.

Résidus et déchets d'animaux : viande musculaire, sang, résidus de poissons, laines, crins, plumes, cornes, etc., animaux morts.

A. — Détermination de l'humidité, des matières organiques et des principales matières minérales.

5° Engrais mixtes. — Fumiers d'étables, fumiers de cour, balayures des rues, fanges des canaux, composts, etc.

A. — Détermination de l'humidité, des matières organiques azotées et non azotées, des matières minérales : chaux, potasse, acide phosphorique, etc.

B. — Détermination de l'état assimilable de chacun de ces éléments dans ces engrais.

6° Engrais industriels. — Engrais azotés, phosphatés, potassiques, calcaires ; engrais complexes, complets, etc.

A. — Analyse et essai pour déterminer la quantité des éléments fertilisants qu'ils contiennent et leur état assimilable.

3° Fourrages et autres substances alimentaires pour les animaux domestiques.

1° Fourrages verts ; luzerne, sainfoin, trèfle, lupin, ray-grass et autres graminées.

Herbes des pâturages naturels des vallées et montagnes.

Fourrages et plantes annuelles : maïs, millet, sorgho, sarrazin, orge, seigle, avoine, etc.

2° Fourrages secs : foins de luzerne, trèfle, ray-grass, prairies naturelles, etc.

Paille de froment, d'orge, d'avoine, de seigle, de millet, de colza, de sarrazin, etc.

Balles de céréales, siliques de crucifères, etc.

Tourteaux de lin, colza, noix, etc.

Sons, farines ; grains et graines : orge, avoine, millet, sorgho, lin.

3° Fourrages, tubercules, racines et légumes : pommes de terre, topinambours, betteraves, navets, carottes, choux, courges, giraumons.

4° Résidus de féculerie, distillerie, fabrique de sucre, etc.

5° Fourrages ensilés : maïs, luzerne, trèfle, etc.

A. — Détermination de l'eau et des matières sèches, des cendres, de la cellulose, des matières azotées et grasses.

B. — Détermination des matières solubles dans l'eau.

C. — Détermination de la quantité alimentaire de chaque fourrage pour les différents animaux domestiques.

4° Produits agricoles.

1° Produits végétaux.

A. — Analyse des grains et graines : froment, orge,

avoine, seigle, maïs, millet, sorgho, sarrasin, haricots, pois, lentilles, fèves.

B. — Analyse de fruits : pêches, abricots, prunes, poires, pommes, cerises, figues, olives, raisins, *chirimoyas, lucumas*, etc.

C. — Analyse des légumes : pommes de terre, patates, carottes, betteraves, navets, choux, asperges, artichauts, oignons, etc.

D. — Détermination de la fécule des pommes de terre, patates, châtaignes, marrons, etc.

E. — Détermination de l'amidon et du gluten des grains de céréales, etc.

F. — Détermination du sucre dans les betteraves, melons, pastèques, sorgho, maïs et différents fruits cultivés au Chili.

G. — Détermination des huiles dans les graines et fruits oléagineux, tels que : colza, navette, lin, caméline, arachide, ricin, olive, noix, etc.

H. — Détermination des résines, de la cire, des gommes et des essences dans les graines, fruits, plantes, arbres et arbustes.

I. — Détermination du tannin dans les grains, les fruits et les écorces d'arbres, etc.

J. — Détermination des matières saponifères du *quillai*.

K. — Essai des tabacs pour reconnaître leurs qualités industrielles.

L. — Essai et analyse des farines, sons, pain, galettes, gâteaux, pâtisseries.

M. — Essai des conserves alimentaires.

N. — Analyse des boissons : vins, *chichas*, bières, cidres, eaux-de-vie, liqueurs.

2° Produits animaux.

A. — Analyse et essai du lait, beurre, fromage, miel, cire, graisse, suifs, *charqui*, viande fraîche et conservée, poissons frais et conservés, laine, etc.

3° Produits et substances alimentaires.

Recherches des qualités alimentaires et hygiéniques des principales substances qui servent comme aliments dans le pays.

Recherches des falsifications des mêmes substances.

Section II. — Etudes et expériences chimiques relatives aux principales industries végétales et animales de l'agriculture chilienne.

A. — Culture comparée des principales plantes agricoles appropriées au pays.

B. — Etudes relatives à l'acclimatation des nouvelles plantes qui pourraient convenir au Chili.

C. — Etudes comparées des différents modes de culture les plus convenables pour les diverses régions agricoles de la République.

D. — Essais des principaux engrais employés séparément et ensemble sur les différentes plantes cultivées au Chili.

E. — Détermination de la fertilité d'un terrain moyennant l'emploi des engrais dits analyseurs.

F. — Détermination des éléments fertilisants qui manquent dans un sol arable, au moyen de cultures comparées.

G. — Etudes des effets des eaux d'irrigation sur les terrains et sur les plantes cultivées.

H. — Etude de l'influence des jachères (*barbechos*) sur la fertilité du sol.

I. — Expériences sur l'alimentation des animaux domestiques.

Section III. — Etude de l'air et Observations météorologiques agricoles.

A. — Analyse de l'air ambiant à diverses hauteurs.

B. — Analyse de l'air du sol arable.

C. — Observations météorologiques agricoles : pression atmosphérique, état hygrométrique de l'air, température du sol, température à la superficie du sol, à l'ombre et au soleil, température de l'air ambiant à diverses hauteurs à l'ombre et au soleil, température des eaux d'irrigation, évaporation, vents supérieurs et inférieurs, état du ciel durant le jour et durant la nuit, pluies, brouillards, neiges, gelées, gelées blanches, rosée, serein, état électrique de l'air, etc.

Observations agricoles qui se rapportent aux faits météorologiques observés.

D. — Caractères agricoles des saisons climatériques et leur influence sur la végétation.

E. — Etude des époques pendant lesquelles s'effectuent le mieux les différentes phases végétatives des diverses plantes agricoles cultivées au Chili.

Section IV. — Consultations.

Consultations verbales et écrites aux agriculteurs sur toutes les questions indiquées précédemment.

Section V. — Publications.

Un bulletin météorologique de la *Station Agronomique* se publiera journellement, et, à la fin de chaque année, le Directeur présentera un mémoire des travaux exécutés sous ses ordres.

DEUXIÈME PARTIE

Instructions pratiques pour le choix et l'arrangement des échantillons destinés aux essais et analyses.

Terres arables.

La valeur agricole des terres arables est généralement très variable dans une même propriété, surtout si elle a une certaine étendue.

Pour avoir une idée un peu exacte des terrains d'une ferme, par le moyen de l'analyse chimique, il est nécessaire de prendre des échantillons dans les principaux points qui représentent les types moyens de la terre arable de chaque champ.

Dans chaque endroit déterminé, la valeur du terrain varie également selon la profondeur de la couche arable que l'on considère.

Par suite, il est nécessaire de prendre dans chaque point choisi, un échantillon supérieur et un autre inférieur et d'indi-quer l'épaisseur totale du sol arable.

En général, la couche sur laquelle repose le sol, influe puis-samment sur les qualités de la terre arable, par conséquent, on doit indiquer la nature du sous-sol.

A. — Echantillons supérieurs (sol).

a. — Mode de prendre les échantillons. — Dans chaque champ représentant le type de la terre que l'on désire étudier, on choisit trois à quatre points également distribués sur la surface du terrain. Si ces endroits sont couverts de végétation ou de résidus organiques, il est nécessaire de nettoyer complètement la surface.

Avec une pelle ou tout autre instrument, on fait un trou aux parois bien verticales, d'environ quinze à vingt centimètres de profondeur et on a soin de le nettoyer en enlevant toute la terre.

Le trou ainsi préparé, sur un de ses côtés, on coupe avec une pelle une tranche verticale de terre sur toute la profondeur de l'excavation. Cette tranche devra peser de trois à cinq kilogrammes et se met sur une toile où l'on joint les autres échantillons du même champ.

Tous les échantillons partiels une fois réunis, on les remue bien ensemble pour former une masse homogène et on en prend six à huit kilogrammes de terre, qui forment l'échantillon moyen pour l'analyse.

Les échantillons ainsi obtenus, se mettent immédiatement dans des bocaux qui se ferment le plus hermétiquement possible.

b. — Moment le plus convenable pour prendre les échantillons. — Règle générale : les échantillons doivent se prendre quand le sol est en état d'être labouré facilement.

B. — Echantillons inférieurs (sous-sol).

Les échantillons inférieurs se prendront dans les trous faits pour les échantillons supérieurs à une profondeur de vingt à trente centimètres, en observant les mêmes prescriptions que pour les échantillons supérieurs.

C. — Renseignements qui doivent être joints à chaque échantillon.

1. — Echantillon supérieur, inférieur ou sous-sol.

2. — Nom de la propriété, département, province et du propriétaire.

3. — Situation : vallée, plaine, montagne, inclinaison, exposition du sol.

4. — S'il est arrosé ou non.

5. — Le nom vulgaire de la terre, l'épaisseur de la couche arable.

6. — Les cultures qu'il a portées.

7. — La nature du sous-sol.

8. — Depuis quand le terrain a reçu l'humidité, soit par les pluies, soit par les arrosages.

Amendements et Engrais.

1º. — Eaux d'irrigations.

Dans l'agriculture chilienne, les eaux d'irrigation jouent un rôle de la plus haute importance, les surfaces arrosées et celles qui sont susceptibles de l'être dans les diverses vallées et plaines de la République sont très considérables et les eaux qui servent à cet usage diffèrent beaucoup suivant les régions.

Les résultats obtenus avec les arrosages varient principalement selon la valeur des eaux employées. Par conséquent, pour apprécier avec exactitude les résultats possibles, l'agriculteur doit connaître avant tout la qualité des eaux dont il dispose. Le moyen le plus sûr et le plus prompt pour acquérir ces renseiments, consiste dans l'analyse chimique qui donne la valeur fertilisante de cet amendement.

Pour que l'analyse chimique fournisse des renseignements

exacts et pratiques, les échantillons d'eaux doivent être pris en suivant rigoureusement les indications suivantes :

a. — Lieu où l'on doit prendre les échantillons. — Les échantillons d'eau doivent se prendre à l'entrée du canal dans chaque propriété, sur un parcours de cinquante à cent mètres le long du dit canal.

b. — Mode de prendre les échantillons. — Avec un seau ou un récipient de bois ou de fer étamé bien propre et lavé à l'avance avec l'eau même du canal, on prend dans le centre du courant une certaine quantité de liquide. On verse deux ou trois litres environ de cette eau dans un autre baquet de bois ou de fer étamé d'une capacité de dix à quinze litres, bien nettoyé à l'avance et lavé avec l'eau même que l'on veut analyser.

Cette opération se répète trois ou quatre fois, jusqu'à ce qu'on ait réuni dans le second récipient dix à quinze litres d'eau qui représentent la masse commune.

De cette masse d'eau ainsi obtenue, on prendra sept à huit litres que l'on mettra dans des bouteilles de verre ou de grès bien propres et bien lavées avec l'eau même que l'on veut étudier. Les bouteilles se remplissent complètement et se bouchent hermétiquement.

Avant de mettre l'eau en bouteilles, il est indispensable de l'agiter fortement dans le récipient au moyen d'un bâton. Au lieu d'employer plusieurs bouteilles, il vaut mieux se servir de dames-jeannes qui ont une capacité suffisante pour contenir un échantillon.

c. — Epoques auxquelles on doit prendre les échantillons. — Suivant les saisons, la nature des eaux de la plupart des cours d'eau varie beaucoup et leur valeur agricole comme amendement est également bien différente.

Pour connaître exactement la qualité des eaux d'irrigations, il serait nécessaire de prendre des échantillons chaque semaine ou tous les quinze jours ; mais cela est peu praticable en général.

D'un autre côté, au Chili, presque toujours les arrosages n'ont pas lieu durant toute l'année ; ils se pratiquent principalement pendant la belle saison et durent six à huit mois, suivant les localités.

En prenant des échantillons au commencement, au milieu et à la fin de cette période, on aura ainsi une moyenne approximative de la valeur des eaux.

Chaque échantillon se formera en suivant exactement les indications précédentes, mais au lieu de prendre sept à huit litres d'eau de la masse commune, on en prendra seulement trois ou quatre pour chaque échantillon. Les bouteilles des deux premiers échantillons se conserveront enfouies dans du sable, dans un lieu frais jusqu'au moment où l'on aura prélevé le troisième que l'on mêle aux deux autres ; puis le tout doit être expédié au laboratoire de la *Station Agronomique*.

d. — Renseignements qui doivent être joints à chaque échantillon.

1. — Nom du canal, de la rivière, du département de la province.

2. — Nom de la propriété arrosée, celui du propriétaire.

3. — Dates des prises de l'eau.

4. — Température de l'eau à chaque prise.

5. — Observations agricoles sur l'emploi de l'eau.

2° Engrais.

Les substances qui s'emploient comme engrais se trouvent à l'état plus ou moins pulvérulent et de composition plus ou moins homogène ; ou bien elles forment des masses non pulvérulentes et hétérogènes dans leur constitution.

Quelle que soit leur forme , pour connaître leur valeur fertilisante au moyen de l'analyse chimique, il est nécessaire que l'opération s'effectue sur un échantillon qui représente le type moyen de chaque engrais.

a. — Engrais pulvérulents et homogènes. — Au moyen d'une sonde en fer ou d'un autre appareil qui puisse remplir le même office, on prend deux ou trois kilogrammes de la matière à analyser. Pour obtenir cette quantité avec une sonde ordinaire, il faut pratiquer de dix à quinze sondages dans différents points du monceau formé par l'engrais ou dans des sacs différents, si la matière est ensachée.

A chaque sondage, on dépose sur une toile l'engrais que contient la sonde, et lorsqu'on en a une quantité suffisante, on remue le tout pour en former une masse aussi homogène que possible.

On en prend ensuite un ou deux kilogrammes qui représentent l'échantillon moyen de l'engrais. Cet échantillon se met dans un bocal de verre ou de grès que l'on bouche le plus hermétiquement possible et on étiquète comme il est indiqué plus loin.

Nota. — Pour les engrais pulvérulents, dont la masse n'est pashomogène, il est nécessaire d'augmenter le nombre des sondages et de les pratiquer dans tous les points de composition distincte.

b. — Engrais non pulvérulents. — Dans les monceaux que forment ces substances, on fait deux ou trois coupes verticales dans toute l'épaisseur de la masse. Sur chaque coupe, on prend une tranche verticale dont les dimensions sont déterminées par celles de la pelle qui sert à cette opération.

Les tranches d'engrais se réunissent sur une toile et se mélangent le mieux possible. De ce mélange, on prend quatre ou cinq kilogrammes qui se mettent dans un bocal de verre ou de grès que l'on ferme hermétiquement.

Nota. — S'il s'agit d'engrais très hétérogènes, comme certains résidus d'animaux mélangés, l'échantillon se formera en choisissant dans la masse les éléments qui la composent en proportion respective de chacun d'eux.

c. — Renseignements qui doivent être joints à chaque échantillon :

1. — Le nom de l'engrais.

2. — La provenance.

3. — Le prix de vente ou d'achat, si c'est un engrais commercial.

4. — Observations sur son emploi.

Fourrages et autres substances qui servent à l'alimentation des animaux domestiques.

Les fourrages et autres substances qui servent à la nourriture des animaux domestiques, au Chili, sont consommés à l'état vert ou plus ou moins sec.

Pour l'analyse chimique de ces matières, on doit procéder comme suit :

1º. — Fourrages verts.

A. — Manière de prendre l'échantillon. — Dans le champ qui produit le fourrage, on choisit un endroit qui représente une végétation moyenne et on coupe quelques mètres carrés de ce fourrage que l'on mélange bien ensuite ; puis on en prend une quantité de trois ou quatre kilogrammes pour former l'échantillon moyen.

L'échantillon ainsi obtenu s'enveloppe dans un papier fort d'emballage et le tout se met dans une caisse garnie d'herbe verte et fermée hermétiquement.

B. — Epoque convenable pour prélever l'échantillon. — Cette opération doit être faite au commencement de la floraison des plantes.

2°. — Fourrages secs (foin, paille, siliques, etc.).

On choisit à la main, parmi les bottes ou les meules de foin ou paille des échantillons partiels que l'on mélange le mieux possible.

De ce mélange, on prend trois ou quatre kilogrammes qui forment l'échantillon moyen, qu'on emballe avec soin.

3°. — Tourteaux.

L'échantillon moyen pour l'analyse s'obtient en prenant trois ou quatre kilogrammes des différents tourteaux qui représentent la moyenne de ceux à essayer et l'on emballe dans une caisse ordinaire ou dans des sacs.

4°. — Grains et graines.

Des sacs ou des monceaux de grains ou graines à analyser, on prend à la main, dans divers endroits, des échantillons partiels que l'on mélange bien intimement sur une toile.

On prend, de cette masse commune, trois ou quatre kilogrammes, qui forment l'échantillon pour l'analyse. Cet échantillon se met dans un sac ou dans une caisse.

5°. — Racines, tubercules, légumes.

L'échantillon pour l'analyse s'obtient en prenant les racines, tubercules ou légumes grands, moyens et petits dans la même proportion que celle de la plantation ou de la récolte, de manière à obtenir cinq ou six kilogrammes qui forment l'échantillon moyen.

Si ce sont des courges, des melons, des pastèques, l'échantillon se formera avec trois produits, un grand, un moyen et un petit.

Les échantillons devront s'emballer soigneusement.

L'époque à laquelle on doit recueillir l'échantillon à analyser est celle de la récolte ordinaire.

6° Résidus des industries agricoles.

Les résidus des industries agricoles servent pour la plupart comme engrais ou comme aliments pour les animaux domestiques.

Les échantillons pour l'analyse de ces substances se forment de la manière suivante :

Dans différents endroits de la surface des monceaux et au centre de la masse à diverses profondeurs, avec une pelle ou mieux avec une sonde, on prend de petites quantités qui se réunissent sur une toile où on les mélange le mieux possible.

Ensuite, on prend de ce mélange quatre ou cinq kilogrammes, qui forment l'échantillon moyen, on le met dans des bocaux bien nettoyés et bien fermés.

Renseignements qui doivent être joints aux échantillons de fourrages et autres substances alimentaires pour les animaux domestiques.

1. — Le nom de la propriété, du département, de la province et celui du propriétaire.

2. — Nature du terrain qui a produit les matières à nalyser, s'il est arrosé ou non et quelle est sa situation.

3. — La quantité approximative de produits récoltés par hectare.

4. — Renseignements culturaux : l'époque des semailles, la variété semée, les accidents ou maladies survenus durant la végétation, les engrais employés, etc.

Produits agricoles.

1° Graines et grains.

A. — Mode de choisir l'échantillon. — On suit les mêmes indications que celles que nous avons données précédemment pour les grains, considérés comme aliments pour les animaux.

B. — Renseignements qui doivent être joints à chaque échantillon. — Les mêmes que ceux indiqués pour les fourrages.

2° Fruits.

A. — Mode de prendre les échantillons. — On choisit les fruits, gros, moyens et petits dans la même proportion que celle de la récolte, de manière à obtenir un poids de deux ou trois kilogrammes. Cet échantillon moyen s'emballe avec soin dans une caisse.

Les fruits sont cueillis à l'époque de leur maturité complète.

B. — Renseignements qui doivent être joints à chaque échantillon.

1. — Nature du terrain, etc., où ont été récoltés les fruits.

2. — État et âge de l'arbre.

3. — Renseignements culturaux.

3° Légumes.

Tout ce qui a été dit à l'article précédent, fourrages et légumes, pour les animaux, s'applique aux légumes ordinaires.

4° Betteraves à sucre.

A. — Mode de prendre l'échantillon. — Pour chaque variété de betterave cultivée dans le même sol, la richesse saccharine des racines varie suivant leur forme, leur dimension et leur densité.

L'échantillon destiné à l'analyse doit se composer de quinze à vingt betteraves grosses, moyennes et petites dans la même proportion que celle qui existe dans la plantation.

Ainsi formé l'échantillon s'emballe avec soin dans une caisse ou dans un sac.

B. — Epoque convenable pour prélever les échantillons. — Ils doivent se choisir au moment où la plante est arrivée à sa complète maturité.

C. — Renseignements qui doivent être joints aux échantillons.

1. — Nom de la propriété, du département, de la province et celui du propriétaire.

2. — Nature du terrain, s'il est arrosé ou non.

3. — Renseignements culturaux : époque des semailles ou plantation, distance entre chaque pied dans la plantation, maladies ou accidents survenus durant la végétation, rendement approximatif, variété de betterave cultivée et engrais employés.

5° Courges, melons, pastèques, etc.

Les échantillons pour l'analyse se forment en suivant les mêmes règles que pour les betteraves à sucre.

6° Sorgho à sucre.

A. — Mode de choisir l'échantillon. — La richesse en sucre des tiges de sorgho arrive à son maximum quand les panicules commencent à paraître avant la floraison. Par conséquent, c'est ce moment qu'il faut choisir pour prélever les échantillons à analyser.

Dans la partie qui représente la végétation moyenne de la récolte, on coupe à quelques centimètres au-dessus du sol de vingt-cinq à trente kilogrammes de tiges que l'on emballe immédiatement dans une caisse bien fermée.

B. — Renseignements qui doivent se joindre à l'échantillon. — Les mêmes que pour la betterave à sucre.

7° Graines oléagineuses.

Les échantillons, pour les essais, se prennent de la même manière que ceux des autres graines et la quantité doit être de trois à cinq kilogrammes.

8° Fruits oléagineux.

Pour l'essai de ces fruits, il faut attendre une maturité complète. Les échantillons se forment de la même manière que ceux des autres fruits. La quantité doit être de trois à quatre kilogrammes.

9° Farines.

A. — Mode de former l'échantillon. — Au moyen d'une sonde spéciale, on prend dans chaque sac une certaine quantité de farine qui se dépose sur une toile. Tous les échantillons partiels se mélangent le mieux possible et on prélève ensuite de deux à trois kilogrammes du mélange pour former l'échantillon moyen qui servira à l'analyse.

L'échantillon s'emballe dans un sac double de toile fine.

B. — Renseignements qui doivent être joints à l'échantillon.

    1. — Nom du propriétaire.

    2. — Provenances : moulin, grain, etc.

    3. — Classe de la farine.

    4. — Prix commercial.

    5. — Observations.

10° Vins.

Les échantillons pour l'analyse se forment en prenant trois ou quatre litres de liquide qui se mettent dans des bouteilles bien lavées, parfaitement bouchées et cachetées avec de la cire.

Les bouteilles s'emballent soigneusement dans des caisses.

Renseignements qui doivent être joints aux échantillons de vins.

1. — Nom du propriétaire.

2. — Nom du vignoble, département, province.

3. — Cépages qui ont produit le vin.

4. — Mode de fabrication et de conservation.

5. — Age du vin.

6. — Prix commercial.

NOTA. — Mêmes échantillons et mêmes renseignements pour les *chichas*, cidres, etc.

11°. — Eaux-de vie et liqueurs.

Les échantillons doivent être de deux litres qui s'expédient en bouteilles comme les vins.

Renseignements qui doivent être joints aux échantillons :

1. — Nom du propriétaire, département, province.

2. — Provenance : de raisin, grains, maïs, betterave, etc.

3. — Mode de fabrication.

4. — Age.

5. — Prix commercial.

12°. — Bières.

Pour l'analyse des bières, il faut trois à quatre litres de liquide qu'on envoie en bouteilles ou en barils.

Renseignements qui doivent être joints aux échantillons :

1. — Nom du fabricant, département, province.

2. — Age de la bière.

3. — Prix commercial.

4. — Observations.

13º. — Lait.

Pour l'analyse complète du lait, il est nécessaire d'avoir trois à quatre litres de liquide, mis dans des bouteilles bien propres et parfaitement bouchées.

Renseignements qui doivent être joints à l'échantillon :

1. — Nom du propriétaire, de la propriété, département, province.

2. — Race des animaux, âge, époque du vélage.

3. — Si le lait provient d'une ou de plusieurs vaches.

4. — Mode de traire les vaches.

5. — Alimentation des vaches.

6. — Prix commercial du lait.

14º. — Beurre.

Il faut, pour une analyse complète, une quantité de un kilogramme de beurre environ.

Renseignements à joindre à l'échantillon ;

1. — Nom du propriétaire, de la propriété, département, province.

2. — Mode de fabrication.

3. — Age du beurre.

4. — Si la couleur est naturelle ou artificielle.

5. — Prix commercial.

15º. — Fromage.

L'échantillon, pour une analyse complète, doit peser quatre à cinq cents grammes du produit commun.

Renseignements qui doivent se joindre à l'échantillon :

1. — Nom du propriétaire, de la propriété, département, province.

2. — Mode de fabrication, âge du produit.

3. — Lait qui a servi à la fabrication.

4. — Prix commercial.

16º. — Miel. — Cire.

L'échantillon doit peser de quatre à cinq cents grammes de la masse commune.

Renseignements qui doivent être joints à l'échantillon :

1. — Nom du propriétaire, de la propriété, département, province.

2. — Mode d'obtenir le produit.

3. — Prix commercial.

17º. — Graisse, suif.

La quantité nécessaire pour une analyse complète est de un kilogramme de ces produits.

Renseignements qui doivent être fournis :

1. — Nom du propriétaire, fabricant, lieu de la fabrication.

2. — Provenance.

2. — Mode de fabrication.

4. — Prix commercial.

18º. — Produits divers.

Pour les essais et les analyses des autres substances non énumérées antérieurement, les échantillons se formeront facilement par analogie, suivant les indications respectives consignées pour chaque classe.

Indications générales

1°. — Pour plus de sécurité et d'exactitude, il est nécessaire de cacheter tous les bocaux et caisses qui servent de récipient ou d'emballage pour les matières que l'on envoie à analyser à la *Station Agronomique.*

2°. — Les quantités demandées sont celles strictement nécessaires et il est préférable d'en envoyer davantage.

3°. — Les renseignements joints aux échantillons doivent être aussi complets que possible.

4°. — Les personnes qui envoient des échantillons pour les essais ou l'analyse, doivent indiquer par écrit le but qu'elles se proposent et les renseignements particuliers qu'elles désirent.

5°. — Tous les échantillons doivent être adressés au Directeur de la Station Agronomique, Quinta Normal de Agricultura. Santiago.

TARIF DES ESSAIS ET ANALYSES

QUI SE PRATIQUENT A LA *STATION AGRONOMIQUE*
DE LA QUINTA NORMAL DE AGRICULTURA
POUR LE COMPTE DES PARTICULIERS

Section I.

Terres arables.

a. — Essai d'une terre arable ; pour chaque élément indiqué, comme : la chaux, la potasse, l'azote, l'acide phosphorique, etc. . . . . $ 3 à $ 5 piastres.

b. — Analyse complète: détermination de tous les éléments, examen des propriétés agricoles, etc., etc.   . $ 60 piastres.

Section II.

Eaux d'irrigation et autres.

a. — Essai hydrotimétrique: résidus secs, matières organiques et minérales, etc., etc. .   .   . $ 15 à $ 20 piastres.
b. — Analyse complète .   .   .   . $ 60 piastres.

Section III.

Engrais.

Engrais minéraux, végétaux, mixtes, industriels : pour chaque élément indiqué, tel que : l'azote, la potasse, la chaux, l'acide phosphorique, etc., etc. .   .   . $ 3 à $ 5 piastres.

Section IV.

Fourrages et autres substances alimentaires pour les animaux domestiques, pour chaque élément indiqué, tel que : les matières grasses, azotées, minérales, etc. $ 3 à $ 5 piastres.

Section V.

Produits végétaux, produits animaux, substances alimentaires, pour chaque élément, tel que: sucre, amidon, fécule, gluten, huile, etc., etc. .   .   .   .   .   . $ 3 à $ 5 piastres.

Section VI.

Pour les analyses et essais non indiqués, dans le présent tarif, on traitera à l'amiable.

Section VII.

Pour les consultations verbales ou écrites, sans essais ni analyses, prix à l'amiable.

Matériel pour les travaux et l'enseignement.

1º Section de météorologie.

Pour les observations météorologiques agricoles qui se publient journellement, la *Station* possède les instruments et appareils suivants :

Baromètres de Fortin, baromètres de Renon à large cuvette, baromètres anéroïdes, baromètre enregistreur, système Richard ; thermomètres ordinaires de précision, thermomètre de fronde, thermomètres à maxima et à minima, thermomètres enregistreurs, système Richard, hygromètres, psychromètres, hygromètres enregistreurs, système Richard, pluviomètres, pluvioscopes, évaporomètres de Piche, atmidomètre, anémomètres, actinomètres, système de Montsouris, abri pour thermomètres modèle de Montsouris, un kiosque abri, etc., etc., total des instruments et appareils en fonction et de rechange . . . .   75 objets.

2° Section des laboratoires.

Pour les travaux des laboratoires et pour l'enseignement, l'établissement dispose des éléments suivants :

a. — Instruments, appareils et objets en verre et cristal : — Alambics de diverses dimensions ; allonges droites, courbes, ballons, cornues, matras, capsules, cristallisoires de diverses dimensions et cloches à bouton, cloches à douille, cols droits, bocaux, conserves de diverses formes et dimensions ; entonnoirs, éprouvettes, flacons, récipients de formes et dimensions diverses ; tubes creux, tubes pleins, pipettes, mortiers, spatules, vases à précipiter, vases à saturation, verres à expériences de formes et de dimensions diverses, entonnoirs à robinet, éprouvettes bouchées à l'émeri, flacons bouchés à l'émeri, de grandeurs et de formes différentes ; lampes à alcool, etc., etc., total . . . .   2027 objets.

b. — Instruments, appareils et objets en porcelaine : — Assiettes poreuses, capsules de formes et dimensions diverses ; cornues, creusets, cuillères, entonnoirs, mortiers, nacelles, passoires, pilons émaillés, soucoupes, spatules, capsules à passoires de dimensions et de formes diverses ; tubes en biscuit émaillés à l'intérieur, etc., total . . . .   258 objets.

c. — Instruments, appareils et objets en terre et en grès. — Cornues de grès, creusets de grès, moufles pour coupelle, fromages pour creusets, pots en grès, terrines de grès, têts, tubes en

terre réfractaire de formes et dimensions différentes ; fourneaux à bassine, fourneaux à air,
fourneaux à coupelle , fourneaux à moufle ,
fourneaux à queue, fourneaux à reverbère,
fourneaux à tubes, etc., total. . . . . . .   180 objets.

d. — Appareils de chimie en verre soufflé : —
— Agitateurs, cloches, courbes, compte-gouttes,
entonnoirs, flacons laveurs, pipettes, pulvérisa-
teurs, serpentins avec réfrigérants, siphons,
tubes abducteurs, tubes de sûreté, tubes de
Liebig, tubes de Mohr, tubes de Durand, tubes
laveurs, tubes capillaires de formes différentes, etc., total . . . .   272 objets.

e. — Instruments et ustensiles de laboratoire.
— Aréomètres à poids constant, aréomètres à
volume constant, burettes anglaises, burettes de
Gay Lussac, de Mohr, supports pour burettes,
cloches divisées, éprouvettes divisées, pipettes
divisées de divers systèmes ; thermomètres pour
expériences, thermomètres de précision, appareils
à déplacement divers systèmes ; bains-marie,
bains à huile, bains de sable, bains d'air ; étuves
diverses ; balances hydrostatiques, balance aéro-
thermique, balance de Roberval , trébuchet
d'analyse, balances ordinaires et de grande précision pour analyse, boîtes de poids, bassines
en cuivre rouge ; boîtes à réactifs, bouchons en
liège, bouchons en caoutchouc, tubes en caoutchouc, brûleurs à gaz, chalumeaux à gaz, grilles
à gaz, lampes diverses, tables d'émailleur à

soufflet, cuves à mercure, régulateurs de température, thermo-régulateur, creusets en fonte, dessicateurs, alambics avec bains-marie, papier à filtre, filtres Laurent, grilles à analyses, machine pneumatique, manomètres, loupes microscopiques simples, microscopes, mortiers d'agate, pissettes pour lavage, pompes, presses, broyeurs, moulins, robinets, supports en fer, en cuivre et en bois, tamis, trompes, objets divers pour laboratoires, divers appareils de chimie générale, etc., etc., total . . . .   1003 objets.

f. — Instruments et appareils pour essais et analyses agricoles. — Acétimètre et alcalimètre de Gay-Lussac, pèse-grains de Salleron, appréciateur Robine, aleuromètre pour reconnaître la falsification des farines, féculomètre de Bloch, collections de préparations microscopiques montrant la falsification des aliments, hydrotimètre de Boutron et Boudet avec accessoires pour l'analyse des eaux, Elaïomètre de Berjot et de Gobley avec accessoires pour l'essai des huiles, nécessaire pour l'essai des suifs et des graisses, pèse-lait de Cadet-de-Vaux, crémomètre de Quevenne, lacto-densimètre de Quevenne avec accessoires, lactoscope de Donné, galactomètre centésimal de Chevallier, nécessaire de Chevallier et Réveil pour l'essai du lait, lacto-butyromètre de Marchand, margarimètre de Riche, tube de Chancel pour l'essai des soufres, vérificateur des soufres de Perrier, aréomètre pour peser les sucres, aréo-densimètre thermo-correcteur de Pellet, densimètre pour l'achat des betteraves à la densité, saccharomètre Vivien, râpes, presses pour extraire le jus des betteraves à sucre, nécessaire Vilmorin pour le dosage du sucre dans les betteraves à sucre, nécessaire Violette pour le dosage du sucre de la betterave saccharine, saccharimètre de Soleil et de Dubart, saccharimètre et polarimètre de Laurent, tannomètre, pèse-vinaigre, nécessaire acétimétrique de Réveil pour l'essai des vinaigres, pèse-vin, ébullioscope pour titrer l'alcool dans les vins, vino-calorimètre Salleron, gleucomètre Guyot, gleuco-œnomètre ou pèse-vin de Cadet-de-Vaux, gypsomètre pour l'essai des vins plâtrés, mustimètre pour l'essai des moûts, œnomètre pèse-vin d'Amagat, pèse eau-de-vie, œnobaromètre de Houdart, aréomètre pour déterminer la densité et le volume des vins pour l'application du jaugeage par le pesage, aréomètre Beaumé pèse-moût, nécessaire pour reconnaître la coloration artificielle des vins, densimètre alcoométrique, nécessaire Perrier pour l'essai des vins, salycimètre, vinomètre pour l'essai des vins, nécessaire pour l'essai des bières, ammonimètre Bobière, appareil de Boussingault pour le dosage de l'ammoniaque dans les eaux, appareil Masure pour l'analyse des terres, appareil de Schlœsing pour les analyses, agricoles diverses, etc., etc., total . . . .   58 appareils.

g. — Collections complètes de réactifs pour les différents travaux de chimie exécutés dans l'établissement, pour les cours de chimie faits aux élèves de l'*Institut Agricole* et pour les manipulations.

3ᵉ Section. — Etudes et expériences culturales et zootechniques.

Les travaux de cette section s'exécutent dans le champ d'expériences de l'*Institut Agricole*, dans les étables de l'Ecole Pratique d'Agriculture et à l'hôpital vétérinaire de la *Quinta Normal*.

Principaux travaux exécutés par l'établissement.

1ʳᵉ Section. — Météorologie agricole.

Depuis 1883, les observations météorologiques agricoles se font régulièrement dans l'établissement, et, chaque jour, la *Station Agronomique* publie un bulletin spécial qui est reproduit pour tous les grands journaux politiques de Santiago.

De cette façon, le public en général et les agriculteurs en particulier sont mis au courant journellement de la marche des principaux phénomènes météoriques qui peuvent les intéresser.

Chaque mois, un résumé des observations paraît au Bulletin de la Société Nationale d'Agriculture de Santiago.

Modèle du Bulletin quotidien météorologique de la *Station Agronomique* de la *Quinta Normal de Agricultura*.

Santiago .... 188...

Température à l'air libre.
1°. — Sur le sol enherbé.
Maxima.........,..... ....

Minima....................................
2°. — A 1 mètre de hauteur.
Maxima............... ... .
Minima....................................
Température à l'ombre sous un abri isolé.
1°. — Sur le sol.
Maxima............... ....
Minima............... ....
2°. — A 1 mètre de hauteur.
Maxima............... . . ..
Minima............... ....
Température à l'ombre sous abri isolé à 1 mètre de
    hauteur.
A 7 h. A. M...............................
A 3 h. P. M...............................
Hauteur barométrique réduite à zéro à 4 h. P. M.
Hauteur en millimètres de l'eau tombée dans la
    journée d'hier.
Hauteur en millimètres d'eau évaporée depuis hier
    4 h. P. M. jusqu'aujourd'hui 4 h. P. M.
Humidité relative à
7 h. A. M...............................
3 h. P. M...............................
Tension de la vapeur d'eau à
7 h. A. M...............................
3 h. P. M...............................
Etat du ciel à
7 h. A. M...............................
3 h. P. M...............................
Direction des vents à
7 h. A. M...............................
3 h. P. M...............................
Observations agricoles...............................

2e Section. — Essais et analyses agricoles.

Les nombreux travaux qui ont été exécutés dans les laboratoires de l'établissement, se rapportent principalement aux matières suivantes :

Analyses des principaux types de terres arables des diverses
régions agricoles de la République.

14

Analyses des principales eaux qui servent aux irrigations dans toutes les zones arrosées.

Essais et analyses des diverses substances qui peuvent être employées au Chili, comme engrais, telles que : chaux, gypse, salpêtre sodique, guano de Tarapaca, cendres, noirs de raffinerie, plantes pour engrais verts, divers résidus, etc., etc.

Analyses des principales plantes fourragères cultivées au Chili.

Essais et analyses de quelques plantes industrielles et autres, comme le sorgho sucré, le topinambour, le houblon, la pomme de terre, les melons, la pastèque, le maïs, etc., etc.

Essais et analyses des betteraves à sucre cultivées dans les différentes zones et régions agricoles du Chili.

Essais de sucre, farines, sons, graines oléagineuses, etc., etc.

Analyses de vins, eaux-de-vie, bières, *chichas*, liqueurs, etc.

Analyses d'écorces d'arbres pour la tannerie, d'écorces de *Quillai,* etc.

3ª Section. — Enseignement.

Les élèves reçus agronomes qui se préparent à obtenir le titre d'Ingénieur agricole, exécutent dans les laboratoires de la *Station Agronomique*, les analyses et essais des terres, des eaux et des matières agricoles dont il est question dans les mémoires qu'ils doivent présenter au jury d'examen.

ÉCOLE PRATIQUE D'AGRICULTURE

Plan d'ensemble des Bâtiments.

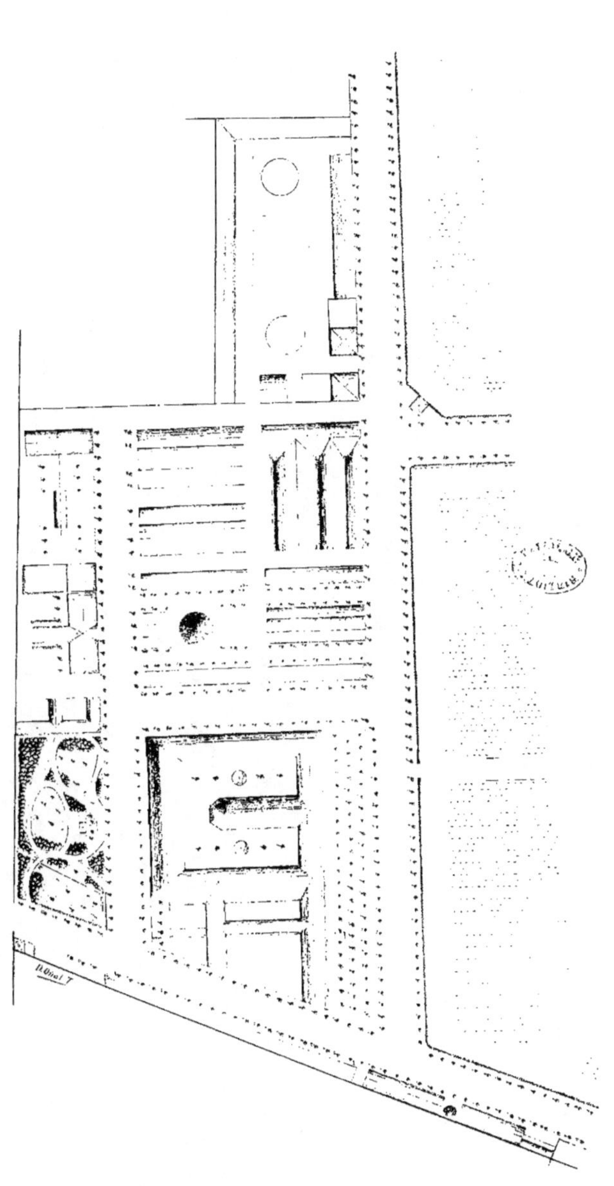

ÉCOLE PRATIQUE D'AGRICULTURE

LÉGENDE.

A. — Vestibule.
B. B. — Bureaux du Sous-Directeur.
S. — Salle d'attente.
E. — Bibliothèque.
C. C. C. C. — Salles de classe.
H. — Salle d'étude.
D. D. D. D. — Dortoirs.
I. I. — Chambres des surveillants.
J. — Oratoire.
R. — Réfectoire des élèves.
R'. — Salle à manger des maîtres.
R". — Salle à manger des pensionnaires de l'Institut Agricole.
F. — Cuisine.
M. M. M. — Office et cour de la cuisine.
G. G. — Buanderie.
N. N. N. N. N. — Magasins et lingerie.
O. — Cour de service.
T. — Corridor pour l'entrée et la sortie des élèves.
L. L. — Communs et cour.
R. — Bains de natation.
Q. — Canal.

ÉCOLE PRATIQUE D'AGRICULTURE

Légende.

A. — Vestibule.
B. B'. — Bureaux du Sous-Directeur.
C. — Salle d'honneur.
E. — Bibliothèque.
C. C. C'. — Salles de classe.
F. — Salle d'étude.
D. D. D'.D. — Dortoirs.
I. I'. — Chambres des surveillants.
J. — Ouvoir.
E'. — Réfectoire des élèves.
K'. — Salle à manger des maîtres.
K. — Salle à manger des pensionnaires de l'Institut Agricole
F'. — Cuisine.
M. M'. M". — Office et cour de la cuisine.
G. O. — Buanderie.
N. N'. N". N". — Magasins et lingerie.
O'. — Cour de service.
R'. — Corridor pour l'entrée et la sortie des élèves.
L. L'. — Communs et cour.
R. — Bâtiment de réception.
O. — Canal.

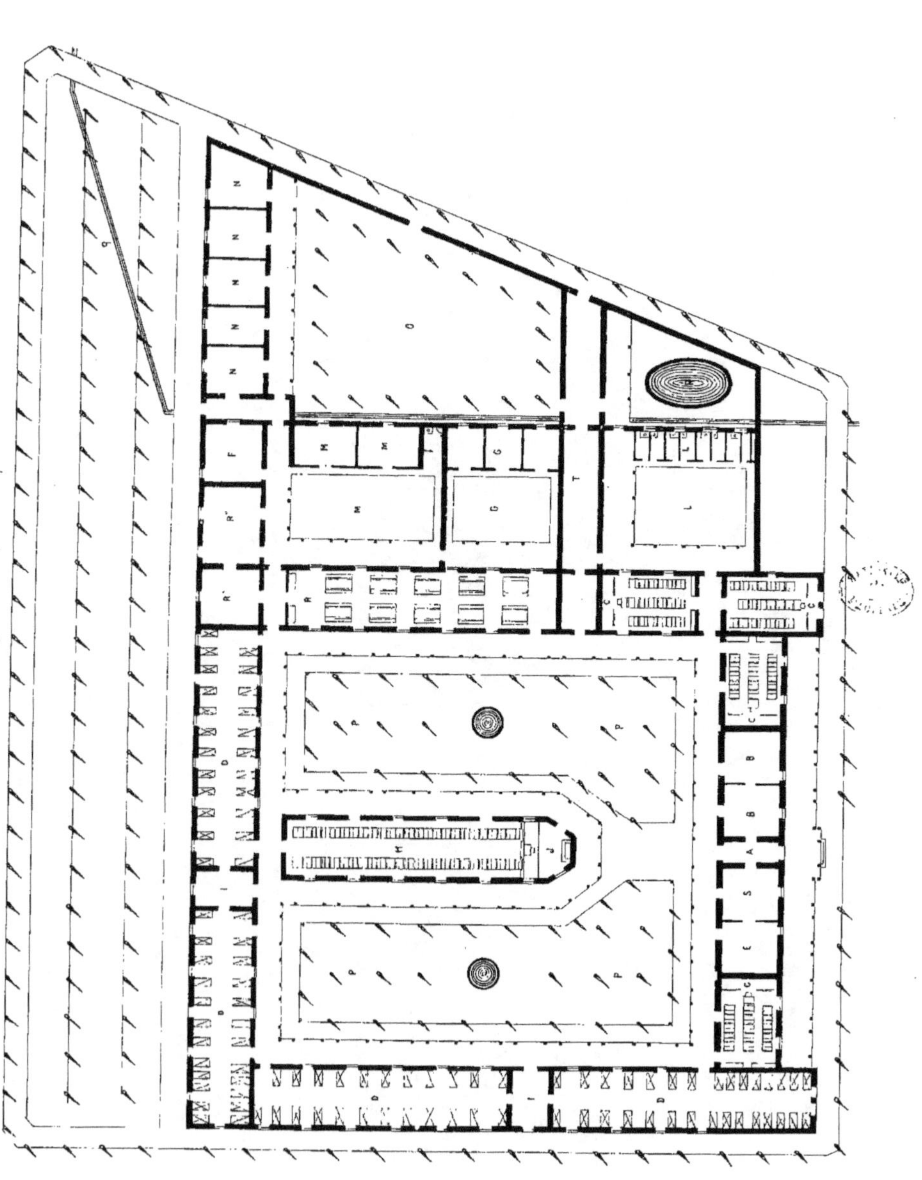

ÉCOLE PRATIQUE
D'AGRICULTURE

Les directeurs de grandes exploitations rurales ne peuvent tout voir et tout faire eux-mêmes ; ils ont besoin d'agents instruits, intelligents et entendus dans les divers travaux agricoles, pour exécuter les plans qu'ils forment, les ordres qu'ils donnent et pour faire fonctionner, jusque dans ses moindres détails, les rouages si compliqués de leurs entreprises.

Quand il s'agit d'agriculture industrielle, il est absolument nécessaire d'avoir à la tête de chaque branche de l'exploitation, un chef ouvrier spécial, très habile et expert dans son métier, pour exécuter et surveiller les nombreuses et délicates opérarations que comporte chaque industrie.

Les petits propriétaires et les petits fermiers, qui ont en main des intérêts d'une certaine importance, ont aussi besoin de connaissances spéciales pratiques, pour réussir convenablement dans leurs différentes spéculations.

A côté de l'enseignement agricole supérieur, qui prépare les directeurs des grandes industries rurales, il faut une instruction professionnelle pratique pour former des agents secondaires capables, des ouvriers habiles, des petits cultivateurs.

Tel est le but des écoles pratiques d'agriculture, dont l'organi-sation doit varier suivant les besoins des pays et des localités dans lesquelles elles sont situées.

L'Ecole Pratique d'Agriculture de la *Quinta Normal* (San-tiago) a été inaugurée en 1885, et, par son organisation spéciale, elle répond aux différentes nécessités agricoles de la grande et importante région du centre de la République.

L'enseignement théorique et l'apprentissage pratique sont dis-tribués de façon à former des cultivateurs instruits et surtout des agents spéciaux, dans les différentes branches des industries agricoles qui s'exercent dans la région.

Par suite des nombreux éléments d'instruction accumulés dans la *Quinta Normal,* cette école a pu s'installer très rapide-ment et se trouve dans les conditions les plus favorables. Tout fait espérer qu'elle répondra amplement au but dans lequel elle a été fondée.

Elle est située dans la partie sud-est de la *Quinta Normal*, à peu de distance de la rue de l'Ecole des Arts-et-Métiers (ancien chemin de *los Pajaritos*) et à deux cents mètres de la gare centrale des chemins de fer.

Les avenues de l'Orient, de l'Ecole des Arts-et-Métiers et celle de la Vigne mettent l'établissement en communication avec toutes les autres parties de la *Quinta*. La porte qui ouvre sur la rue de l'Ecole des Arts-et-Métiers, est spécialement af-fectée au service de l'Ecole.

Les édifices de l'Ecole Pratique comprennent :

1º. — L'Ecole proprement dite ;

2º. — Les Bâtiments du pensionnat spécial pour les élèves de l'*Institut Agricole ;*

3º. — Les Bâtiments de l'exploitation agricole et zootechnique.

VUE DE L'ÉCOLE PRATIQUE

Ecole proprement dite.

Cette partie comprend les bâtiments qui servent de logement aux élèves : les dortoirs, réfectoires, salles de classes, etc., et la maison du sous-directeur.

Règlement général

But de l'établissement.

Art. 1er. — L'Ecole a pour but principal de former des travailleurs habiles, capables d'exécuter et de diriger toutes les opérations d'une exploitation rurale, telles que : administrateurs, maîtres-valets et plus particulièrement viticulteurs, viniculteurs, arboriculteurs, chefs d'étable et de laiterie.

Surveillance.

Art. 2. — L'Ecole Pratique d'Agriculture de Santiago est placée sous la surveillance du Conseil Supérieur de l'*Institut Agricole*, lequel possède les mêmes attributions pour l'Ecole Pratique que pour l'*Institut Agricole*.

Enseignement.

Art. 3. — L'enseignement consiste, avant tout, dans la pratique raisonnée des divers travaux qu'exige l'industrie agricole. En conséquence, il doit être manuel et théorique.

Art. 4. — Les élèves exécutent successivement, sous la direction des différents chefs, tous les travaux qui sont nécessaires dans les diverses sections de l'établissement.

Art. 5. — Des leçons et des conférences sur l'agriculture et la zootechnie, faites par des professeurs spéciaux, complètent la pratique manuelle.

Art. 6. — L'enseignement qui se donne dans l'établissement comprend :

1º. — Partie théorique. — Notions d'arithmétique, géométrie appliquée, grammaire espagnole, géographie, religion, agriculture et zootechnie :

2º. — Partie pratique. — Travaux manuels et raisonnés dans les sections suivantes :

Cultures générales, arboriculture et horticulture, vigne et caves, étables et laiterie, jardins et serres.

Art. 7. — Ces études sont distribuées en quatre années de la manière suivante :

Première année.

Enseignement théorique. — Grammaire espagnole, religion, notions d'arithmétique et de géographie.

Enseignement pratique. — Travaux généraux dans les diverses sections de culture, arboriculture, horticulture, étables, laiterie, vigne et caves. Les élèves sont formés par groupes qui se répartissent mensuellement dans les différentes sections, afin d'établir une rotation complète dans les travaux.

Deuxième année.

Enseignement théorique. — Arithmétique, grammaire et agriculture.

Enseignement pratique. — Les mêmes travaux que ceux de la première année.

Troisième année.

Enseignement théorique. — Géométrie appliquée, agriculture et zootechnie.

Enseignement pratique. — Spécialisation de l'apprentissage ; les élèves, suivant leurs inclinations et aptitudes, s'adonnent aux industries agricoles spéciales indiquées plus haut et finissent leurs études pratiques dans les sections qu'ils ont choisies.

Quatrième année.

Enseignement théorique. — Le même que celui de la troisième année.

Enseignement pratique. — Le même que celui de la troisième année.

Art. 8. — L'année scolaire commence le 1er mai. Il est accordé 8 jours en mai et 8 jours en septembre de vacances aux élèves qui le demandent.

Art. 9. — Les examens annuels ont lieu dans la seconde quinzaine d'avril, devant une commission composée de trois membres nommés par le Conseil Supérieur.

Les élèves non reçus ne peuvent continuer leurs études et doivent se retirer de l'établissement.

Art. 10. — Les élèves qui ont terminé leurs études et qui font preuve des connaissances nécessaires, reçoivent un certificat d'études et d'apprentissage agricoles, délivré par le Conseil Supérieur de l'établissement.

Personnel.

ART. 11. — L'Ecole a pour la direction, l'administration, l'enseignement et le service, le personnel suivant :

Direction. — Un Directeur général qui est celui de la *Quinta Normal ;*

Un Directeur spécial des sections des industries animales qui est celui des mêmes sections de la *Quinta Normal.*

Un sous-directeur, chargé du régime intérieur de l'Ecole.

Professeurs. — Un professeur d'agriculture ;

Un professeur d'éléments de zootechnie ;

Un professeur de géométrie appliquée ;

Trois inspecteurs chargés de l'instruction primaire ;

Un professeur de religion et chapelain.

Tous ces employés sont nommés par le Gouvernement sur la proposition du Conseil Supérieur de l'*Institut Agricole.*

Chefs de travaux pratiques. — Un chef de culture ;

Un arboriculteur-maraîcher ;

Un viticulteur ;

Un maître de chais ;

Un chef d'étable et de la laiterie ;

Un jardinier.

La nomination de ces chefs de travaux pratiques appartient au Conseil Supérieur, sur la proposition du Directeur général de l'établissement.

Autres employés. — Un mécanicien ;

> Un forgeron-taillandier ;
> Un charron-charpentier.
> Un vacher ;
> Un charretier.

Ces employés sont choisis par le Directeur.

De plus, il y a : Un économe garde-magasins ;

> Un cuisinier ;
> Trois domestiques ;
> Un portier ;
> Un gardien.

Ces employés et domestiques sont choisis par le sous-directeur.

Directeur.

ART. 12. — Le Directeur est le chef de l'Ecole ; tout le personnel de l'établissement est placé sous ses ordres.

ART. 13. — Les attributions du Directeur sont de :

1º. — Veiller sur l'accomplissement exact des obligations de tous les employés ;

2º. — Proposer au Conseil Supérieur les réformes et les mesures qu'il jugera convenables, pour la bonne marche de l'établissement ;

3º. — Présenter au Conseil, au commencement de l'année scolaire, une liste nominale des élèves reçus aux examens d'admission ;

4º. — Proposer au Conseil Supérieur le renvoi des élèves, quand cela est nécessaire ;

5º. — Présenter à la fin de chaque année un rapport sur la marche de l'établissement ;

6°. — Présenter au Conseil la liste des élèves qui ont terminé leurs études et qui méritent le certificat d'études.

Sous-Directeur.

ART. 14. — Le sous-directeur est chargé de la partie économique, du régime intérieur et de la direction des études, suivant les instructions du Directeur.

ART. 15. — Les attributions du sous-directeur sont:

1°. — Remplir les fonctions du Directeur, en cas d'absence ou de maladie de celui-ci ;

2°. — Veiller à l'accomplissement exact des dispositions contenues dans le règlement intérieur de l'Ecole ;

3°. — Recevoir les fonds, pour l'entretien de l'Ecole, du trésorier du Conseil Supérieur et rendre les comptes des dépenses, chaque mois, après les avoir fait viser par le Directeur.

Professeurs et chefs de travaux pratiques.

ART. 16. — Les attributions des professeurs et chefs des travaux pratiques sont les suivantes :

1°. — Diriger personnellement l'enseignement et les travaux pratiques de leurs sections respectives :

2°. — Tenir, suivant les instructions du sous-directeur, un registre où ils doivent annoter l'assiduité, la conduite, l'application et les progrès des élèves de leurs cours ou sections ;

3°. — Présenter au sous-directeur, à la fin de chaque semaine, un état des notes et observations indiquées ci-dessus, qui sera lu le dimanche en présence des élèves, professeurs et chefs des travaux pratiques;

4°. — Aviser, à la fin de chaque jour, le sous-directeur des fautes commises par les élèves, afin que celui-ci prenne les mesures nécessaires pour en prévenir le retour.

Inspecteurs.

Art. 17. — La surveillance immédiate des élèves est exercée
par les inspecteurs.

Art. 18. — Leurs attributions sont :

1º. — Veiller à la conservation de l'ordre et de la propreté
de l'établissement ;

2º. — Tenir un registre des notes de conduite et d'application des élèves et en présenter chaque semaine un état général au sous-directeur ;

3º. — Enseigner les éléments du programme d'instruction
primaire qui leur sont indiqués par le sous-directeur.

Elèves.

Art. 19. — L'enseignement de l'Ecole est gratuit.

Art. 20. — L'Ecole pourra recevoir jusqu'à cent élèves, à
raison de vingt-cinq chaque année, tous internes.

Dans l'admission, la préférence sera donnée :

1º. — Aux orphelins de la guerre ;

2º. — A ceux qui se distinguent le plus aux examens d'admission.

Art. 21. — Les élèves qui entrent à l'établissement, excepté
les orphelins de la guerre, devront présenter une personne qui
se constitue caution pour une somme de quatre cents piastres.
Cette caution sera examinée par le Conseil Supérieur. Cette
somme est destinée au remboursement des frais occasionnés
par les élèves dans le cas où ceux-ci, pour cause de mauvaise
conduite, seraient expulsés de l'Ecole.

ART. 22. — Pour être admis comme élèves à l'Ecole Pratique d'Agriculture, les jeunes gens doivent réunir les conditions suivantes :

1°. — Avoir quinze ans au moins et vingt ans, au plus, au commencement de l'année scolaire.

2°. — Produire un certificat de bonne conduite.

3°. — Avoir une bonne constitution physique.

4°. — Savoir lire et écrire correctement et connaître les quatre premières opérations de l'arithmétique.

5°. — Avoir un correspondant à Santiago.

6°. — N'avoir été expulsé d'aucun établissement d'éducation.

7°. — Produire un certificat de vaccine.

ART. 23. — Dans la première quinzaine du mois de mai de chaque année, a lieu l'examen d'admission à l'Ecole, devant une commission composée du sous-directeur et de deux professeurs de l'établissement. Une fois les épreuves terminées, l'admission se fait par ordre de mérite.

ART. 24. — Les élèves sont soumis à une discipline rationnelle qui les habitue à se conduire avec dignité. Ainsi, la réprimande, la privation de sortie et l'expulsion sont les seules punitions qui leur sont infligées.

ART. 25. — Dans le cas de maladie grave, les correspondants des élèves malades sont appelés immédiatement.

Règlement intérieur.

ART. 26. — Le Directeur soumettra à l'approbation du Conseil Supérieur un règlement intérieur pour le maintien du bon ordre de l'Ecole.

Règlement intérieur de
L'ECOLE PRATIQUE D'AGRICULTURE DE SANTIAGO
(QUINTA NORMAL)

Objet.

ART. Ier. — Les dispositions de ce règlement sont destinées à compléter celles du règlement général et ont pour but d'assurer l'ordre intérieur et la bonne marche de l'Etablissement.

Sous-Directeur.

ART. 2. — Le sous-directeur doit veiller à ce que les employés et les élèves accomplissent exactement leurs devoirs, en tout ce qui a trait au régime intérieur de l'établissement.

ART. 3. — Le sous-directeur tiendra la comptabilité des matières agricoles des diverses sections de l'établissement.

Inspecteurs.

ART. 4. — Outre les obligations indiquées dans l'article 18 du règlement général, les inspecteurs ont les suivantes :

1º. — Ils ne peuvent s'absenter de l'établissement sans la permission du sous-directeur.

2º. — Chaque semaine, et à tour de rôle, l'un d'eux sera plus spécialement chargé de la surveillance et de l'ordre intérieur de l'Ecole.

3º. — Ils présentent la liste du linge lavé au sous-directeur à la fin de chaque mois.

4°. — Ils sont chargés de conduire les élèves au travail dans les diverses sections.

Chefs des travaux pratiques.

Art. 5. — Les chefs des travaux pratiques exécutent leurs opérations suivant les instructions du Directeur général et du Directeur spécial, dans leurs services respectifs.

Art. 6. — Conformément aux règles établies dans la *Quinta Normal* et suivant la distribution du temps pour les élèves de l'Ecole, les chefs doivent surveiller constamment leurs travaux et ne peuvent s'absenter, sans une permission spéciale du Directeur respectif de chaque section.

Art. 7. — Etant chargés spécialement de l'enseignement pratique, les chefs doivent expliquer aux élèves les travaux qu'ils exécutent et leur montrer personnellement tout ce qui a trait à l'apprentissage du métier qui constitue chaque section.

Art. 8. — Pour rendre cet apprentissage plus complet, les chefs doivent exécuter devant les élèves toutes les opérations pratiques nouvelles qu'ils doivent apprendre et les leur faire exécuter ensuite.

Art. 9. — Durant les travaux, les chefs sont chargés de la surveillance des élèves.

Art. 10. — Chaque chef a à sa charge la garde des instruments et machines nécessaires pour les différents travaux et est responsable de leur conservation et de leur entretien.

Les chefs reçoivent, après inventaire, tous les outils, instruments et machines qui sont affectés spécialement à chaque service.

Art. 11. — Les élèves les mieux notés de troisième et qua-

trième année seront désignés par les chefs, pour servir de mo-
niteurs dans chaque section, durant les travaux pratiques.

Vêtements de travail, etc., fournis aux élèves.

Art. 12. — En entrant à l'École, les élèves reçoivent le
trousseau suivant :

      Lit et objets de literie,

      Une paire de chaussures,

      Un chapeau,

      Trois blouses de toile,

      Trois pantalons de toile,

      Trois chemises et trois caleçons,

      Trois serviettes.

Le trousseau se remplace chaque année ; les chaussures se
renouvellent tous les trois mois.

Outre le trousseau ci-dessus, les orphelins de la guerre reçoivent un vêtement de drap noir qui se renouvelle tous les deux
ans.

Art. 13. — L'établissement fournit également aux élèves :

      Les livres d'étude,

      Le papier, les plumes, l'encre, etc.

Distribution du temps.

Art. 14. — La distribution du temps est la suivante :

Semestre d'été. — Du 1er octobre jusqu'au 1er avril.

De 5 h.   à 5 h. 1/2 du matin   — Lever et toilette.
  5 h. 1/2 à 7 h.   — — Étude.
  7 h.   à 7 h. 1/2   — — Premier déjeuner.
  7 h. 1/2 à 11 h. 1/2   — — Travail manuel.

11 h. 1/2 à   1 h. 1/2 de l'après-midi — Déjeuner et récréa-
                                           tion.
  1 h. 1/2 à 3 h.   —   — Etude et classes.
  3 h.   à 6 h. 1/2   —   — Travail manuel.
  6 h. 1/2 à 8 h.   du soir   — Dîner et récréation.
 ·8 h.   à 8 h. 3/4   —   — Etude et classes.
A 9 h.   —   — Coucher.
      Résumé : Travail manuel, 7 h. 1/2.
             Etudes et classes, 3 h. 3/4.

      Semestre d'hiver. — Du 1er avril au 1er octobre.

De 5 h. 1/2 à 6 h.   du matin   — Lever et toilette.
   6 h.   à 7 h. 1/2   —   — Etude.
   7 h. 1/2 à 8 h.   —   — Premier déjeuner.
   8 h.   à 12 h.   —   — Travail manuel.
  12 h.   à 1 h. 1/2 de l'après-midi — Déjeuner et récréa-
                                           tion.
   1 h. 1/2 à 5 h.   —   — Travail manuel.
   5 h.   à 6 h. 1/4   du soir   — Dîner et récréation.
   6 h. 1/4 à 7 h. 3/4   —   — Etude et classes.
A 9 h.   —   — Coucher.
      Résumé : Travail manuel, 7 h. 1/2.
             Etudes et classes, 4 h.

Art. 15. — Dans les cas de travaux urgents, les études et
classes de l'après-midi se suppriment pour toutes les sections,
ou seulement pour celles dont le service l'exige.

Autres dispositions.

Art. 16. — Pour initier les élèves à la direction domestique
d'une maison, il y a constamment dans l'Ecole une section de

service spécialement chargée de l'ordre, de l'entretien et du nettoyage intérieur de l'établissement. Les élèves de cette section se changent toutes les semaines.

Art. 17. — Chaque semaine ou chaque mois, les élèves de troisième et de quatrième année doivent rendre compte de leurs travaux, dans un mémoire succinct qu'ils présentent au sous-directeur.

Art. 18. — Les états que les professeurs et chefs de travaux pratiques doivent présenter chaque semaine au sous-directeur, sont rédigés dans la forme suivante :

ECOLE PRATIQUE D'AGRIGULTURE DE SANTIAGO
(QUINTA NORMAL)

Etat de la Conduite, Application et Progrès des Élèves de la Section de .... durant la semaine qui se termine aujourd'hui .... du mois de .... 188 .

ÉLÈVES	CONDUITE	APPLICATION	PROGRÈS	OBSERVATIONS

Signature : ....

Les notes sont indiquées en points, en prenant l'échelle suivante :

        0 à 4 très mauvais ou mauvais ;
        4 à 6 mauvais ou ordinaire ;
        6 à 8 ordinaire ou assez bien ;
        8 à 10 bien ou très bien.

Discipline.

Art. 19. — La discipline suivie est conforme à ce qui est indiqué à l'article 25 du règlement général.

De plus, pour maintenir le bon ordre dans l'Ecole, les élèves doivent observer les règles suivantes :

Art. 20. — Les élèves doivent respect et obéissance à tous leurs chefs. Entre eux, ils doivent se garder une déférence mutuelle, pour maintenir la bonne harmonie.

Art. 21. — Les jeux de hasard sont prohibés, et il est également défendu aux élèves d'introduire dans l'établissement des liqueurs ou tout autre boisson.

Art. 22. — Il est absolument défendu de fumer dans l'enceinte de l'établissement, durant les travaux pratiques, etc.

Art. 23. — Il est formellement prohibé de prendre ou détruire les plantes, fleurs, fruits, etc., et également de salir les murs des édifices, etc.

Art. 24. — Il est défendu aux élèves de maltraiter les animaux et ils doivent prendre grand soin des outils, instruments et machines qui leur sont confiés.

Art. 25. — Les élèves qui obtiennent de bonnes notes durant la semaine et qui n'ont aucun service à remplir dans l'établissement, peuvent sortir tous les dimanches et fêtes.

Art. 26. — Les correspondants et parents des élèves pourront les voir seulement les dimanches et jours de fêtes.

Art. 27. — Durant les travaux pratiques, les élèves ne peuvent, sous aucun prétexte, abandonner leur chantier, sans une permission spéciale du chef.

ENSEIGNEMENT — PROGRAMME SOMMAIRE DES ÉTUDES

Enseignement théorique et appliqué

Instruction générale.

Langue espagnole. — Ce cours a pour but de compléter l'instruction primaire des élèves et comprend l'étude de la grammaire, l'écriture et la narration.

L'enseignement est surtout simple et pratique et consiste principalement en exercices et exemples. Les exercices ont lieu sur des questions agricoles et se composent de lectures, d'analyses grammaticales, de dictées d'orthographe et de compositions sur des sujets familiers pour habituer les élèves à la rédaction.

Arithmétique. — Le cours de calcul est élémentaire et entièrement pratique. Il comprend : la numération ; — les quatre règles ; — les fractions ; — le système métrique ; — règles de trois ; — règles d'intérêt, d'escompte, de partage proportionnel et d'alliage ; — proportions ; — racines carrées ; — racines cubiques.

Problèmes sur des questions agricoles traitées dans les cours techniques.

Géométrie élémentaire, notions de dessin linéaire, d'arpentage et de nivellement.

1re partie. — *Géométrie élémentaire.* — Cette partie comprend les notions pratiques indispensables pour le dessin, l'arpentage et le nivellement. — Définitions et notions préliminaires. — Points — lignes — surfaces — volumes. — Lignes droite, brisée et courbe. — Lignes parallèles, perpendiculaires et obliques. — Angles droits, aigus, obtus; leur mesure et leurs propriétés. — Circonférence du cercle, rayon, diamètre, arcs et cordes. — Lignes proportionnelles. — Polygones et cercle, et leurs propriétés. — Ellipses et ovales usuelles.

Applications graphiques et numériques de tous les principes antérieurs. — Surfaces des polygones, du cercle, etc. — Surfaces des figures semblables, leurs rapports, etc.

Applications graphiques et numériques.

Du plan et de la ligne droite. — Plans parallèles, perpendiculaires, obliques. — Angles dièdres, trièdres, polyèdres et leurs propriétés. — Des polyèdres et de leurs principales propriétés. Surfaces des corps polyèdres et des corps ronds.

Applications graphiques et numériques.

Volume des polyèdres et des corps ronds. — Mesure du volume des parallélipipèdes, des prismes, des pyramides, des cônes, des polyèdres quelconques, du cylindre, etc.

Applications graphiques et numériques.

2ᵐᵉ partie, — *Notions de dessin linéaire.* — Définitions préliminaires. — Tracé des lignes, leur mesure. — Tracé et mesure des angles. — Tracé des triangles, des quadrilatères, des polygones, des circonférences. — Division de la circonférence, tracé d'une circonférence inscrite ou circonscrite à un polygone, etc. Tracé des ellipses et des ovales. — Tracé des corps solides : parallélipipèdes, prismes, pyramides, cônes, cylindres, sphères, etc. — Assemblages. — Portes, fenêtres, etc. — Dessin pratique, modèles agricoles. — Croquis. — Echelle du dessin.

3ᵐᵉ partie. — *Arpentage.* — Notions préliminaires. — Tracé et mesure des lignes et des angles. — Instruments les plus en

usage : chaîne d'arpenteur, équerre, graphomètre et pantomètre, boussole et planchette. — Mesure des distances et des
hauteurs. — Levé des plans avec les divers instruments suivant
les méthodes les plus simples. — Evaluation ou mesure des
surfaces sur le terrain. — Partage et division des terrains en
parties égales ou proportionnelles.

4me partie. — *Nivellement*. — Notions préliminaires : lignes
et surfaces de niveau. — Instruments les plus usuels : niveaux
à perpendicule, niveaux à bulle d'air, niveaux d'eau. — Mires.
— Opérations pratiques de nivellement : nivellement simple,
nivellement composé. — Tracé des lignes de niveau, de pente
déterminée, etc. — Tracé de canaux et de rigoles pour l'irrigation, etc.

Partie appliquée.

Les notions théoriques précédentes sont complétées par les
applications suivantes :

Applications pratiques de la géométrie à des questions
agricoles : tracé et mesure des lignes sur le terrain. — Mesure
des angles. — Mesure des hauteurs, des distances par les
moyens les plus simples. — Tracé sur le terrain des figures
géométriques (carrés, rectangles, triangles, cercles, ellipses, etc.)
— Mesure des surfaces : champs, prairies, jardins, vignes, etc.
— Mesure des volumes : troncs d'arbres, blocs de pierre,
monceaux de terre, tas de grains et graines, meules de paille, de
foin, etc, — Mesure de la capacité des greniers, granges, silos,
étangs, tonneaux, cuves, etc., etc.—Reconnaissance de la configuration d'un terrain et croquis. — Déterminer les points car-
dinaux dans un lieu donné. — Exercices pratiques avec les instruments d'arpentage, levé des plans et calcul des surfaces. —

Diviser un champ en parties égales ou proportionnelles, etc. — Exercices de nivellement et applications pratiques sur le terrain. — Dessin du plan d'un terrain. — Copie d'un plan. — Croquis de machines agricoles, d'édifices ruraux : étables, laiterie, écuries, hangar, chais, caves, etc.

Agriculture, viticulture et vinification.

a. — Partie théorique.

Agriculture.

Définition. — Milieux où végètent les plantes agricoles : l'air, le sol.

Climatologie : Climat. — Définition. — Notions élémentaires sur les principaux agents ou facteurs qui constituent les climats : atmosphère, chaleur ou calorique, température, gelées, gelées blanches, lumière et chaleur solaires, états du ciel, nuages, vents, humidité, pluies, rosées, brouillards, neiges, glaces, évaporation, etc. — Applications au point de vue agricole. — Principaux appareils et instruments employés pour étudier et constater ces phénomènes : Baromètres, thermomètres, hygromètres, pluviomètres, girouettes, évaporomètres, etc.

Climatologie spéciale du Chili : régions, sous-régions, zones et sous-zones climatériques agricoles.

Agrologie : Sol et sous-sol.

Définition. — Notions élémentaires sur les principaux éléments qui composent les terres arables et les sous-sols : Argiles, calcaires, humus, sables, éléments pierreux, etc.

Propriétés agricoles des terres arables : qualités et défauts.

Classification des terres arables suivant leur composition :
terres argileuses, sableuses, calcaires, humifères, etc. — Classification des terres arables selon leur situation, leurs aptitudes,
qualités, destination, etc. — Classifications vulgaires usitées
au Chili.

Sous-sols. — Leur nature : perméables, imperméables, durs,
tendres, rocheux, etc. — Influence sur les qualités agricoles
des terres arables.

Amélioration des terres arables. — Amendements et engrais
qui peuvent être employés au Chili : irrigations, drainages, assainissements, dessèchements, engrais verts, excréments des animaux, guanos, salpêtre, cendres, phosphates,
chaux, etc.

Mécanique agricole. — Instruments et machines agricoles.
Simples notions. — Moteurs : manèges, roues et turbines hydrauliques, moulins à vent, machines à vapeur, animaux domestiques, etc.

Instruments aratoires : pelles, fourches, houes, râteaux, charrues, cultivateurs, scarificateurs, herses, rouleaux, pelles à
cheval, houes à cheval, semoirs, butteurs, arracheurs de betteraves, etc.

Instruments de transport : charrettes, chariots, camions, etc.

Instruments pour les récoltes et pour la préparation des produits : faucilles, sapes, faux, râteaux à main et à cheval, faucheuses, moissonneuses, batteuses, égréneuses, tarares, trieurs,
concasseurs, hache-paille, coupe-racines, laveurs de racines, etc.

Instruments et outils divers employés en arboriculture, jardi-
nage et viticulture.

Travail et préparation du sol. — Travaux préparatoires :

nettoyages, écobuages, nivellement, clôtures, canaux pour les arrosages, etc.

Labours : labours de défoncement, labours profonds, moyens et superficiels ; labours d'hiver, de printemps et d'automne, labours de jachères ; labours de nettoyage, etc.

Roulages, hersages, binages, buttages, etc.

Botanique agricole. — Les plantes. — Notions élémentaires sur les plantes agricoles et sur les arbres et arbustes : racines, troncs et tiges, branches et rameaux, feuilles, boutons, fleurs, fruits, graines et grains.

Division et classification. — Espèces, variétés. — Sélection, hybridation.

Multiplication par la voie naturelle : graines et grains pour semences, choix et conservation des semences, préparation des grains et graines avant les semailles.

Multiplication par la voie artificielle : bouturage, marcottage, greffage.

Culture proprement dite. — Classification des plantes cultivées en grand au Chili.

1º Céréales : Froment. — Seigle. — Orge. — Avoine. — Maïs. — Riz. — Millet. — Sorgho, etc.

2º Plantes farinacées : Haricots. — Pois. — Lentilles. — Fèves. — Fèveroles. — Sarrasin, etc.

3º Plantes sarclées : Pommes de terre. — Patates. — Betteraves. — Carottes. — Oignons. — Navets. — Choux. — Courges. — Melons. — Pastèques, etc.

4º Plantes fourragères : Luzerne. — Sainfoin. — Trèfles. — Mélilot. — Ray-grass. — Vesces. — Avoine. — Orge. — Prairies permanentes, etc.

5º Plantes industrielles : Chanvre. — Lin. — Ramie. —

Phormium. — Navette. — Colza. — Cameline. — Tabac. — Houblon, etc.

Description agricole de chaque plante, principales espèces et variétés cultivées au Chili, climat et terrain propres à chaque culture, préparation du sol, engrais qui conviennent à chaque plante, grains et graines pour semence, semailles ou plantation, soins culturaux durant la végétation. — Accidents climatériques. — Animaux et insectes nuisibles, maladies spéciales à chaque culture, récolte, produits, valeur, usages, etc.

Horticulture. — Jardin potager. — Multiplication et culture des principaux légumes propres aux différentes régions climatériques du Chili.

Arboriculture. — Arboriculture forestière et d'ornement. — Multiplication et culture des principaux arbres et arbustes qui conviennent dans les diverses régions de la République. — Arboriculture fruitière. — Multiplication et culture des principaux arbres et arbustes fruitiers propres aux climats du Chili, tels que : *Chirimoyo.* — *Lucumo.* — Orangers. — Citronniers. — Cédratiers. — Figuiers. — Oliviers. — Néfliers du Japon. — Poiriers. — Pommiers. — Cerisiers. — Pêchers. — Pruniers. Abricotiers. — Noyers. — Châtaigniers. — Vignes pour raisins de table, etc.

Viticulture et vinification. — *Viticulture.* — Définition. — Vignoble. — Notions élémentaires sur la vigne. — Principales variétés cultivées au Chili. — Climat et terrain propres à cette culture. — Régions viticoles de la République. — Multiplication de la vigne : boutures, greffes, provignage, semis. — Plantation. — Forme et taille de la vigne. — Travaux annuels des vignobles : labours, binages, application d'engrais, arrosages, taille d'hiver, ébourgeonnement, amarrage, rognage, soufrage, etc. — Accidents climatériques : gelées, grêle, etc. — Maladies : oïdium, anthrachnose, pourridié, mildew, etc. — Animaux et insectes nuisibles : oiseaux, chiens, escargots, phylloxera, etc.

Vendange. — *Produits.* — *Vinification.* — Notions élémentaires sur les vins. — Classification. — Fabrication des vins blancs, — des vins rosés, — des vins, rouges, — des vins liquoreux. — Edifices qui servent à la fabrication des vins et à leur conservation : cuvier, chais, caves, etc. — Instruments et ustensiles des chais et caves. — Soins des vins dans les chais et caves. — Distillation des vins, etc. — Fabrication de la *chicha.*

Comptabilité agricole. — Simples notions.

b. — Partie appliquée.

Les notions théoriques du cours d'agriculture, viticulture et vinification seront complétées par les applications suivantes :

Observations météorologiques relatives à l'agriculture. — Examen et manipulation des terres arables et des principaux éléments qui les constituent. — Examen des engrais et amendements utilisés au Chili : eaux d'irrigation, guanos, cendres, fumiers, etc. — Examen pratique des instruments et machines agricoles : montage, démontage, soins et conduite. — Examen pratique des principales plantes agricoles propres aux climats du Chili, — des plantes nuisibles; des grains et graines. — Opérations qui constituent la préparation des graines et grains avant la semaille : stratification, pralinage, sulfatage, etc. — Etude pratique des principales maladies qui attaquent les plantes agricoles : carie, ergot, rouille, etc., des céréales. Oïdium, anthrachnose, etc., de la vigne; puceron lanigère, etc. — Application des remèdes efficaces. — Pratique des semis et semailles. — Pratique du bouturage, du greffage, provignage, etc. — Appréciation des récoltes. — Pratique de la comptabilité agricole, etc., etc.

Zootechnie.

a. — Partie théorique.

Anatomie et physiologie (Notions élémentaires). — Définition.— Organes de locomotion : squelette, muscles, tendons.— Organes et fonctions de la digestion, de la respiration, de la circulation du sang. — Organes des sens. — Fonctions des nerfs.

Extérieur des animaux domestiques. — Etude élémentaire de l'extérieur des animaux domestiques, suivant chaque espèce, pour en déterminer leur valeur et leurs aptitudes zootechniques. — Ferrure du cheval, du mulet, du bœuf, etc.

Connaissance de l'âge des diverses espèces d'animaux domestiques. — Etude et connaissance de leurs défauts, etc., etc.

Hygiène des animaux domestiques. — But de l'hygiène. — Caractères de la santé et de la maladie : aspect général, attitude, digestion, circulation, respiration, etc. — Hygiène des habitations : écuries, étables, bergeries, porcheries, basses-cours, etc. — Hygiène de l'alimentation : aliments, condiments, boissons. — Composition des rations alimentaires pour les différents animaux domestiques, etc.

Zootechnie générale. — Notions élémentaires sur les lois naturelles et les méthodes zootechniques.

Zootechnie spéciale. — Définition. — Equidés : Chevaux,

ânes, mules. — Fonctions économiques de ces animaux. — Races et variétés existant au Chili. — Conditions économiques de leur production. — Reproducteurs : mâles et femelles. — Reproduction, élevage, dressage pour le travail. — Harnais. — Alimentation et logement. — Maladies les plus communes : symptômes et traitement. — Commerce de ces animaux au Chili.

Bovidés ou animaux bovins : Bœufs. — Fonctions économiques de ces animaux. — Races et variétés existant au Chili. — Conditions économiques de leur production. — Reproducteurs : mâles et femelles. — Reproduction, élevage, dressage pour le travail. — Harnais, alimentation et logement. — Maladies les plus communes : symptômes et traitement. — Vaches laitières : lait, beurre, fromage. — Laiterie : matériel, fabrication du beurre, du fromage, etc.

Engraissement des animaux : méthodes et procédés. — Constatation de l'embonpoint des animaux : maniements, poids. — Commerce des animaux bovins au Chili.

Ovidés ou animaux ovins et caprins : moutons, chèvres. — Fonctions économiques de ces animaux. — Races et variétés existant au Chili. — Conditions économiques de la production. — Reproducteurs. — Reproduction, élevage. — Alimentation et logement. — Maladies les plus communes : symptômes et traitement. — Tonte. — Laine ou poils. — Engraissement des moutons : méthodes et procédés. — Chabins : production et utilisation. — Commerce des animaux ovins et caprins au Chili.

Suidés ou animaux porcins. — Porcs. — Fonctions économiques de ces animaux au Chili. — Conditions économiques de leur production. — Reproducteurs. — Reproduction, éle-

vage, aliments et logement. — Maladies les plus communes :
traitement. — Engraissement. — Commerce des porcs au
Chili.

Animaux de basse-cour. — Considérations générales.—Classification : Lapins. — Léporides. — Poules. — Paons. — Pintades. — Oies. — Canards. — Pigeons. — Conditions économiques de la production. — Races et variétés existant au Chili.
— Reproduction. — Choix des reproducteurs. — Elevage,
aliments et logement. — Maladies les plus communes et leur
traitement. — Engraissement des volailles. — Produits : peaux,
poils, plumes, œufs, viande. — Importance de cette production
au Chili et commerce.

Apiculture. — Définition. — Notions élémentaires sur les
abeilles. — Espèces et variétés. — Ruches et ruchers. —
Essaims. — Soins du rucher. — Ustensiles et instruments
, d'apiculture. — Produits : miel, cire. — Utilisation de ces produits. — Importance de l'apiculture au Chili et commerce.

Sériciculture. — Vers à soie. — Notions élémentaires sur
les vers à soie. — Espèces et variétés. — Le mûrier produc-
teur de feuilles pour l'alimentation. — Magnaneries. — Education des vers à soie, alimentation, maladies, etc. — Produits :
valeur et utilisation. — Importance de cette production au Chili.

Pisciculture. — Considérations générales. — Division. —
Simples notions sur les poissons et sur leur multiplication et
propagation. — Importance de cette production au Chili.

Ostréiculture. — Simples notions.

b. — Partie appliquée.

Les notions théoriques du cours de zootechnie sont complétées par les applications suivantes : Examen et étude du mou-

vement, de la digestion, de la respiration, de la circulation, des organes des sens chez les différentes espèces d'animaux domestiques. — Examen de l'extérieur des animaux domestiques, suivant leur destination : la production du travail, de la viande, du lait, de la laine, etc. — Examen des animaux au point de vue de la santé et de la maladie. — Soins hygiéniques à donner aux animaux. — Soins et précautions à prendre quand les animaux sont malades : saignée, frictions, breuvages, etc. — Connaissance pratique de l'âge des diverses espèces d'animaux. — Appréciation du poids à la vue, par la pesée, etc. — Dressage des animaux de travail et soins à donner aux harnais. Pratique de la tonte et soins à donner à la laine. — Pratique de la traite des vaches. — Manipulation du lait : conservation et transformation en beurre, fromage, etc. — Soins à donner aux ruches, aux magnaneries, aux laiteries, etc., etc.

Matériel d'enseignement.

Outre le matériel nécessaire pour compléter l'enseignement primaire, pour les démonstrations et les applications des divers cours techniques, l'établissement possède un matériel d'enseignement en rapport avec les besoins de l'instruction.

Ce matériel est spécial à chaque cours et permet de donner à l'enseignement un caractère entièrement démonstratif et appliqué.

Matériel du cours de dessin linéaire, d'arpentage et de nivellement.

Boîtes de compas. — Nécessaires pour dessin géométrique. — Solides géométriques. — Modèles de dessin. — Décamètres

et chaînes d'arpenteur. — Doubles décimètres et règles. — Fils
à plomb en cuivre. — Equerres d'arpenteur. — Graphomètres.
— Pantomètre avec lunette à crémaillère avec niveau. — Jalons
et pieds pour équerres. — Planchettes graphomètres. — Pantomètres. — Boussoles. — Niveaux d'eau. — Niveaux à bulle
d'air. — Niveaux à lunette. — Mires ordinaires et mires par-
lantes, etc.

Matériel du cours d'agriculture et de viticulture.

Planches coloriées vernies sur toile : légumes et plantes agricoles. — Collection des principaux types de terres agricoles. —
Collection d'engrais. — Collection de plantes agricoles, de
graines et de grains agricoles, horticoles et arboricoles, de produits agricoles divers. — Collection des principaux bois indigènes et cultivés au Chili. — Collection de modèles d'instruments agricoles, horticoles et viticoles. — Instruments pour les
observations météorologiques agricoles : baromètres, thermomètres, psychromètres, girouettes, etc.

Matériel du cours de zootechnie.

Squelettes de cheval, bœuf, mouton, porc et divers oiseaux.
— Collection des principaux os des animaux domestiques. —
Collection de mâchoires pour l'étude de l'âge chez les animaux
domestiques. — Collections de diverses pièces pour l'étude des
tares, du pied, de l'œil, etc. — Pièces elastiques pour l'étude
des abeilles, du ver à soie, etc. — Principaux instruments et
ustensiles pour le pansement des animaux domestiques, pour
la ferrure, etc. — Collection des principaux produits des animaux domestiques : laines, soies, crins, poils, os, etc.

Matériel pour les conférences spéciales.

Un cabinet de physique des écoles. — Un petit cabinet de chimie élémentaire. — Une collection de roches géologiques agricoles. — Une collection d'insectes utiles et nuisibles à l'agriculture. — Tableaux d'histoire naturelle. — Le Musée industriel scolaire de C. Dorangeon. — Le Musée des écoles du Dr Saffray.

Enseignement pratique ou travail manuel raisonné.

Durant les heures indiquées dans le tableau de la distribution du temps, les élèves exécutent, sous la direction des différents chefs de service, les travaux qui se pratiquent dans l'établissement.

Ces travaux sont groupés en six sections, et à la tête de chacune d'elles se trouve un chef spécial chargé de l'apprentissage des élèves.

Ces sections sont les suivantes :

1re section : Vignoble.
2e — Caves.
3e — Cultures.
4e — Arboriculture et horticulture.
5e — Jardins et serres.
6e — Etables et laiterie.

Les élèves sont distribués dans ces différentes sections suivant les besoins et l'importance des services.

Durant les deux premières années chaque groupe d'élèves reste au moins un mois dans le même travail et passe ensuite dans un autre service.

Ils acquièrent ainsi des connaissances générales pratiques dans les différentes industries agricoles.

Au commencement de la troisième année, les élèves se spécialisent suivant leurs goûts et aptitudes, c'est-à-dire, qu'ils entrent dans une ou deux sections, où ils resteront jusqu'à la fin de leurs études.

Les principales opérations manuelles qu'exécutent les élèves sont les suivantes : Conduite des animaux de travail, soins des harnais et des machines et instruments agricoles, labours et préparation du terrain avec les différents instruments aratoires les mieux appropriés. — Semailles de diverses façons, plantations d'arbres et plantes agricoles, soins culturaux durant la végétation des principales cultures, récolte des produits en employant les diverses machines les mieux appropriées; fauchage, coupage, battage, égrenage, nettoyage, etc., des produits. — , Conduite des instruments et machines agricoles employés pour exécuter ces différents travaux. — Taille des arbres fruitiers et d'avenues, greffage des arbres fruitiers, multiplication par boutures et par marcotte, semis de graines d'arbres, plantation et soins à donner aux arbres fruitiers et d'avenues, récolte des fruits et graines, conservation, semis et multiplication des principaux légumes, cueillette, conservation, travaux généraux des vergers et maraîchers. — Travaux généraux et spéciaux des jardins et des serres. — Taille, greffage et provignage de la vigne. — Labour et nettoyage du vignoble, soins culturaux: amarrage, ébourgeonnage, soufrage, rognage, etc., vendange, vinification, soins des vins dans les caves, distillation. — Travaux des étables et écuries; soins des animaux, préparation des aliments, pansement, etc., travaux relatifs à la traite, à la tonte, etc., travaux relatifs à la fabrication du beurre et sa conservation, travaux relatifs à la fabrication des fromages, travaux de basse-cour, de porcherie, etc.

Elèves présents à l'établissement le 1er juillet 1888.

1re année. . . . .   43 élèves.
2me —   28   —
3me —   19   —
4me —   10   —
                                      100 élèves.

PENSIONNAT SPÉCIAL
POUR LES ÉLÈVES DE L'INSTITUT AGRICOLE

Le régime de l'externat de l'*Institut Agricole* présente de grands avantages au point de vue administratif et économique, et concilie également les intérêts des élèves, dont les parents demeurent à Santiago; mais il est un sérieux inconvénient pour les jeunes gens de province, qui sont obligés de se loger dans les hôtels et restaurants de la ville.

Cette circonstance a empêché de venir à Santiago bien des élèves, qui désiraient suivre les cours de l'*Institut Agricole*. Pour remédier à cet inconvénient, immédiatement après l'installation de l'Ecole Pratique, on a institué, pour ces jeunes gens, un pensionnat spécial annexe à cet école.

L'année prochaine, aussitôt que les nouvelles constructions seront terminées, l'établissement pourra fournir le déjeuner à tous les autres élèves, qui le désireront, et leur éviter ainsi des frais inutiles de voyage et une perte de temps assez grande.

Les conditions du pensionnat sont indiquées dans le règlement général de l'*Institut Agricole*.

Les élèves, qui demeurent dans la *Quinta Normal*, se trouvent au milieu des nombreux travaux, qui s'y exécutent journellement. Ils peuvent, par conséquent, acquérir une grande pratique des questions agricoles et faire ainsi des études beaucoup plus complètes.

VIGNOBLE

VIGNOBLE

CHAPITRE

a b c d — Collections de vignes.
e f g h — Étude des formes et modes de taille.
A — Carré de Pinot et Romain.
B — Cot rougé et Manson.
C — Merlot.
D — Cabernet.
E — Semillon blanc, Pinot blanc, Folle blanche
Riesling et Sauvignon blanc.
F — Cabernet Sauvignon.
G I K M N — Carrés de Cabernet, Cot-Rouge, Merlot, Pinot
noir, Semillon blanc et Folle blanche
greffés sur vignes américaines résistantes
au phylloxéra.
L O — Carrés de vignes américaines de pieds mères pour
fournir les boutures.
H I — Multiplication : bouturage, greffage, etc.

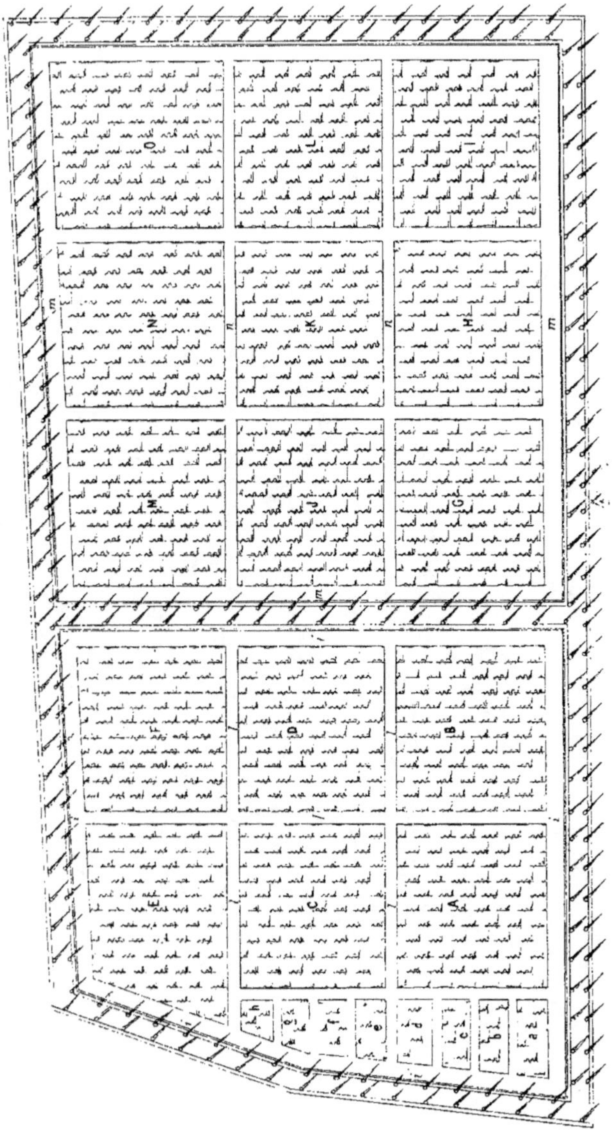

VIGNOBLE

Situation. — Le vignoble de la *Quinta Normal* est situé au nord des édifices de l'Ecole Pratique, à proximité des caves.

L'avenue de la vigne qui va du Jardin zoologique jusqu'aux caves, en passant à l'ouest de l'Observatoire astronomique, traverse le vignoble du nord au sud et le divise en deux parties presque égales, mais destinées à des buts différents.

Par sa situation, le vignoble présente de grands avantages au point de vue des travaux et de la surveillance. Les chemins qui l'entourent et le traversent permettent au public de le visiter et de l'étudier facilement.

Conditions climatériques spéciales. — Le vignoble de la *Quinta Normal* jouit d'un climat particulier dans l'intérieur même de l'établissement. En effet, il est protégé par les bâtiments de l'Ecole Pratique et par ceux de l'Ecole des Arts et Métiers contre les vents frais du sud qui soufflent durant la belle saison. A l'est, une avenue d'arbres et un petit bois, l'abritent contre les vents nocturnes de la Cordillère andine. Enfin, le canal du *Galan* qui le limite au nord contribue par ses eaux chaudes à augmenter la température de ce lieu.

Aussi les gelées blanches y sont beaucoup moins intenses que dans les terrains voisins, et les autres actions météorologiques, qui s'y exercent, sont généralement très favorables à la végétation ligneuse de la vigne et à la maturité du raisin.

Sol et sous-sol. — La terre arable de l'ensemble du vignoble est assez uniforme relativement à sa composition minéralogique et à ses propriétés agricoles. Elle est sablo-argileuse, légèrement colorée, peu calcaire, de moyenne consistance et mélangée de petits cailloux roulés, dans quelques carrés surtout.

La couche arable est partout d'une grande profondeur variant de 1 mètre à 3 mètres.

Elle repose sur un sous-sol constitué par des cailloux roulés mélangés de sable formant une épaisse couche très perméable et par conséquent très favorable pour les irrigations.

Eaux d'arrosage. — Les eaux qui servent à l'arrosage des terrains du vignoble viennent du canal du *Galan*, formé par les eaux des égouts de la ville de Santiago.

Ces eaux sont constamment limoneuses et très riches ; elles charrient une quantité considérable de matières solides assez volumineuses, ce qui est une grande difficulté pour les irrigations ; pour s'en servir dans ce but, il faut auparavant les faire passer à travers des grillages à mailles assez fines qui en opèrent le nettoyage.

Elles sont toujours plus chaudes que les eaux des autres canaux.

Durant la belle saison, quand les eaux de ces derniers ont une température de 17° à 18°, les eaux du *Galan* ont de 19° à 21°.

La grande richesse du sol, les conditions climatériques favorables et la qualité exceptionnelle des eaux d'arrosage, qui peuvent être considérées comme un véritable engrais liquide,

placent la vigne de la *Quinta Normal* dans des conditions toutes
spéciales. La végétation acquiert un développement remarquable et les rendements des récoltes sont des plus notables,
mais les produits ne peuvent nécessairement être de première
qualité. Quantité et qualité ne peuvent s'obtenir à la fois.

Configuration du terrain. — Direction de surface. — Toutes
les lignes du contour sont droites, ainsi que l'indique le plan
général ; l'ensemble forme une figure se rapprochant beaucoup
d'un trapèze, car les deux côtés de l'est n'en forment pour ainsi
dire qu'un seul.

L'avenue qui traverse le vignoble du nord au sud et qui en
forme deux sections, est perpendiculaire au côté nord, qui a
servi de base pour la division de la vigne en carrés et trapèzes.

Le terrain des deux sections est plan et présente deux pentes
bien marquées. La première va du nord au sud et est d'environ
1 millimètre par mètre ; la seconde va de l'est à l'ouest et est
de 1 1/2 millimètre.

Pour obtenir une pente très uniforme, sans faire de grands
mouvements de terre, chaque carré de la vigne a été nivelé
séparément. De cette façon, l'arrosage est plus parfait et les
dépenses relativement réduites.

Clôtures. — Portes. — Dans toute la région arrosée du Chili,
les clôtures des vignobles constituent une question sérieuse ; en
effet, les frais d'établissement dés clôtures ordinaires (*tapias,
pircas*) (1) sont au moins de deux piastres le mètre courant,
sans parler des dépenses très élevées de réparations annuelles.

---

(1) Les *tapias* sont des murs de terre tassée par assises régulières.
On emploie, pour les faire, un gabarit, dont les dimensions courantes
sont : longueur 0^m84, largeur 0^m64, hauteur de 0^m30 à 0^m60.

Les *pircas* sont des murs de pierres sèches ayant habituellement 0^m84
à la base, 0^m60 au sommet, et 1^m30 de hauteur.

Pour le vignoble de la *Quinta Normal*, on a employé les clôtures en poteaux et ronces artificielles ; on y a joint une ligne d'arbres fruitiers en cordons verticaux de manière à former des haies vives impénétrables.

La dépense est environ du quart de celle des *tapias* ordinaires. En outre, ces clôtures présentent les avantages suivants : elles sont infiniment plus jolies, permettent de voir la vigne, évitent la multiplication des rats, sont productives et peu coûteuses comme entretien annuel.

Pour les différents besoins du service du vignoble, il y a, dans chaque section, une porte principale, qui ouvre sur l'avenue de l'Ecole, et deux portes secondaires. Toutes ces portes peuvent livrer passage aux voitures.

Chemins intérieurs du vignoble. — *Divisions.* — Dans chaque section du vignoble, il y a un chemin intérieur de circuit. Entre ce chemin et la haie de clôture existe une plate-bande plantée de deux rangs de vignes dirigées en espalier.

Des chemins transversaux vont du nord au sud et de l'est à l'ouest, se coupent à angle droit et divisent ainsi chaque vigne en carrés, rectangles et trapèzes.

La largeur des chemins est de 7 mètres et ils sont exhaussés par rapport au terrain intérieur de chaque division du vignoble, disposition qui rend les arrosages plus faciles et permet de supprimer les rigoles d'écoulement.

Dans le cas où il y aurait lieu d'opérer la submersion, cette disposition est également très favorable et simplifierait beaucoup l'opération.

La partie Est du vignoble, consacrée à la vigne-école, est divisée par des petits chemins de quatre mètres de largeur.

La première section contient six divisions principales dont

quatre sont des carrés et deux sont des trapèzes. De plus, la vigne-école comprend huit petites divisions, formant six rectangles et deux trapèzes.

La seconde section comprend neuf divisions, dont quatre carrés, deux trapèzes rectangles et trois trapèzes ordinaires.

Les figures régulières des divisions d'un vignoble sont très avantageuses pour la plantation et pour tous les travaux annuels.

La longueur des carrés est d'environ 100 mètres ; la largeur est aussi de 100 mètres ou à peu près, ce qui donne en moyenne une surface de 1 hectare pour chaque subdivision, unité de mesure très commode pour le calcul de toutes les opérations à effectuer dans le vignoble.

Les petites divisions de la vigne-école ont une surface qui varie de 500 à 1100 mètres carrés environ.

Canaux, rigoles et mode d'arrosage. — L'eau du canal du *Galan* est amenée dans chaque section par un canal muré en briques ; de là elle se distribue dans les différents carrés.

Chaque carré a sa rigole spéciale, ce qui permet de les arroser tous à la fois, dans les moments de sécheresse, ou lorsqu'il s'agit de baigner promptement le terrain, pour empêcher les gelées blanches.

Les rigoles d'arrosage sont placées sur les bords des chemins et couvertes par des ponts chaque fois qu'elles les traversent ; des vannes servent à la distribution des eaux.

Quelques-unes sont murées en briques, d'autres sont bordées de pierres, d'autres enfin sont simplement en terre.

Comme toutes les cultures sarclées, la vigne doit être arrosée par infiltration. Le vignoble de la *Quinta Normal* a été disposé en vue de ce système ; l'eau coule dans les sillons où se trouvent les lignes des pieds de vignes dirigées du nord au sud.

Les rigoles distributrices sont petites, l'eau qu'elles amènent est habituellement répartie entre sept lignes. La pente étant peu considérable, cette eau coule lentement, s'infiltre peu à peu, ne déborde presque jamais sur le terrain compris entre les rangs, et ne forme pas de mares dans les parties basses.

En distribuant l'eau de cette manière, il faut environ une heure pour qu'elle arrive au bout des lignes. Chaque carré ayant en moyenne soixante-dix rangs, il faut dix heures pour arroser un hectare et comme tous les carrés peuvent s'irriguer en même temps, dans une journée d'été, le vignoble entier peut recevoir l'eau dont il a besoin.

Pratiquées de cette façon, les irrigations produisent des effets bien plus intenses ; elles sont moins fréquentes et demandent moins d'eau. Comme la surface du terrain mouillé est très réduite, les mauvaises herbes poussent peu, il y a économie dans les nettoyages ; enfin, les rigoles d'écoulement sont inutiles.

Division du vignoble. — L'avenue de la vigne divise le vignoble en deux parties ; la première section comprend la vigne déjà en production, et la seconde section, la vigne nouvelle.

Etendue totale. — Elle est de 20 hectares 97 ares 58 mètres carrés, et se décompose comme suit :

Première section : vigne en production.

1re partie : vigne-école :

Carré *a*	1.122 m. c.	9855
— *b*	910 —	5075
— *c*	887 —	6000
— *d*	960 —	3150
— *e*	816 —	
— *f*	672 —	6000
— *g*	611 —	5680
— *h*	484 —	2100
Total		6.465 m. c. 7860

Report.....................   6 465 m. c. 7860

2me partie : vigne proprement dite :

Carré A	10.386 m. c.	5300
— B	10.280 —	5450
— C	10.410 —	4200
— D	10.448 —	0550
— E	10.229 —	7600
— F	10.081 —	0197

Total.....................   ·61.836 m. c. 3297
Espaliers du pourtour . ...   3.421 —   3800
· Surface totale plantée.............   71.723 m. c. 4957

3me partie : chemins :

Chemins du vignoble proprement dit
et de la vigne-école..... ....   17.109 m. c. 3917
Surface totale de la 1re section du vignoble   88.832 m. c. 8874
soit 8 hectares 88 ares 32 mètres carrés.

Deuxième section : vigne nouvelle.

1re partie : carrés plantés.

Carré G	10.437 m. c.	5955
— H	10.437 —	5955
— I	10.437 —	5955
— J	10 453 —	8450
— K	10.453 —	8450
— L	10.453 —	8450
— M	10.793 —	5678
— N	11.357 —	1394
— O	11.903 —	7243

Total.....................   96.728 m. c. 7530
Espaliers du pourtour ....   3.623 —   8600
Surface totale plantée.............   100.352 m. c. 6130

2me partie : chemins.

Chemins............... ... ...   20.573 m. c. 5240
Surface totale de la 2e section.........   120.926 m. c. 1370
soit 12 hectares 9 ares 26 mètres carrés.

Vigne en production.

But. — La création de cette première section du vignoble de la *Quinta* a eu pour objet principal de fournir un champ d'application à l'enseignement pratique de la viticulture à l'Institut Agricole et à l'Ecole Pratique et de servir, en même temps jusqu'à un certain point, de modèle aux viticulteurs de la région.

Epoque et mode de la plantation. — Cette vigne a été plantée au printemps, en octobre et en novembre de l'année 1884.

On a employé des sarments simples sans racines. Dans les terrains arrosés ce système réussit parfaitement, surtout si on plante un peu tard, lorsque les gelées blanches ne sont plus à craindre.

L'opération a été pratiquée avec le plantoir ordinaire.

Composition. — Elle est formée de deux parties distinctes :

1ʳᵉ *partie.* — *Vigne-Ecole.* — Elle comprend la collection des cépages et les divers systèmes de formes et de tailles auxquelles la vigne peut être soumise, dans les régions viticoles du Chili.

Cette partie de la vigne située au nord-est a été divisée en huit petits carrés.

Les quatre premiers carrés du nord, désignés sur le plan par les lettres : *a, b, c, d,* contiennent les collections. Chaque ligne représente une seule variété et compte de vingt à trente pieds.

Les cépages ont été classés suivant la couleur des raisins : noirs, rosés et blancs, et sont distribués de la manière suivante :

Carré *a.* — De ouest à est. — Raisins noirs.

VUE DU VIGNOBLE

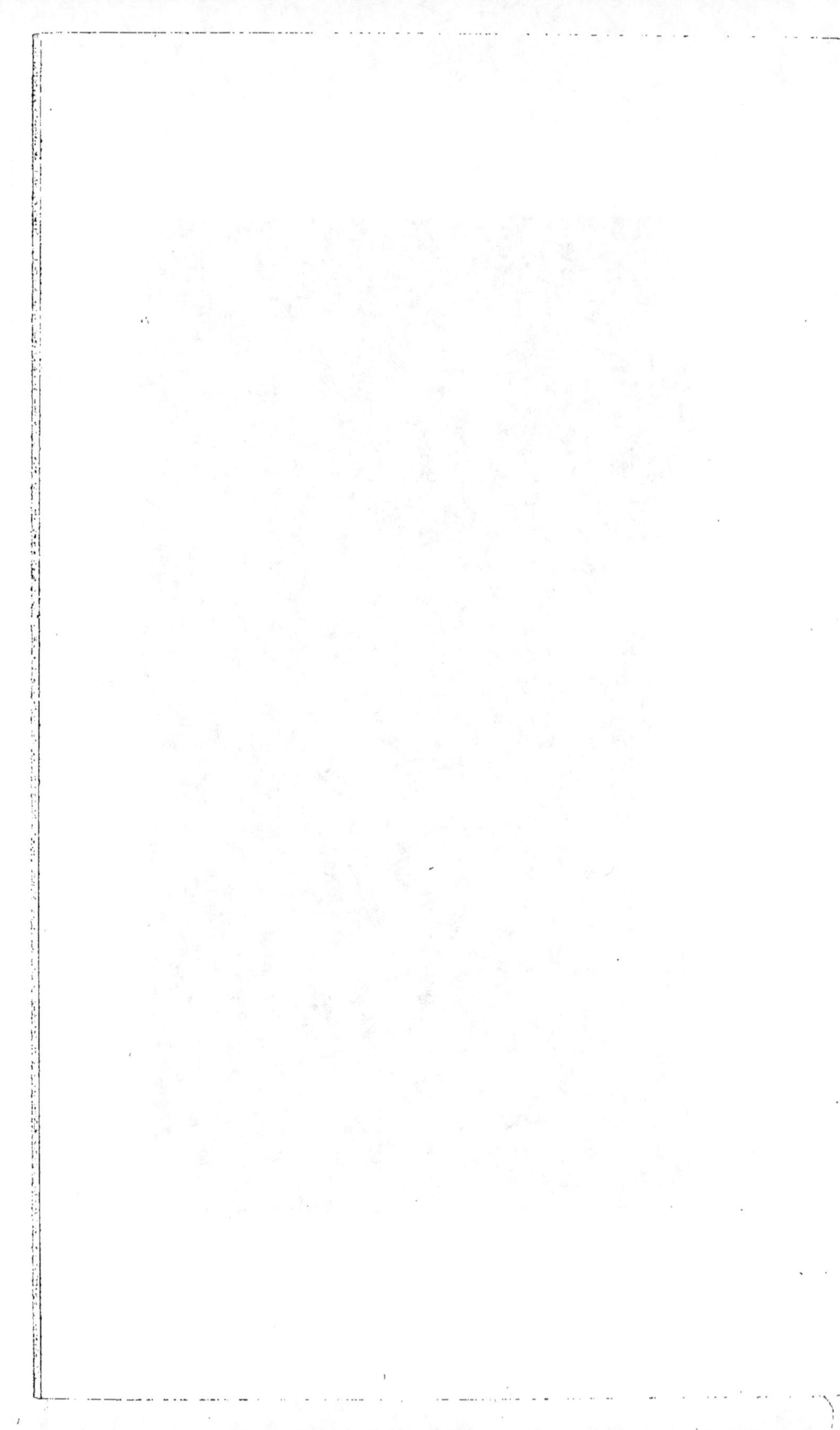

Cabernet, cabernet sauvignon, merlot, verdot, cot-rouge, malbeck, meunier, Saint-Emilion, picpoul, mansen, moustouzelle, noirien, pinot fin, pinot ordinaire, pinot gris, pinot auvergnat, romain, tressot bigarré, morillon précoce, gros gamet, gamet fin, malaga, noir d'Espagne ou raisin du pays, aramon, muscat noir ordinaire, muscat noir gros, rond, muscat noir long, mollar, San-Francisco, raisin olive.

Carré *b*. — De ouest à est. — Raisins rosés.

Rosé ordinaire, rosé odorant, rosé musqué ordinaire, rosé musqué de Vallenar, rosé musqué rond, rosé musqué long, rosé cœur de pigeon, rosé long cristallin, rosé long et petit, chasselas rosé, rosé long italien.

Carré *c*. — De ouest à est. — Raisins blancs.

Sauvignon blanc, semillon blanc, folle blanche, pinot blanc, gamet blanc, torrontés, malvoisie blanc, blanc cristallin, chasselas de Fontainebleau, chasselas à feuilles laciniées, muscat blanc de Frontignan, muscat blanc rond, muscat blanc long, muscat doré du Huasco, ergot de coq, riesling.

Carré *d*. — Contient une collection de vignes américaines obtenues de semis.

Les autres carrés qui suivent : *e, f, g, h,* sont destinés à l'étude des formes et modes de tailles qui peuvent convenir au Chili.

Carré *e*. — De ouest à est. — Contient les vignes conduites en têtes hautes, moyennes et basses.

Carré *f*. — De ouest à est. — Contient des vignes disposées en cordons verticaux, en cordons horizontaux et en chaintres.

Carré *g*. — De ouest à est. — Contient des vignes soumises à la taille Guyot, à la taille de Cazenave, et conduites suivant le système du Médoc.

Carré *h*. — De ouest à est. — Est planté de vignes en hautains, en treilles horizontales et en espaliers.

2me *Partie*. — *Vigne proprement dite*. — Les variétés sont séparées et absolument pures.

Carré A. — La première moitié, à l'est, est plantée de pinot noir, l'autre moitié de romain.

La forme du pinot est le cordon horizontal soumis à la taille courte.

Le romain est soumis à la taille de Guyot un peu modifiée ; on donne à chaque pied une plus grande extension de végétation, en laissant plusieurs pitons au lieu d'un, et la branche à fruit est taillée plus longue.

Carré B. — La moitié à l'ouest est plantée en cot-rouge, et l'autre moitié en mansen.

Le cot-rouge est soumis à la même taille que le romain et le mansen est dirigé suivant le système de Cazenave, modifié d'après la méthode d'Evian.

Carré C. — Est planté en entier de merlot, conduit suivant le système Guyot, modifié comme pour le romain.

Carré D. — Est planté tout entier de cabernet soumis à la même taille que le merlot.

Carré E. — Il se compose de ouest à est : sémillon blanc, pinot blanc, folle blanche, riesling, sauvignon blanc. Tous ces cépages sont conduits en cordons horizontaux et soumis à la taille courte.

Carré F. — Est planté en cabernet sauvignon, conduit comme le cabernet.

Les espaliers qui sont plantés en raisins de table à l'est et en variétés à vin sur les autres côtés, sont conduits en cordons verticaux et en cordons horizontaux suivant la méthode de Thomery.

Les variétés de cépages qui composent la vigne proprement dite, ont été choisies en vue de la fabrication de vins imitation de Bordeaux rouges et blancs, et de Bourgogne également rouges et blancs.

Ces types de vins sont les plus en faveur au Chili et les cépages qui les produisent se prêtent également très bien à l'enseignement pratique de la viticulture.

La variété folle blanche est destinée à produire du vin pour la distillation.

Quantité de pieds de vigne de chaque variété et quantité totale.

1ʳᵉ partie. — Les huit petits carrés de la vigne-école contiennent 3.300 pieds.

Carré A. — Pinot noir............	2.916 pieds.	
Romain.............	2.834 —	
		5.750 pieds.
Carré B. — Mansen	2.519 —	
Cot rouge............	3.151 —	
		5.670 —
Carré C. — Merlot.............		5.350 —
— D. — Cabernet...........		5.750 —
— F. — Cabernet sauvignon.		5.300 —
— E. — Semillon blanc.....	2.300 —	
Pinot blanc........	1.050 —	
Folle blanche	1.650 —	
Riesling...........	300 —	
Sauvignon blanc....	500 —	
		5.800 —
Total des six carrés............		33.620 —
Espaliers qui entourent la vigne..		2.200 —
Total de pieds dans la vigne proprement dite.................		35.820 —
Total des pieds de vignes dans la première section du vignoble :		
Vigne-école		3.300 pieds.
Vigne proprement dite.....		35.820 —
Total.......... ..		39.120 —

Disposition générale de la vigne. — La plantation des pieds de vignes est en rectangle et les rangs des différents carrés se correspondent de manière à former des lignes droites.

Direction des lignes. — Toutes les lignes de chaque carré vont du nord au sud. Cette direction est la plus convenable pour obtenir une insolation uniforme, correspond, dans le vignoble de la *Quinta Normal,* à la pente minimum du terrain et est très favorable pour les irrigations.

Distance entre les lignes. — Les rangs sont espacés d'environ 1 mètre 65 centimètres.

Distance entre les pieds de vignes sur les rangs. — Elle est d'environ 1 mètre 15 centimètres.

Longueur des lignes. — Dans les carrés A. B. C. D. elles ont 100 mètres de long et dans les deux carrés E. F. la longueur des rang est d'environ 80 mètres.

Quantité de pieds de vignes dans chaque ligne. — Chaque rang contient 81 pieds dans les carrés A. B. C. D. et 76 dans les deux autres E. F.

Supports de la vigne. — *Poteaux.* — *Fils de fer.* — La vigne est palissée dans le plan vertical sur des fils de fer supportés par des poteaux.

Les poteaux sont en cyprès du pays (Libocedrus chilensis), ils ont tous une hauteur de 1 m. 40 cm. au-dessus du terrain. Ceux des têtes des rangs et ceux du milieu sont carrés et ont une grosseur de 10 à 12 centimètres ; les intermédiaires sont à section rectangulaire de 10 ou 12 centimètres sur 5 ou 6 ; ce sont les premiers fendus longitudinalement. Tous les poteaux des têtes de lignes sont consolidés par des jambes de force, semblables aux poteaux intermédiaires.

Sur les rangs, les poteaux sont placés à environ 6 mètres de distance ; il y en a 3 carrés et 16 rectangulaires par rang de 100 mètres. Par hectare, il faut 213 poteaux gros et 1136 demi-poteaux. Afin d'augmenter leur durée, ils ont été sulfatés et chaulés avant la mise en place. Ainsi préparés, on estime qu'ils peuvent se conserver 10 à 15 ans au moins.

Les fils de fer sont placés dans le plan vertical sur trois lignes superposées. La ligne inférieure est à 50 centimètres du sol, la seconde à 30 centimètres au-dessus de celle-ci, et la troisième à 55 centimètres au-dessus de la seconde, ce qui donne 1 m. 35 cm. pour la hauteur totale.

Cette hauteur est nécessaire à cause de la grande végétation de la vigne, et cependant il faut très souvent épointer trois et quatre fois durant l'été.

On a employé le fil de fer galvanisé n° 14 et le fil de fer noir recuit correspondant au n° 7 de la jauge anglaise. Le prix de revient des 100 mètres est à peu près le même et les deux ont donné de bons résultats.

En employant pour la ligne inférieure du fil noir, qui est plus gros et plus rigide, et du fil galvanisé pour les deux autres rangs supérieurs, on obtient un meilleur palissage qui n'a nullement besoin de raidisseurs pour se maintenir.

Soins et travaux annuels de la vigne. — Il faut distinguer ceux qui se rapportent au sol et ceux qui sont relatifs à la plante.

Travaux relatifs au sol. – Le terrain d'une vigne bien tenue doit être constamment propre, meuble et frais.

L'état meuble du sol s'obtient au moyen des labours qui s'effectuent durant l'hiver, le printemps et l'été. En ameublissant le terrain, on en opère aussi le nettoyage.

Aussitôt la vendange terminée, on donne un labour superficiel pour décroûter le sol ; le même travail se répète après la taille durant les mois de juin et de juillet.

Un troisième labour ou binage a lieu au printemps, en septembre et octobre, et un autre dans les mois de novembre et décembre.

Les labours ou binages se font avec la houe de Messager modifiée. Elle est tirée par un bœuf ou par un cheval et fonctionne comme charrue, butteur, scarificateur ou extirpateur, suivant les pièces que l'on monte sur le corps de l'instrument.

A la *Quinta Normal*, on l'emploie toujours comme extirpa·teur ou scarificateur dans le but de nettoyer et d'ameublir la surface du terrain.

Dans les vignobles arrosés, les labours ordinaires, le buttage et débuttage des pieds n'ont nullement leur raison d'être et sont avantageusement remplacés par des binages.

L'instrument passe deux fois dans l'espace libre entre les lignes, et il reste une bande d'environ 10 à 20 centimètres, non travaillée, qui correspond au sillon où se trouve la ligne des pieds de vigne. Cette partie, bien minime, se nettoie à la main au moyen de houes spéciales.

En changeant le bœuf ou le cheval au milieu du jour, la houe Messager peut biner un hectare par journée de 10 heures de travail. Un enfant suffit pour conduire l'instrument.

Ce qui reste à travailler à la main est peu de chose et peut s'exécuter en 8 à 10 journées, par hectare, pour une fois seulement dans l'année.

Conduits de cette façon, les travaux de nettoyage et d'ameublissement du sol s'exécutent rapidement, coûtent très peu ; la vigne est toujours très propre et le terrain en parfait état.

Les arrosages commencent généralement en novembre et se

terminent fin février. Ils ont lieu tous les 10 à 15 jours, et se pratiquent toujours d'une façon modérée.

Soins et travaux relatifs à la plante. — Ils sont nombreux et d'une grande importance.

Taille d'hiver. — Cette opération se fait avec le sécateur, commence le premier juin et se termine avant le 15 août. On taille d'abord les variétés précoces et on termine par celles qui sont plus tardives. Au fur et à mesure de la taille, on choisit les sarments pour boutures, on les met en paquets et on les conserve pour la vente.

Immédiatement après la taille, vient l'attachage des vignes suivi d'un binage du sol. On emploie l'osier pour attacher la vigne après la taille d'hiver, et l'amarrage en vert se pratique avec de la *massette,* appelée *totora.*

Ebourgeonnage, amarrage, rognage, effeuillage. — La ,vigne commence à pousser en septembre, ou octobre, suivant les années et les cépages. L'ébourgeonnement se fait un peu tard, au moment de l'amarrage des sarments pour les palisser. Il est nécessaire d'attacher le plus tôt possible, sinon les vents cassent beaucoup de jeunes sarments chargés de fruit.

Après le palissage, quand les pousses dépassent le fil de fer supérieur, on les rogne à 10 ou 20 centimètres au-dessus.

Après ce premier rognage, les sarments croissent de nouveau, il faut faire une deuxième opération, puis une troisième, et même une quatrième pour certains cépages très vigoureux.

L'effeuillage se pratique pour le mansen et le semillon seulement.

Soufrage. — Cette opération a lieu deux ou trois fois suivant les années. Le premier soufrage est préventif et se fait quand les pousses nouvelles ont de 20 à 30 centimètres de long, en octobre ou au commencement de novembre. Le second se fait en décembre et le troisième, s'il est nécessaire, en janvier.

Le soufrage s'exécute au moyen du soufflet ordinaire et aussi de la soufreuse métallique de Fojadelli.

Accidents climatériques. — Maladies. — Animaux et insectes nuisibles. — Pour les raisons exposées antérieurement, en parlant des conditions climatériques, le vignoble de la *Quinta Normal* est peu exposé aux accidents météorologiques.

Les gelées blanches sont facilement combattues par les arrosages du sol et par les nuages artificiels. La grêle et les ouragans sont inconnus, dans cette région, durant la belle saison.

L'oïdium, la seule maladie qui apparaît quelquefois, est toujours détruit à son début, par les soufrages pratiqués d'une façon opportune.

Les chiens et les oiseaux, qui pourraient détruire beaucoup de raisin, sont éloignés par des gardiens qui parcourent le vignoble, lorsque s'approche le moment de la vendange.

Les escargots, assez abondants dans les autres sections de la *Quinta*, se montrent aussi dans la vigne ; on les fait recueillir soigneusement et jusqu'à présent, ils n'ont causé aucun dégât.

Vendange. — La vendange commence du 20 mars au 1ᵉʳ avril. Les grappes de raisin sont coupées avec des ciseaux spéciaux et déposées dans des paniers fabriqués avec des planches minces, en bois de peuplier. Les paniers pleins sont transportés à la cuverie sur des voitures que l'on pèse pour connaître le poids du raisin récolté.

Rendement de la vendange faite en 1888. — Cette année, a eu lieu la seconde vendange d'une partie du vignoble. Les deux tiers du carré C et tous les espaliers, qui ont été plantés un an plus tard, n'ont presque rien produit, et la récolte faite provient seulement de 5 1/2 hectares du vignoble.

La quantité récoltée a été de 110.270 kilogrammes de raisin, qui ont produit 855 hectolitres de liquide, soit une moyenne de 155 hectolitres de vin par hectare.

Chef-vigneron. — *Travailleurs de la vigne.* — Le vignoble est à la charge du chef-vigneron de l'Ecole Pratique d'Agriculture.

Les différents travaux sont exécutés uniquement par les élèves de l'Ecole qui travaillent sous sa direction et font ainsi leur apprentissage spécial.

Les élèves de l'*Institut Agricole* prennent aussi part aux principales opérations qui s'exécutent dans le vignoble.

Vigne nouvelle.

En présence des bons résultats obtenus par la première vigne, et l'établissement possédant toutes les ressources voulues et des caves pouvant s'agrandir facilement et à peu de frais, il était naturel qu'on pensât à augmenter le vignoble, en complétant la première section.

Le phylloxéra ayant fait son apparition dans les vignes de la République Argentine et dans la crainte d'une invasion peut-être prochaine, le gouvernement a résolu de faire établir à la *Quinta Normal* des pépinières pour la multiplication des plants américains et d'instituer une vigne modèle greffée sur pieds américains résistants.

La deuxième section du vignoble doit répondre à ces diverses nécessités. Son objet principal est de :

1° Présenter aux viticulteurs chiliens un modèle de vigne

résistant au phylloxéra et dirigée suivant les meilleures règles de la nouvelle viticulture.

2º Fournir aux viticulteurs des boutures simples, des boutures et des pieds greffés sur plants américains résistants et appropriés aux diverses conditions naturelles des régions viticoles du pays.

3º Augmenter l'ancienne vigne pour obtenir une quantité suffisante de produits annuels et permettre un véritable enseignement pratique du travail des vins dans les caves.

Cette section comprendra :

a. — La vigne modèle greffée sur plants américains résistants et qui se composera des carrés G. J. K. M. et N.

Les variétés greffées seront : Cabernet, Cot-rouge, Merlot, Semillon blanc, Pinot, Romain et Folle blanche.

Les plants porte-greffes résistants seront : Riparia, Rupestris et Solonis. Quelques autres seront aussi essayés.

b. — La vigne des pieds mères obtenus par semis, destinés à fournir les boutures des principales variétés américaines résistantes. Cette partie occupera les deux carrés : L. et O.

c. — La pépinière pour la multiplication, à l'air libre, de boutures, greffes, etc. des principales variétés américaines utiles pour le pays. Les deux carrés H. et I. sont destinés à cet objet.

Les travaux de préparation du terrain vont commencer prochainement et la plantation de la nouvelle vigne aura lieu en 1890.

Une serre annexe à cette section est actuellement en construction et servira pour les semis et pour la soudure des greffes pratiquées sur table pendant l'hiver.

Instruments et outils qui sont employés pour la culture de la vigne. — Charrues vigneronnes de Messager modifiées. —

Houes. — Ratissoire pour les chemins. — Harnais pour bœufs et chevaux. — Pelles spéciales pour faire des trous. — Houes, pioches, binettes. — Plantoirs pour vigne. — Greffoirs. — Sécateurs pour la taille. — Scies, serpettes. — Dévidoirs pour enrouler les fils de fer. — Tendeurs et poulies pour tirer les fils de fer. — Coupe-sève. — Forces pour rogner. — Vases spéciaux pour produire la fumée. — Soufflets pour soufrer. — Machines à soufrer. — Sacs à soufre. — Lunettes pour soufrer. — Boîtes pour soufrer. — Ciseaux ou sécateurs à vendange. — Paniers à vendange. — Bastes pour vendange.

ÉDIFICES POUR LA VINIFICATION ET CAVES

LÉGENDE

Plan horizontal général.

A B C D E F I — Caves au niveau du sol.
J — Lavanderie.
R — Tonnellerie.
L L L L — Corridor de service.
K — Bureau et magasin.
H — Petite cuverie.
G G — Grande cuverie.
Q — Escalier des caves souterraines.
P — Pressoir.
T — Ascenseur pour monter le raisin à la foulerie.
a — Maison d'habitation du maître de chais.
N — Hangar de l'ascenseur.
S — Cave pour les eaux-de-vie.
V — Distillerie.
O — Chemins de service.

Plan horizontal des caves souterraines.

Q — Escalier.
X — Avant-cave ou caveau.
W W — Caves souterraines.

Coupe longitudinale suivant c d.

T — Ascenseur.
O — Chemin de service.
V — Foulerie.
L — Corridor de service.
G — Cuverie.
Q — Escalier.
X — Avant-cave ou caveau.
U — Grenier.
D — Cave au niveau du sol.
W — Caves souterraines.

Coupe transversale suivant g h.

A B C D E F I — Caves au niveau du sol.
R — Tonnellerie.
W W — Caves souterraines.
U — Grenier.

Coupe longitudinale de la cuverie suivant c f.

G — Grande cuverie.
H — Petite cuverie.
K — Bureau et magasin.
V — Foulerie.

EDIFICES POUR LA VINIFICATION ET CAVES

LÉGENDE

Plan horizontal général.

A B C D E F I — Caves au niveau du sol.
I — Lavanderie.
R — Tonnellerie.
J, J, L — Corridor de service.
S — Bureau et magasin
H — Petite cuverie.
G — Grande cuverie.
O — Escalier des caves souterraines.
P — Pressoir.
T — Ascenseur pour monter le raisin à la fouleric.
z — Maison d'habitation du maître de chais.
E — Hangar de l'ascenseur.
S — Cave pour les eaux-de-vie.
V — Distillerie.
Q — Chemins de service

Plan horizontal des caves souterraines.

Q — Escalier.
X — Avant-cave ou caveau.
W W — Caves souterraines.

Coupe longitudinale suivant c d.

T — Ascenseur.
O — Chemin de service.
V — Fouleric.
L — Corridor de service
G — Cuverie.
Q — Escalier.
X — Avant-cave ou caveau.
U — Grenier.
D — Cave au niveau du sol.
W — Caves souterraines.

Coupe transversale suivant g h.

A B C D E F I — Caves au niveau du sol.
R — Tonnellerie.
W W — Caves souterraines.
U — Grenier

Coupe longitudinale de la cuverie suivant e f.

G — Grande cuverie.
H — Petite cuverie.
K — Bureau et magasin.
V — Fouleric.

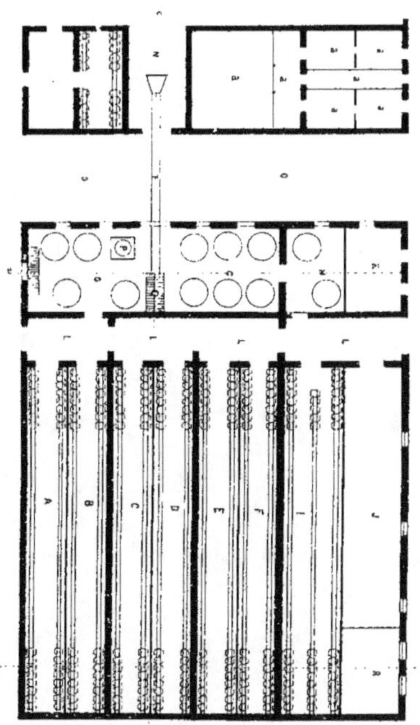
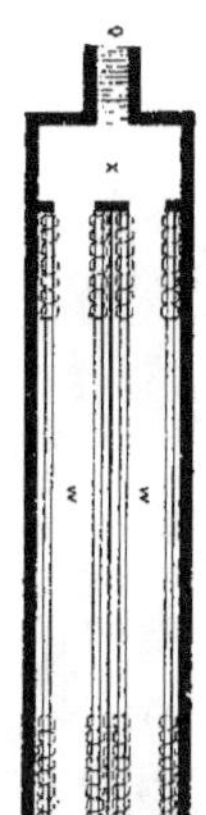
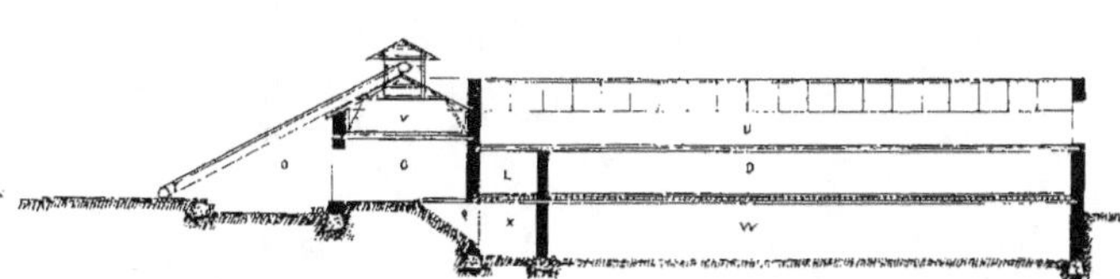
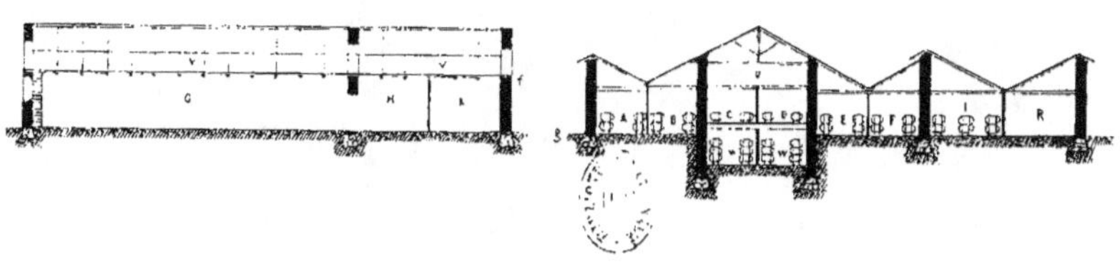

CAVES ET ÉDIFICES

POUR LA VINIFICATION

Situation. — Conditions hygiéniques. — Surveillance. — Les édifices pour la vinification, les caves et les annexes font partie de l'ensemble des bâtiments d'exploitation de l'Ecole Pratique. Ils sont situés au sud du vignoble et n'en sont séparés que par une avenue.

L'endroit est très sain, suffisamment aéré et bien abrité. Les caves se trouvent assez distantes des voies très fréquentées et sont, par conséquent, dans un milieu tranquille.

Le sol et le sous-sol sont très perméables, ce qui constitue une excellente condition pour les caves.

La maison d'habitation du maître de chais et celle du vigneron sont voisines des bâtiments de vinification et des caves, ce qui permet une surveillance facile et constante.

Disposition des édifices. — Nature des constructions. — Dans les pays de climat très lumineux et chaud durant toute la belle saison et à l'époque des vendanges, comme cela a lieu à Santiago, la vinification et la conservation des vins dans les caves présentent de véritables difficultés.

La disposition des bâtiments vinicoles a une grande influence
sur les résultats obtenus; elle doit avoir pour but d'établir une
température convenable dans la cuverie au moment de la fermentation, uniforme et peu élevée dans les caves durant toute
l'année.

Dans la disposition et la construction des bâtiments vinicoles
de la *Quinta Normal* on a cherché à répondre, autant que cela
a été possible, à ces diverses exigences.

Les sept caves au niveau du sol sont contiguës, parallèles et
orientées de l'est à l'ouest. La cuverie possède un étage, elle
est placée transversalement à l'ouest et contiguë aux caves,
dont elle est séparée par un large corridor, qui facilite le service.
De ce côté le plus chaud de tous, les caves sont parfaitement
abritées.

Au nord également très exposé au soleil, se trouvent les magasins et la lavanderie protégeant suffisamment la première
cave.

A l'est, il y a les étables qui empêchent les rayons solaires
de chauffer les murailles de ce côté, le matin.

Les caves souterraines se trouvent au centre même des bâtiments et sont, par conséquent, soustraites aux influences extérieures.

Par cette disposition, qui est du reste très économique et très
commode pour les différents services, la température des caves
au niveau du sol est modérée, varie peu et celle des caves souterraines est presque uniforme toute l'année.

Le degré d'humidité est satisfaisant et l'aération se fait d'une
façon convenable. La cuverie qui a besoin d'une certaine chaleur, au moment de la fermentation, se trouve aussi dans de
bonnes conditions. Du reste, elle est disposée pour qu'on puisse,

à volonté, régler la température suivant les besoins variables avec les années.

Enfin, outre les murs très épais qui entourent extérieurement les caves, les plafonds et les toits sont garnis de fortes couches isolantes de mortier de terre. Comme on le voit, tout a été disposé pour obtenir les meilleures conditions possibles.

Ascenseur. — Le raisin est monté à la foulerie et versé uniformément dans le fouloir-égraproir, au moyen d'un ascenseur mécanique, mis en mouvement par le moteur à vapeur, qui se trouve placé dans le hangar des machines voisin de la cuverie.

Cet appareil se compose principalement d'un canal en bois, dans lequel se trouve une toile sans fin, soutenue par des tambours et garnie de lattes transversales, pour maintenir la rigidité et pour retenir les grappes de raisin durant l'ascension.

Il est complété, dans la foulerie, par un canal en bois fortement incliné, ayant un mouvement de va-et-vient, dans le sens longitudinal, ce qui fait descendre les grappes dans la trémie du fouloir.

Foulerie. — Au-dessus de la cuverie, il y a un étage formé par un solide plancher, où se fait le foulage du raisin au moyen du fouloir-égrappoir de MM. Mabille.

L'instrument se place au-dessus des cuves ou du pressoir ; la vendange foulée et égrappée tombe naturellement dans ces récipients et les rafles sont reçues à part dans des baquets placés à côté des cuves.

Le fouloir-égrappoir est mis en mouvement, comme toutes les machines, par le moteur du hangar.

Deux hommes et un enfant suffisent pour faire fonctionner

l'ascenseur et le fouloir, et l'on peut fouler 100 kilos de raisin par minute, soit 6,000 kilos par heure, ou 60,000 kilos par journée de 10 heures.

Cuverie. — Ce département comprend deux pièces : une grande contenant 11 cuves et un pressoir, et une autre petite avec 2 cuves seulement. Dans la grande pièce, se trouvent l'escalier pour monter à la foulerie et la porte de celui qui descend dans les caves souterraines.

L'édifice a 9 mètres de large, 4^m 50 de hauteur et une longueur totale de 36 mètres ; le chemin central entre les cuves est de 2 mètres. Deux des cuves sont en chêne de Bosnie et les autres en bois de *rauli* du pays. Elles sont de forme tronconique et d'une capacité de 120 hectolitres environ. Leurs dimensions sont : hauteur 2^m 40, grand diamètre, 3 mètres et diamètre supérieur, 2^m 60.

Deux sont fermées, deux pourvues de grilles intérieures et les autres ouvertes, mais pourvues d'une grille supérieure pour retenir le marc sous le liquide pendant la fermentation tumultueuse.

Avec une température ambiante, de 18° à 20°, qui est généralement celle de la cuverie, au moment de la vendange, la fermentation se fait rapidement et la cuvaison dure tout au plus 6 à 7 jours.

Le foulage dans la cuve ne se pratique que comme étude.

Une pompe, mue par le moteur, sert à décuver le vin, en le refoulant par un tuyau spécial dans les barriques placées dans les caves au niveau du sol.

Les marcs sont retirés des cuves et conduits mécaniquement sur le pressoir.

Le modèle employé est celui de Roudier, système Mabille

perfectionné. La pompe pour le décuvage et celles employées pour les soutirages sont de Moret et Broquet.

Le lavage des cuves et du pressoir se fait avec de l'eau claire, distribuée dans tous les édifices par une conduite spéciale.

Le sol de la cuverie est asphalté pour obtenir constamment une grande propreté dans ce département.

Les cuves sont placées sur deux rangs et la largeur de la cuverie se décompose comme suit :

Distance de la cuve du premier rang à la muraille. .	$0^m 50$
Diamètre inférieur de la cuve.	3 »
Chemin central.	2 »
Diamètre de la cuve du second rang.	3 »
Distance de la cuve du second rang à la muraille. .	0 50
Largeur totale de la cuverie.	$9^m 00$

Caves au niveau du sol. — Ces caves, au nombre de 7, sont perpendiculaires à la cuverie, à laquelle elles sont reliées par le corridor de service. Du côté du nord. elles sont en contre-bas d'environ $0^m 50$.

Elles ont toutes une longueur de 36 mètres et les plafonds sont à une hauteur de $3^m 50$ environ. Les 6 premières, à partir du côté sud, comprennent deux rangs de barriques et ont une largeur de 4 mètres, se décomposant de la manière suivante :

Distance de la muraille à la barrique du premier rang.	$0^m 06$
Longueur de la barrique	0 94
Largeur du chemin central	2 »
Longueur de la barrique du deuxième rang . . .	0 94
Distance de la barrique à la muraille	0 06
Largeur totale des caves.	$4^m 00$

La dernière du côté nord a 6 mètres environ de large et contient 3 rangs de fûts avec deux chemins de service.

Chaque rang, dans ces différentes caves, contient 5o barriques.

A l'exception des deux caves centrales, reposant sur les caves souterraines, les autres peuvent recevoir des rangs encarrassés en deuxième, ce qui permet de loger commodément 1,3oo fûts de 25o litres.

En raison de la disposition de ces bâtiments, les caves du côté nord sont plus exposées au soleil que celles du côté sud qu'elles abritent. La température est assez uniforme dans chacune d'elles ; pendant l'hiver, elle est de 11 à 13°, et durant la belle saison de 15 à 18° dans les deux caves du côté nord. Dans celles du sud, elle est de 11 à 12° en hiver et de 14 à 16°, en été.

Ces départements sont complètement clos et chaque cave n'a qu'une porte qui donne sur le corridor de service.

Le sol est asphalté ; les murs et les plafonds sont peints à la chaux.

Les chantiers, sur lesquels reposent les vaisseaux vinaires, ont 18 centimètres de hauteur; ils sont formés par une assise de briques, sur laquelle est placé un madrier de bois de cyprès de 5 centimètres d'épaisseur.

Les caves du nord servent à loger les vins de première année, les autres, qui sont plus fraîches, sont réservées pour les vins de deux et trois ans.

Caves souterraines. — Les deux caves souterraines occupent la partie centrale de l'édifice et ont les mêmes dimensions que celles au niveau du sol.

L'entrée est située dans la cuverie ; on y descend par un

escalier, qui est fermé par une porte horizontale en haut et une
autre porte verticale à coulisse en bas.

Précédant les deux caves, il existe un caveau dans lequel s'ouvrent leurs portes.

Les murailles sont en pierre et peintes à la chaux. Les plafonds sont en bois recouverts d'une épaisse couche de terre
bien battue. La couche d'asphalte qui forme le sol des caves
supérieures, augmente encore les conditions d'isolement. — Le
sol est aussi asphalté.

Ces caves sont très saines, ni trop humides, ni trop sèches et
sont complètement closes.

La température est de 12° à 13° durant l'hiver et de 14° à 15°
pendant l'été.

Chaque cave peut recevoir 200 barriques en engerbant en
deuxième. Si on forme les lignes de trois rangs, on peut loger
300 barriques, soit 600 fûts dans les deux caves souterraines.

Dans ces caves se placent les vins de plus de deux ans.

De chaque côté du caveau, il y a des casiers qui permettent
de loger 30 barriques de vin en bouteilles.

Vaisseaux vinaires. — Ceux employés dans les caves de la
Quinta Normal sont des barriques d'une capacité uniforme de
250 litres. Cette unité de capacité offre une grande commodité
pour les soutirages et les autres opérations qui s'effectuent dans
les caves; elle permet d'apprécier facilement les quantités de
vin qui existent dans les différents chais.

Les barriques ont les dimensions suivantes :

Longueur. . . . . 0 mètre 94
Grand diamètre extérieur. . . 0 — 72
Petit . . . . 0 — 60

Leurs poids est de 45 kilogrammes environ.

Elles sont en chêne de Bosnie et cerclées en fer, l'épaisseur des douelles est de 3 centimètres.

Il existe aussi quelques fûts en *rauli* du pays (Fagus obliqua) qui servent pour les vins de presse, pour les lies et pour les piquettes.

On a choisi les fûts de petite dimension pour les raisons suivantes : ils sont plus faciles à manier par les élèves, les pertes sont moindres lorsqu'il arrive un accident à un barrique, et enfin, le vin se fait plus lentement et mieux dans ces conditions.

Soins aux vins donnés dans les caves. — Les vins rouges sont décuvés et distribués par parties égales, dans les barriques, afin d'obtenir une seule sorte de liquide.

Les fûts ont leur bonde posée, jusqu'à la fin de la fermentation lente, et l'ouillage se fait tous les deux jours. La fermentation insensible terminée, les barriques se bondent hermétiquement et l'ouillage a lieu une ou deux fois par semaine, avec du vin de même nature.

Les bondes employées sont de cristal.

Le premier soutirage se pratique en juin ou au commencement de juillet ; le second a lieu en septembre, le troisième en décembre et le quatrième en mars.

L'opération du soutirage se fait au moyen du soufflet ; on emploie aussi la pompe rotative de Moret et Broquet.

Durant la seconde année, on pratique deux soutirages ; le premier en août et l'autre en mars.

Les fûts sont mis bonde de côté au commencement de la deuxième année.

Pendant la troisième, les soins sont les mêmes que ceux de l'année précédente.

La clarification des vins se fait avec des blancs d'œufs, de la gélatine Laîné ou de la poudre Appert.

A trois ou quatre ans, selon les vins, ils sont mis en bouteilles, pour être vendus.

Pour les vins blancs, la fermentation a lieu dans les barriques que l'on remplit complètement. Lorsque la fermentation tumultueuse a cessé, on ouille tous les deux jours, et, quand le dégagement de l'acide carbonique est terminé, on bonde hermétiquement et l'ouillage se fait une ou deux fois par semaine.

Les soutirages et les autres soins, durant les première, deuxième et troisième années, sont à peu près les mêmes, que ceux indiqués pour les vins rouges.

Les vins blancs fabriqués à la *Quinta Normal* appartiennent à la catégorie des vins secs.

Instruments, outils et ustensiles pour la vinification et pour le travail des caves. — Asces à raser. — Alphabets et chiffres. — Arrache-bouchons, divers systèmes. — Bat-beurre. — Baquets ordinaires. — Baquets divers. — Bascule vinicole de Chameroy imprimant le poids. — Bassines diverses. — Bidons automatiques et autres. — Bidons gradués. — Bailles à lie. — Bondons ouilleurs automatiques. — Battes à double effet et ordinaires. — Boîtes postales pour bouteilles. — Bondonnières diverses. — Bouche-bouteilles divers. — Brûle-soufre à godet. — Brocs divers. — Brosses diverses. — Cannelles à soutirer, diverses. — Chaînes à rincer les bouteilles. — Chaînes à rincer les fûts. — Cannes bordelaises. — Ciseaux divers. — Chandeliers de cave. — Couteaux divers. — Casiers à bouteilles. — Chevalet à transvaser. — Capsules à bouteilles (échantillons divers). — Conduits en fer-blanc. — Crics ordinaires. — Crics bordelais. — Crochet à fil de fer. — Dames-

jeannes diverses. — Décanteurs. — Cuirs à soutirage. —
Egouttoirs à bouteilles. — Entonnoirs divers. — Douilles
diverses. — Enveloppes en paille et autres substances (échantillons). — Essettes diverses. — Etiquettes de caveau et autres
(échantillons). — Faussets divers. — Filtres Mesot et autres.
— Fiches de fûts. — Forets à air et autres. — Fouets à coller,
divers. — Fourneaux pour faire fondre la cire. — Goupillons à
rincer les bouteilles. — Goûte-vin divers. — Grattoirs. —
Jauges. — Lampes de sûreté à pétrole. — Leviers pour soutirage. — Débondoirs. — Machines à boucher les bouteilles de
Ducourneau. — Machines à capsuler les bouteilles, divers systèmes. — Machine à déboucher les bouteilles. — Machines à
rincer les bouteilles. — Machine à tirer en bouteilles. — Machine
à estamper les bouchons. — Marques à chaud, une collection.
— Marteaux à caisses. — Martinets divers. — Mèches diverses.
— Mesures poinçonnées diverses. — Ouilloirs divers. — Paniers
à bouteilles divers. — Pinces diverses — Plaques en tole émail-
lées (échantillons). — Pompes rotatives Moret et Broquet. —
Porte-bouteilles en fer. — Porte-étiquettes, divers échantillons.
— Poulains. — Presses à plomb. — Robinets divers. —
Siphons. — Soufflets bordelais pour soutirer. — Tenailles. —
Tapettes. — Tire-bondes divers. — Tire-bouchons divers. —
Verres à déguster. — Nécessaire de dégustation. — Vilebrequins.
— Vrilles. — Fouloirs-égrappoirs Mabille. — Pressoir Roudier.
— Pompe à soufflet. — Appareil à gerber. — Bondes en verre,
en chêne (échantillons). — Bouchons liège (divers échantillons).
— Cire à cacheter les bouteilles (échantillon). — Papier filtre
(échantillon). — Pointes, clous, toile à bonder, etc. (échantil-
lons). — Alambic d'essai pour vins, Salleron. — Acétimètre
Réveil et Salleron. — Alcoomètres divers. — Aréomètres

divers. — Densimètres. — Ebullioscope de Maligand. — Gleu-
comètres de Guyot. — Pèse-moût divers. — Œnomètre Amagat.
– Œnobaromètre de Houdart. — Gypsomètre de Salleron. —
Vinicalorimètre de Salleron. — Chauffe-vin de Houdart. —
Alambic de Vialyn. — Alambic charentais. . . 565 pièces.

Tonnellerie. — La tonnellerie est une annexe obligée des
caves. Les vaisseaux vinaires sont fabriqués sur place. Les
douelles de chêne sont achetées en France et celles de *rauli*
dans le pays.

Jusqu'à présent, il est très difficile de trouver du bois de
rauli bien sec, comme cela est nécessaire pour la fabrication
des fûts.

Ce bois est inférieur au chêne, mais comme au Chili on ne
vend point, jusqu'à présent, les vins en fûts, il s'ensuit que les
mêmes barriques doivent servir constamment dans les caves, et
une fois vinées, la qualité du bois a beaucoup moins d'importance.

C'est pour cela que le *rauli* est généralement employé pour
les vins ordinaires.

La tonnellerie possède une collection complète d'outils pour
les différents travaux de fabrication et de réparation des fûts.

Distillerie. — Elle sert à la distillerie des eaux de marcs, des
lies, etc.

En outre, on distille chaque année le vin qui provient de la
folle blanche pour faire du cognac.

L'appareil employé est l'alambic charentais, avec chauffe-
vin. Il fonctionne très bien et donne des résultats satisfaisants.

Personnel et ouvriers des caves. — Les caves et leurs annexes
sont placées sous la surveillance du maître de chais de l'Ecole
Pratique.

Les travaux de vinification et ceux des caves sont exécutés par les élèves de la section spéciale de l'établissement, ceux-ci doivent faire un apprentissage complet, pour être en mesure, à la fin de leurs études, de diriger des chais d'une façon convenable.

VUE INTÉRIEURE DU HANGAR

DES INSTRUMENTS ET MACHINES AGRICOLES

VUE INTÉRIEURE DU HANGAR

DES INSTRUMENTS ET MACHINES AGRICOLES

INSTRUMENTS ET MACHINES

AGRICOLES

HANGAR OÙ ILS SONT RÉUNIS

Jusqu'à ces derniers temps, l'agriculture chilienne a été exclusivement extensive et ses deux industries principales ont été : la culture en grand des céréales et l'élevage des animaux en plein air, sans l'intervention des soins immédiats de l'homme.

Comme il était naturel, dans de telles conditions, les machines et instruments agricoles employés étaient primitifs, peu variés, et leur importance assez secondaire.

Mais depuis quinze ou vingt ans, d'immenses progrès se sont réalisés dans toutes les branches de production du pays et surtout dans son agriculture. Cette industrie, abandonnant ses anciens procédés culturaux, devient chaque jour plus intensive, principalement dans les régions soumises à l'arrosage artificiel.

La culture des plantes sarclées, celle des plantes industrielles,

comme le tabac, le sorgho, la betterave, etc., la viticulture surtout, l'industrie du foin pressé, la fabrication du beurre, des
fromages, etc., etc., se sont développées d'une façon surprenante
et tout fait prévoir que le mouvement commencé s'accentuera
encore davantage avec le temps.

Aussi, les machines spéciales, pour ces nouvelles cultures,
sont devenues nécessaires et se sont répandues rapidement
dans tout le pays.

Comme la main d'œuvre est peu abondante relativement à
l'importance des industries, l'agriculteur se voit obligé à subs-
tituer, partout où cela est possible, au travail de l'homme
celui des machines, afin de produire beaucoup et économiquement.

Actuellement, les machines agricoles jouent donc un rôle pré-
pondérant dans l'agriculture chilienne et ce rôle tend à s'augmenter tous les jours,

La *Quinta Normal* a toujours attaché une grande importance
à la mécanique agricole ; elle s'est efforcée de propager les machines les mieux appropriées aux divers besoins culturaux et
aux différentes industries rurales. Elle a organisé un musée per-
manent de machines et instruments agricoles, où les exposants
envoient leurs spécimens pour les faire connaître.

En outre, pour les besoins de l'enseignement, l'Institut Agricole et l'Ecole Pratique possèdent des collections de machines,
qui sont réunies dans un grand hangar. Il fait partie de l'ensemble des constructions de l'Ecole Pratique.

Ce hangar, construit d'une façon rustique, présente un intérêt
spécial pour les agriculteurs chiliens, en leur donnant une idée
de ce qu'on peut obtenir partout et à peu de frais.

Il est entièrement formé de troncs d'eucalyptus âgés de dix

à douze ans, provenant des plantations de la *Quinta Normal*. Toutes les pièces, qui entrent dans cet édifice, sont brutes et sont reliées avec des boulons et de grands clous.

En dehors des poteaux, qui avaient quelques mois d'abatage, tout le reste du bois a été employé complètement vert.

Malgré cela, aucun mouvement ne s'est produit et la construction a résisté à plusieurs violents ouragans.

Toutes ces machines s'emploient journellement dans les différents travaux de la *Quinta Normal*.

La scie travaille une bonne partie de l'année et le moteur marche tous les jours pour les divers travaux.

On le chauffe avec des résidus : balayures et sarments de vigne, feuilles et écorces d'eucalyptus.

Personnel. — Le hangar et toutes les machines sont sous la garde d'un mécanicien. Les élèves nettoient le moteur, démontent toutes les machines et se familiarisent ainsi avec elles sous la direction du mécanicien.

Liste des instruments et machines agricoles qui forment les collections réunies dans le grand hangar.

Instruments aratoires manuels.

Pelles pour bêcher, divers modèles. — Pelles pour charger ou niveler. — Pelles pour nettoyer les fossés, rigoles, canaux. — Fourches pour bêcher, divers modèles. — Fourches pour charger et recueillir. — Râteaux ordinaires. — Râteaux ratissoires. — Houes diverses. — Serfouettes. — Binettes. — Instruments divers. .   .   .   .   Ensemble : 248 instruments

Instruments aratoires mus par des moteurs.

Charrues araires en bois. — Charrues araires en bois et en
fer. — Charrues araires en fer. — Charrues Hornsby en fer.
— Charrues du Dr Sack. — Charrues Braban simples à un corps
de Bajac. — Charrues Braban simples à deux et à trois corps de
Bajac. — Charrues Braban doubles à un corps de Bajac. —
Charrues Braban doubles à deux et à trois corps de Bajac. —
Charrue Braban double défonceuse de Bajac. — Charrues Til-
bury simples à un corps et à deux corps. — Charrues rigoleuses.
— Charrues diverses. — Fouilleuses à trois pieds de Bajac. —
Déchaumeuses de Howard et de Bajac. — Butteurs, divers mo-
dèles. — Houes, divers modèles. — Houe-bineuse de Durand.
— Cultivateurs américains. — Scarificateurs divers. — Arra-
cheurs de pommes de terre. — Arracheurs de betteraves. —
Herses Valcourt, triangulaires, à chaînes, etc. — Rouleaux
lisses, Croskill, etc. — Pelles à cheval, niveleurs, etc. — Instruments divers. . . . . . . Ensemble : 158 instruments.

Instruments pour les semailles.

Semoirs à main, à la volée. — Semoirs à main, en lignes. —
Semoirs à la volée ne couvrant pas la semence. — Semoirs à
la volée couvrant la semence. — Semoirs en lignes pour toutes
graines, de Smith. — Semoirs en lignes de Lapparent. — Semoirs en lignes pour maïs, haricots. — Semoirs d'engrais de
L. Couteau et américain. . . . . Ensemble : 15 instruments.

Instruments pour la récolte de céréales, plantes granifères,
plantes fourragères, etc.

Faucilles diverses. — Faux diverses. — Sapes diverses. —

Faucheuses Hornsby et Champion. — Faucheuse Hornsby spéciale pour maïs, sorgho. — Moissonneuse Champion. — Moissonneuse lieuse de Hornsby. — Faneuse mécanique de Hornsby. — Râteau à cheval américain et Howard. . . .
. . . . Ensemble : 87 instruments.

Machines pour le battage, l'égrenage et le nettoyage
des récoltes.

Machine a battre simple de Lotz. — Machine à battre de Ransomes et Sims. — Machine à battre de Pitts. — Machine à égréner le trèfle, la luzerne d'Albaret. — Tarares de Hornsby, de Boby. — Trieur de Clert. . . . Ensemble : 7 machines.

Instruments pour la préparation des aliments
pour les animaux.

Coupe-racines, dépulpeurs. — Hache-paille, maïs, etc. d'Albaret. — Laveur de racines d'Albaret. — Concasseurs, moulins. . . . . Ensemble : 10 instruments.

Instruments et appareils de transport.

Brouettes à bras. — Charrettes à bœufs. — Chariots. — Camions. — Voitures à bras. — Autres véhicules. . . . . .
. . . . Ensemble : 39 instruments.

Instruments et appareils divers.

Une scie circulaire automatique d'Arbey. — Une scie circulaire ordinaire. — Appareils pour aiguiser les scies. — Un moteur à vapeur force de huit chevaux (Ecole des Arts et Métiers, Santiago). — Une transmission avec ses poulies et courroies

pour mettre en mouvement les machines agricoles et les appareils et instruments de vinification.   Ensemble : 7 instruments.

Harnais.

Harnais pour 12 paires de bœufs. — Harnais pour 6 chevaux.
— Ensemble : 18 harnais.

CHAMP D'ÉTUDES

ET D'EXPÉRIENCES AGRICOLES

Il sert aux démonstrations et applications des cours d'agriculture de l'Institut Agricole et de l'Ecole Pratique. Toutes les plantes agricoles appartenant à la région sont cultivées dans ce département, et les produits qu'elles donnent, enrichissent les collections de la *Quinta Normal* ou servent pour les échanges avec les autres pays.

Une partie de cette section est destinée aux expériences culturales agricoles. C'est dans ce département qu'ont été étudiées méthodiquement les plantes suivantes : tabac, betterave fourragère, betterave à sucre, ramie, topinambour, houblon, sarrazin, sorgho sucré, sainfoin, moha vert de Californie, etc., etc.

Avant l'Exposition de 1884, le terrain de cette section contenait environ un hectare. Les édifices, construits à cette occasion, ont réduit cette surface de moitié ; mais, en compensation, les expériences culturales se font actuellement dans la section des grandes cultures et il reste assez d'espace pour l'étude des plantes de collection.

CULTURES AGRICOLES

Plantes fourragères, prairies. — Plantes alimentaires.
Plantes sarclées. — Plantes industrielles.

Sous un climat favorable, avec un sol d'une haute fertilité et de l'eau très riche pour les arrosages, toutes les cultures sont possibles à la *Quinta Normal*. On doit, dans de semblables conditions, où le terrain a une grande valeur, viser, par tous les moyens possibles, au maximum de produits bruts. C'est seulement en appliquant ce principe que l'on pourra obtenir du sol l'intérêt du fort capital qu'il représente, et réaliser des bénéfices.

Mais les cultures de la *Quinta Normal* ne constituent point une simple spéculation, elles ont un autre but. Elles doivent satisfaire à certains besoins des différentes sections de l'établissement, auxquelles elles servent de base, et, avant tout, servir à l'enseignement comme champs d'essais et d'expériences.

Les prairies, les fourrages annuels et les autres plantes agricoles servant à l'alimentation des animaux domestiques, forment les cultures les plus importantes et occupent une surface bien plus considérable que les autres. En effet, l'hôpital vétérinaire, l'Institut de vaccine animale, le jardin zoologique, la section zootechnique de l'Ecole Pratique, les animaux de travail et de service et ceux des concours annuels, représentent une moyenne de 150 têtes de gros bétail de poids ordinaire, qu'il faut alimenter convenablement durant toute l'année. Ces animaux, d'espèces si différentes, ont des exigences très diverses.

Il faut, par conséquent, une production fourragère abondante et très variée pour satisfaire à tous ces besoins.

Cette production comprend :

30 hectares de prairies temporaires composées de luzerne, trèfle violet, raygrass et autres graminées.

4 — de topinambours, betteraves, carottes et navets.

4 — de fourrages annuels : maïs, avoine et orge en vert.

2 — de féveroles, orge et avoine en grain, soit un total d'environ 40 hectares affectés à la production des plantes fourragères et autres pour l'alimentation des animaux.

Une grande partie du fourrage des prairies est consommée en vert sur place ou à l'étable, et le reste est converti en foin. Le maïs est mangé en vert à l'étable, une certaine quantité est aussi ensilée.

Les racines et tubercules sont récoltés au fur et à mesure des besoins de la consommation. Les hivers sont très doux et ces produits ne se conservent pas longtemps, une fois arrachés.

Les grains servent surtout pour les jeunes animaux et pour les reproducteurs.

Les luzernières se maintiennent productives, sans soin aucun, pendant 6 à 8 ans, et, quand elles reçoivent quelques nettoyages, elles durent de 15 à 20 au moins. Elles donnent trois coupes abondantes et un regain d'une certaine importance.

On obtient facilement, dans les luzernières de la *Quinta Normal*, 100.000 kilogrammes de produit vert à l'hectare et par an.

Cette plante ne souffre point des gelées d'hiver, mais elle ne végète pas durant cette saison ; il y a un repos hivernal d'environ trois mois, du 15 mai au 15 août.

Le trèfle violet donne des résultats merveilleux et croît pendant une grande partie de l'hiver ; comme pour la luzerne, on peut faire quatre coupes par an et obtenir un poids égal de récolte.

Le ray-grass et quelques autres graminées qui envahissent facilement les trèfles et les luzernes constituent un fourrage vert très abondant pendant l'hiver.

Grâce à cette plante et aux arrosages, on fauche de l'herbe tous les jours de l'année à la *Quinta Normal*, et les animaux ont constamment une nourriture abondante et variée.

L'avoine fauchée durant l'hiver fournit une quantité de produit qui dépasse souvent 50,000 kilos par hectare.

Le maïs fourrage donne aussi des résultats énormes.

Les plantes annuelles viennent toujours comme cultures dérobées après une récolte du commencement de l'été ou de la fin de l'automne.

Les topinambours donnent des rendements de 400 à 500 hectolitres à l'hectare et se reproduisent sur le même terrain pendant longtemps.

Les betteraves fourragères et les autres racines se cultivent comme plantes dérobées et rapportent beaucoup.

Les animaux de l'hôpital vétérinaire, ceux du jardin zoologique, vivant constamment en stabulation et ceux de l'Ecole Pratique qui passent l'hiver à l'étable, ont besoin de litière, produit toujours rare et très cher à Santiago.

Cette circonstance, ajoutée aux besoins de l'enseignement, oblige à la culture des céréales sur une certaine échelle, bien qu'économiquement parlant, ces plantes n'aient pas leur raison d'être à la *Quinta Normal*.

Les céréales cultivées sont les suivantes :

3 à 4 hectares de froment de différentes espèces : blés durs, blés tendres et blés poulards.

3 à 4 hectares d'avoine et d'orge de diverses sortes : avoine blanche et noire ; orge Chevallier et commune.

Ces cultures succèdent toujours aux plantes sarclées et se sèment en lignes et à la volée.

Les blés durs et les blés poulards donnent de meilleurs résultats que les blés tendres, qui ne se trouvent pas dans des conditions aussi favorables. Les ennemis principaux du blé, à la *Quinta*, sont la rouille et la verse.

La récolte se fait avec la moissonneuse-lieuse de Hornsby, et le battage s'effectue avec la machine de Ransomes ou celle de Pitts.

Les rendements sont assez variables suivant les années ; la moyenne est de 3o hectolitres à l'hectare avec un poids considérable de paille.

Les orges rendent davantage, mais l'avoine donne moins ; les grandes chaleurs du printemps lui sont défavorables.

L'avoine semée de bonne heure à l'automne et coupée comme fourrage durant l'hiver, repousse et donne une récolte en grains relativement assez satisfaisante.

La culture des plantes sarclées farinacées et celle des plantes-

légumes, constituent au Chili une industrie spéciale. Elle est entreprise presque uniquement par les travailleurs agricoles qui
ont la main-d'œuvre suffisante à leur disposition. Ces produits
forment avec le pain la base de leur alimentation.

Pour l'enseignement et aussi pour les besoins de l'Ecole Pratique, ces cultures s'ajoutent aux autres plantes sarclées de la
Quinta et entrent, comme elles, dans la rotation du plan cultural.

Les principales plantes de cette catégorie cultivées dans l'établissement sont : les haricots, petits pois, lentilles, fèves, pois
chiches, giraumons, melons, pastèques, oignons, pommes de
terre, tomates, piments, etc.

L'étendue consacrée à ces cultures est d'environ 4 hectares et
la plupart des travaux qu'elles demandent, sont exécutés avec
des machines perfectionnées.

Les vallées et les plaines arrosées du Chili se trouvent dans
d'excellentes conditions naturelles et économiques pour la culture de la plupart des plantes industrielles qui appartiennent à
cette région. Cependant, c'est à peine si l'agriculture chilienne
commence à entrer dans cette voie si productive. A ce point de
vue, il y a de grands progrès à réaliser.

La *Quinta Normal* a fait les plus grands efforts pour la propagation de ces cultures, pratiquant les essais et expériences nécessaires pour éclairer les agriculteurs sur chacune des plantes
qui pourraient avec avantage convenir au pays.

Dans l'établissement, les principales plantes industrielles sont:
le tabac, betterave à sucre, sorgho sucré, colza, lin, ramie,
houblon, etc.

Toutes ces cultures sont l'objet de soins particuliers et donnent de très beaux résultats.

Elles occupent une étendue d'environ 4 à 5 hectares chaque année.

Tableau des plantes agricoles cultivées à la *Quinta Normal* :

Plantes fourragères et prairies. . .	40 hectares environ.
Céréales	8 —
Plantes sarclées et farinacées . . .	4 —
Plantes industrielles.	5 —
Total	57 hectares environ.

Personnel et travailleurs de cette section.

Les cultures agricoles sont dirigées par le chef de culture de l'Ecole Pratique et tous les travaux sont exécutés par les élèves de la section spéciale de l'établissement.

BOIS ET PLANTATIONS

EN LIGNES

Dans la plaine de Santiago, le bois de feu et les bois de construction sont rares et toujours chers.

Au moyen de plantations en lignes et par la formation de petits bois, dans les terrains qui ne se prêtent point aux cultures ordinaires, on arriverait, en peu d'années, à obtenir tout le bois de feu nécessaire pour la consommation de la ville et une grande partie du bois propre aux usages ruraux.

En outre, ces plantations assainiraient les terrains, influeraient favorablement sur le climat et donneraient au pays un aspect plus pittoresque et plus agréable.

Les bois et plantations de la *Quinta Normal* ont été créés pour répondre à ces vues. L'établissement possède : les bois d'eucalyptus, situés au bord du canal du *Galan* et du canal de l'Est ; celui de casuarines à la suite de ce dernier ; les bois de peupliers qui bordent, des deux côtés, le canal du *Galan* dans la partie ouest de l'établissement. Leur étendue totale est d'environ deux hectares.

On formera prochainement, dans les terrains nouvellement acquis, des bois de chênes et d'acacias.

Toutes ces plantations utilisent des terrains qui ne sont aptes à aucune autre culture, et donnent un revenu considérable en produits de grande utilité.

PÉPINIÈRES

D'ARBRES FORESTIERS ET D'ORNEMENT

Au Chili, comme dans les pays nouveaux, la conquête des terrains pour les besoins de l'agriculture et leur appropriation aux diverses industries rurales ont entraîné la destruction plus ou moins complète des arbres et arbustes indigènes, partout où ils croissaient spontanément dans les vallées, les plaines et les plateaux, aujourd'hui cultivés.

Les mines ont aussi puissamment contribué au déboisement des montagnes, principalement dans les régions du nord et du centre.

Cependant, sous un climat aussi lumineux, les bois et les plantations de toutes sortes, convenablement distribués, constituent une nécessité impérieuse pour l'agriculture qui a besoin d'ombrage pour ses animaux et de bois pour ses constructions.

Enfin, d'immenses étendues dans les vallées, les plaines et sur les versants des coteaux, autrefois complètement stériles, sont aujourd'hui fertiles, grâce aux irrigations artificielles et propres, par conséquent, aux plantations arboricoles.

Les clôtures forment actuellement partie du système cultural ; partout où cela est possible, on remplace les murs de terre par des haies vives et des lignes d'arbres. On obtient ainsi de grands avantages au point de vue économique et une meilleure utilisation du terrain.

D'un autre côté, par suite du progrès général, les propriétaires terriens ont été amenés à créer des parcs et jardins autour de leurs habitations de campagne.

Les villes nouvelles et les anciennes qui s'agrandissent et s'embellissent chaque jour, ont aussi besoin d'arbres pour leurs places et avenues.

Pour ces diverses raisons, le Chili s'est trouvé dans des conditions particulières relativement à l'arboriculture et a bientôt cherché à répondre à tous ces besoins.

Ainsi, une des premières obligations imposées à la *Quinta Normal* a été la multiplication et la propagation des arbres exotiques et indigènes.

Aujourd'hui, elle fournit aux diverses municipalités de la République 20,000 arbres par an pour leurs plantations.

Elle vend aux particuliers des quantités considérables d'arbres, grands et petits.

C'est elle qui a propagé tous les arbres exotiques existant actuellement dans le pays.

Les pépinières de la *Quinta Normal*, où a lieu la multiplication des arbres et arbustes forestiers et d'ornement, forment une section des plus importantes de l'établissement.

Elles occupent une étendue d'environ 6 hectares.

La *Quinta Normal* a donc largement rempli son devoir de ce côté, et cela suffirait grandement pour justifier les dépenses qu'elle a occasionnées.

Les principaux arbres et arbustes cultivés sont groupés d'après la classification suivante :

Arbres et arbustes résineux à feuilles caduques.

Cyprès chauve, Gingko du Japon, Mélèze d'Europe.

Jusqu'à présent, aucun de ces arbres n'a pris une importance sérieuse au Chili ; cependant le cyprès chauve pourrait occuper de grandes étendues de terrains marécageux, où il croît très bien et qui sont impropres à tout autre culture.

Arbres et arbustes résineux à feuilles persistantes.

Pins, sapins, épicéas, cèdres, araucarias, séquoias, dammaras, cyprès, cryptomerias, retinospores, chamecyparis, thuias, thuiopsis, *alerces*, callitris, génévriers, libocèdres, céphalataxes, ifs, podocarpes, *lleuques*, *saxe-gothœas*, *fitz-royas*, casuarines, eucalyptus, molles de Bolivie, grévillées, etc.

Ces arbres et arbustes se développent parfaitement dans toutes les régions agricoles du pays.

L'eucalyptus, surtout l'eucalyptus globulus, est très apprécié et sa culture augmente, chaque année, dans le centre et le nord. Le bois de cet arbre s'emploie comme bois de feu, pour la fabrication du charbon et pour les constructions rurales. La casuarine croît presque aussi rapidement que l'eucalyptus et est plus rustique, surtout durant les premières années. Cette essence paraît appelée à un grand avenir au Chili.

Le pin maritime et celui de la Californie sont aussi très cultivés et forment déjà des plantations importantes sur plusieurs points.

Arbres et arbustes non résineux à feuilles caduques.

Acacias robiniers, alisiers, aralias, aubépines, *ailantes*, arbres de Judée, aunes, amorphes, azalées, bonduc, bouleaux, calycantes, catalpas, celtis, chênes, châtaigniers, colubrines, cinamomo, deutzias, diospyros, érables, frênes, féviers du Chili, genêts, groseilliers, hêtres, lagerstrœmias, lilas, maclures épineux, magnoliers à feuilles caduques, mûriers, marronniers, millepertuis, noyers, noisetiers, oliviers de Bohême, ormes, osiers, platanes, peupliers, poiriers du Japon, paliures, poincianas, sorbiers, sureaux, sumacs, tamarix, tilleuls, tulipiers, viornes, weigélies, etc.

Parmi ces arbres les plus cultivés sont : les acacias, les chênes et les peupliers. Ces derniers surtout, qui étaient les seuls arbres forestiers connus il y a trente ans au Chili, sont les plus répandus, à cause de leur facile multiplication.

Maintenant on plante les chênes un peu partout, pour avoir plus tard du bois pour la fabrication des futailles.

Arbres et arbustes non résineux à feuilles semi-persistantes et à feuilles marcescentes.

Chênes à feuilles falquées, chênes à feuilles de châtaignier, *robles* chiliens, *raulis, coïguës*, etc.

Arbres et arbustes non résineux à feuilles persistantes.

Acacias mimosées, aveliniers du Chili, alaternes, *arrayans* du Chili, aucubas, bambous, berberis, buis, brachychitons, *bellotos, boldos*, camellias, *canelos*, carroubiers, céanothus, *ciruelillos*, chênes-liège, chênes verts, *culenes*, crategus, daphnés, dracenas, erythrines, escalonias, fuschias, lantanas, *laureles* du Chili, *lingues*, mahonias, *maquis*, *maïtenes*, néfliers du Japon, ombus, *peumos*, pittosporus, *quillay*, etc.

L'acacia melanoxylon est très apprécié au Chili, le chêne-liège commence aussi à se répandre.

Liste des arbres et arbustes forestiers et d'ornement, qui existent dans les pépinières de la Quinta Normal.

Acacia commun	Robinia pseudo-Acacia
— boule	— inermis
— à fleur rose	— hispida
Ailante	Ailanthus glandulosa
Amorpha en arbre	Amorpha fruticosa
Aralia du Japon	Aralia Japonica
— épineux	— spinosa
Aune commun	Alnus communis
Araucaria du Chili.	Araucaria imbricata
— du Brésil	— brasilensis
— escelsa	— excelsa
Abutilon strié	Abutilon striatum
Acacia (mimosa)	Acacia cyanophylla
— de albata	— dealbata
— melanoxylon	— melanoxylon
— lophanta	— lophanta
— longifolia	— longifolia
— cavenia	— cavenia
Agave commun	Agave americana
Arrayan du Chili	Cythorexylon cyanocarpum
Aucuba du Japon	Aucuba japonica
Bignonia catalpa	Bignonia catalpa

Bonduc	Gymnocladus canadensis
Buis toujours vert	Buxus sempervirens
Bambusa gracilis	Bambusa gracilis
— australis	— australis
— Bituny	— Bituny
Brachychiton populeum	Brachychiton populeum
Berberis à feuille ronde	Berberis rotundifolia
Balfuria pittosporoides.	Balfuria pittosporoides
Belloto du Chili.	Bellota miersi
Casuarina stricta	Casuarina stricta
— équisetifolia	— equisetifolia
Camphrier	Laurus camphora
Cêdre du Liban	Cedrus libanus
— de l'Atlas	— atlantica
— l'Himalaya	— deodora
Cephalotaxus Fortunei	Cephalotaxus Fortunei
Chêne pédonculé	Quercus pedunculata
— sessile	— sessiflora
— à feuille de châtaignier	castanea
— rouge d'Amérique	— rubra
— à gros fruit	— macrocarpa
Chêne-liège	Quercus suber
— vert	— ilex
— à feuille en faux	— falcata
Cinamomo	Cinamomum ceylanicum
Cryptomeria du Japon	Cryptomeria japonica
— élégant	— elegans
Cyprès de Lawson	Cupressus lawsoniana
— chauve	— disticha
— pyramidal	— pyramidal

Cyprès à gros fruit	Cupressus macrocarpa
— toruleux	— torulosa
— funèbre	— funebris
Camellia japonica	Camellia japonica
Catalpa Chavanon	Catalpa speciosa
Céanothe azuré	Ceanothus azureus
Chalef à feuille étroite	Eleagnus angustifolia
Chèvrefeuille toujours fleuri	Lonicera etrusca
— des jardins	— caprifolium
Clématite odorante	Clematis
Cornouiller sanguin	Cornus sanguinea
Coronille des jardins	Coronilla emerus
Cytise faux ébénier	Cytisus laburnum
Chamœcyparis obtusa	Chamœcyparis obtusa
Daphné lauréole	Daphne laureola
Deutzia à fleur double blanche	Deutzia candidissima fl. pleno
Datura arborea	Datura arborea
Dracœna draco	Dracœna draco
Diosma ovata	Diosma ovata
Erable plane	Acer platanoïdes
— champêtre	— campestris
— à feuille de frêne	— negundo
Erythrina crista galli	Erythrina crista galli
— coccinea	— coccinea
Eucalyptus globulus	Eucalyptus globulus
— amygdalina	— amygdalina
— colossea	— colossea
— gigantea	— gigantea
— rostrata	— rostrata
— resinifera	— resinifera

Eucalyptus sideroxylon	Eucalyptus sideroxylon
Epine noire. Prunellier	Prunus spinosa
— blanche. Aubépine	Cratœgus oxyacantha
— — à fleur double	— alba flore pleno
— — à fleur rose	— rosea
Escalonia à fleur blanche	Escalonia floribunda
Févier d'Amérique	Gleditschia triacanthos
Frêne commun	Fraxinus excelsior
— d'Amérique, blanc	— americana, alba
— de Chine	— sinensis
— pleureur	— pendula
Fusain commun	Evonymus europeus
Ficus élastique	Ficus elasticus
Gainier. Arbre de Judée	Cercis siliquostrum
Gardénia à grande fleur	Gardenia florida
Genêt d'Espagne	Genista monosperma
Genévrier commun	Juniperus communis
Gingko à deux lobes	Gingko biloba
Groseillier à grappe rouge	Ribes rubrum
Grévillée robuste	Grevillea robusta
Glycine de la Chine	Wistaria sinensis
Hêtre commun	Fagus sylvatica
Houx commun	Ilex aquifolium
If commun	Taxus baccata
Jacarande à feuille de mimosa	Jacaranda mimosæfolia
Jasmin jaune	Jasminum fruticans
— blanc	— officinale
— à grande fleur	— grandiflorum
Justicia picta	Justicia picta
Ketmie des jardins	Hibiscus Lyriacus

Lingue	Persea lingue
Lagerstrœmia indica	Lagerstrœmia indica
Laurier franc	Laurus nobilis
Lierre commun	Hedera Helix
— d'Irlande	— Hibernica
Lantane bicolore	Lantana albopurpurea
Libocèdre du Chili	Libocedrus chilensis
Lilas commun	Syringa vulgaris
— à fleur blanche	— alba
Lleuque du Chili	Podocarpus chilensis
Maclure épineux	Maclura aurantiaca
Magnolier à grande fleur	Magnolia grandiflora
— yulan	— yulan
Mahonie rampante	Mahonia repens
Marronnier d'Inde	Æsculus hippocastanum
Mélèze d'Europe	Larix Europœa
Millepertuis à grande fleur	Hypericum calycinum
Mûrier blanc	Morus alba
Molle de Bolivie	Schimus molle
Maquis	Aristotelia maquis
Maïten du Chili	Maitenus boatia
Nerprum commun	Rhomnus catharticus
Noisetier des bois	Corylus avellana
— pourpre	—, purpurea
Noyer cultivé	Juglans regia
— noir d'Amérique	— nigra
— blanc	— alba
Nerium oleander	Nerium oleander
— à fleur blanche	— alba
Orme commun	Ulmus campestris

Osier jaune	Salix vitellina
— rouge	— rubra
— blanc	— alba
Paliure épineux	Paliura aculeatus
Pavia rouge	Pavia rubra
Platane d'Orient	Platanus orientalis
Plaqueminier d'Italie	Diospyros lotus
Paulownia impérial	Paulownia imperialis
Poinciana de Gillies	Poinciana Gilliesii
Photinia luisant	Cratœgus glabra
Palmier Chamœrops arborescens	
— Latania erecta	
— Jubea spectabilis	
— Pritchardia filifera	
Peuplier pyramidal	Populus pyramidalis
— blanc	— alba
— gris	— canescens
— de la Caroline	— angulata
— pyramidal, à feuille persistante	
Pin maritime	Pinus maritima
— sylvestre	— sylvestris
— mugho	— mugho
— pignon	— pinea
— de Californie	— insignis
— ponderosa	— ponderosa
— du Lord	— strobus
— de Lambert	— Lambertiana
Patagua du Chili	Triscupidoria dependens

Peumo du Chili	Cryptocaria peumus
Pittospore de la Chine	Pittosporus chinense
Polygala à grande fleur	Polygala grandiflora
Protée à grandes feuilles	Protea cristata
Plumbago cœrulea	Plumbago cœrulea
Quillay du Chili	Quillaja saponaria
Retinospora pisifera	Retinospora pisifera
Rhododendron du Caucase, à fleur jaune	Rododendrum Caucasium luteum
Rosier Banks	Rosa Banksiana
— de Bengale	— Bengalensis
— des Alpes	— Alpina
— thé	— fragans vel iɩ dica
— de l'île Bourbon	— Borbonica
— hybride remontant	— hybrida perpetua
— toujours vert	— sempervirens
Romarin officinal	Rosmarinus officinalis
Sapin argenté	Abies pectinata
— pinsapo	— pinsapo
— de Nordmann	— Nordmanniana
Sequoia géant	Sequoia gigantea
— toujours vert	— sempervirens
Saule de Humboldt	Salix Humboldtiana
— pleureur	— Babylonica
— Marsault	— caprea
Sorbier des oiseaux	Sorbus aucuparia
Sophora du Japon	Sophorus japonica
Sureau commun	Sambucus nigra
Sumac des corroyeurs	Rhus coriaria
Spirée à feuille lobée	Spirea lobata

Seringa odorant	Philadelphus coronarius
Tamarix d'Allemagne	Tamarix germanica
Thuia occidental	Thuia occidentalis
— plicata	— plicata
— géant	— gigantea
Tulipier de Virginie	Liriodendron tulipifera
Tilleul commun	Tilia campestris
Troène commun	Ligustrum vulgare
— du Japon	— Japonicum
Viorne laurier-tin	Viburnum tinus
— commune	— lantana
— obier	— opulus
Weigelia rose	Weigelia rosea
Yucca superbe	Yucca gloriosa
— à feuille panachée	— foliis variegatis

Arbres et arbustes forestiers et d'ornement envoyés de la Quinta Normal aux diverses municipalités de la République, par ordre du Gouvernement, pendant l'année 1888.

Acacias robiniers . . .	1.650	arbres.
Ailantes	950	—
Acacias mimosas . . .	1.500	—
Casuarines	730	—
Chênes.	1.850	—
Cytises	50	—
Cyprès.	300	—
Catalpas	500	—
A reporter. . .	7.530	—

Report	7.53o	arbres.
Érables	1.9oo	—
Eucalyptus	5oo	—
Frênes	3.ooo	—
Grévillées.	4oo	—
Gleditschias	3oo	—
Marronniers d'Inde. . .	1oo	—
Molles de Bolivie . . .	15o	—
Noyers noirs d'Amérique.	1.o2o	—
Plaqueminiers	5oo	—
Pins.	2oo	—
Thuias	5oo	—
Troënes du Japon . .	45o	—
Arbustes divers	3.5oo	—
Arbres fruitiers	35o	—
Vignes	8.5oo	—
Total. . . .	28.9oo	arbres et arbustes

JARDINS

FRUITIERS ET POTAGERS

Bien peu de pays se trouvent dans des conditions aussi favorables que le Chili, pour la production des fruits propres à la région tempérée.

Dans toutes les zones agricoles, les arbres fruitiers croissent admirablement et fructifient avec une facilité extraordinaire.

Pour la plupart des fruits, la production annuelle est assez uniforme ; les récoltes sont abondantes tous les ans et les produits de première qualité.

La majeure partie des maladies et accidents climatériques, si fréquents ailleurs et qui détruisent les récoltes ou les diminuent notablement, sont inconnus au Chili.

La culture des arbres fruitiers ne présente aucune difficulté et tous les soins minutieux, absolument nécessaires dans beaucoup de contrées d'Europe, pour assurer les produits, n'ont point leur raison d'être, au Chili. Cette production est donc économique.

Les habitants, riches et pauvres, sont très amateurs de fruits et en font une grande consommation.

Les villes et les centres miniers de la région du nord, dont une grande partie est stérile, faute d'eau, constituent un débouché important, ainsi que toute la côte du Pacifique, jusqu'à Panama, qui ne produit pas de fruits des régions tempérées.

Malgré une situation aussi favorable, cette branche de production n'avait jusqu'à ces dernières années aucune importance, et bien que de grands progrès se soient déjà réalisés, il reste encore beaucoup à faire. Quand les agriculteurs comprendront les ressources que leur offre cette industrie, on étendra les plantations fruitières, et le Chili pourra devenir un grand centre d'exportation de fruits frais et conservés.

Dès les débuts, la *Quinta Normal* a compris l'importance de cette question, en prodiguant tous ses soins à sa section d'arboriculture fruitière.

Depuis longtemps déjà, il sort chaque année de cet établissement des milliers d'arbres fruitiers des meilleures espèces et variétés importées d'Europe et multipliées dans la section spéciale.

La *Quinta Normal* en a aussi envoyé une certaine quantité dans les pays voisins : au Pérou, en Bolivie et dans la République Argentine.

Enfin, la section d'arboriculture fruitière sert à l'enseignement du public et aux démonstrations et applications pratiques des cours de l'Institut Agricole et de l'Ecole Pratique.

Sous le climat de Santiago et en raison de la richesse des terrains et de celle des eaux d'irrigation de la *Quinta Normal*, on peut facilement associer la culture des légumes à celle des arbres fruitiers plantés et dirigés convenablement.

Cette disposition est même très favorable aux légumes d'été qui sont ainsi protégés contre l'ardeur des rayons solaires.

Les arbres sont également favorisés par les fréquents labours et nettoyages du sol, qu'exigent les plantes potagères.

Dans une partie des jardins, au lieu de légumes, le sol est occupé par des semis et repiquages d'arbres et d'arbustes.

De cette façon, il y a utilisation complète du sol et du milieu aérien et l'on obtient d'abondants produits sur un espace restreint.

Cette section comprend :

Un jardin fruitier.

Un verger.

Une pépinière d'arbres fruitiers.

Les plantes potagères.

Jardin fruitier.

Il a une surface d'environ 4 hectares et est divisé par carrés de un quart d'hectare chacun.

Il est situé au nord du bois d'eucalyptus, qui borde le canal du *Galan*, et s'étend jusqu'à l'avenue de l'Observatoire.

Ce jardin a pour objet l'étude des principales espèces et variétés d'arbres fruitiers propres à la région, les formes convenables et la taille la mieux appropriée.

Les principales espèces cultivées sont les suivantes :

Poirier, pommier, cognassier, grenadier, oranger, citronnier, cédratier, pamplemousse, *chirimoyo ;* pêcher, prunier, cerisier, abricotier, amandier ; *lucumo, peumo*, avocatier ; néflier de Germanie, néflier du Japon ; groseillier, framboisier, figuier ; figue de Barbarie ; noyer, noisetier ; châtaignier, olivier, caroubier.

Les formes adoptées pour les différents arbres sont :

Les cordons verticaux, horizontaux et obliques; les palmettes, fuseaux, pyramides, goblets.

D'une manière générale, les arbres fruitiers, comme tous les autres arbres soumis à l'irrigation, végètent vite, fructifient facilement et arrivent rapidement à l'état adulte ; aussi la vie de ces arbres est très courte.

A Santiago, un pêcher obtenu de noyau, greffé sur franc la même année, donne du fruit l'année suivante, est complètement développé à deux ans et vieux à huit ou dix.

Comme la fructification a lieu avec facilité, la taille doit toujours être modérée.

On a remarqué que les arbres greffés sur franc donnent de meilleurs résultats.

Verger.

Le verger, appelé en espagnol *arboleda*, est destiné à servir de modèle pour les jardins de fermes.

Ce département contient environ 2 hectares et sert en même temps aux cultures maraîchères, aux semis d'arbres, aux repiquages et à quelques autres cultures agricoles industrielles.

Les principaux arbres cultivés dans le verger sont : les poiriers et pommiers à fruits de table; les pommiers et poiriers à cidre, les amandiers, cognassiers, pruniers, oliviers, noyers, néfliers du Japon et de Germanie.

Tous ces arbres sont à haute tige et ont la forme en gobelets ou la forme naturelle.

La taille consiste généralement dans un simple nettoyage et rognage.

Les variétés cultivées sont surtout celles dont les fruits mûrissent au fruitier.

Pépinière d'arbres fruitiers.

Cette partie a pour but la multiplication des arbres fruitiers, leur greffage, etc., pour la vente et pour la propagation.

Elle comprend environ 1 hectare et contient plus de 20,000 arbres. Elle est située au sud de l'Observatoire et à l'ouest du jardin fruitier.

Les principales espèces et variétés d'arbres existant actuellement dans cette section sont les suivantes :

Fruits à couteau.

Abricotier royal.
—   blanc.
—   commun.
—   de Portugal.
—   précoce.
Amandier commun à coque dure (amande douce).
—   coque demi-tendre.   —
—   — tendre.   —
—   fine des Dames.   —
—   trèsgros fruit, coque dure.
—   à fruit amer.
Cerisier Bigarreau Baumann.
—   — blanc gros.
—   — Esperen.
—   — de fer.
—   — gros cœuret.

Cerisier Bigarreau gros noir.
— — rouge Büttner.
— — Turca.
— — rouge petit hâtif.
— cerise ombrée (grosse).
— — Duchesse.
— — gloire de France.
— — hâtive.
— — Holman's Duke.
— — Impératrice Eugénie.
— — Montmorency.
— — — à courte queue.
— — Reine Hortense.
— — rouge pâle (grosse),
— — Royale hâtive.
— Griotte courte queue.
— — naine précoce,
— — de Portugal.
— — ratafia (grosse).
— — de la Toussaint.
— Guigne Aigle noir.
— — Belle d'Orléans.
— — blanche (grosse).
— — pourpre hâtive.
— — précoce de Tarascon.
— — sucrée, Léon Leclerc.
Châtaignier commun.
— marron doré de Lyon.
— — franc du Limousin.
— châtaigne grosse noire précoce.

Châtaignier avant-châtaigne.
   —   Knight prolific.
Cognassier commun.
   —   du Portugal.
Figuier à figue violette.
   —   — blanche ronde de deux saisons.
   —   — rouge de Bordeaux.
   —   — jaune.
   —   — rouge longue de Provence.
Framboisier.
Groseillier à grappes.
   —   épineux.
Noisetier à gros fruits.
   —   feuille pourpre.
Noyer commun.
   —   à noix à coque tendre.
   —   à feuille laciniée.
   —   tardif de la Saint-Jean.
   —   très gros fruits (à bijoux).
Pêcher pêche admirable jaune.
   —   — Belle de Vitry.
   —   — Belle Bausse.
   —   Avant-pêche rouge.
         — blanche.
   —   pêche grosse-mignonne.
   —   — Chevreuse hâtive.
   —   — Madeleine blanche.
   —   — monstrueuse de Doué.
   —   — pourprée hâtive.
   —   — Téton de Vénus.

Pécher pêche Pavie jaune.
—   —   —   blanche.
—   —   —   tardive.
—   —   —   de Pomponne.
—   —   —   de Tonneux.
—   —   —   d'Espagne jaune.
—   —   —   —   blanche.
—   —   —   de Bordeaux.
— Brugnon violet.
—   — violet hâtif.
—   — jaune lisse.
—   — musqué.
—   — blanc.

Poirier abbé de Beaumont.
—   Ah-Mon-Dieu.
—   Ananas.
—   Belle d'Angleterre d'hiver.
—   — Angevine.
—   — de Bruxelles.
—   — — Noël.
—   Bergamotte crassane.
—   —   Esperen.
—   —   de Heimbourg.
—   —   lucrative.
—   —   sageret.
—   Besi de Caen.
—   — — Chaumontel.
—   — — Mai.
—   Beurré d'Amanlis.
—   — d'Aremberg.

Poirier Beurré Berckman's.
—   — Clairgeau.
—   — gris.
—   — — d'hiver.
—   — superfin.
—   — giffard.
—   — capiaumont.
—   Bon Chrétien d'Espagne.
—   —   —   d'hiver.
—   Bonne d'Ezée.
—   — Louise.
—   Catillac.
—   Citron des Carmes.
—   de Curé.
—   Doyenné d'Alençon.
—   — Flon aîné.
—   — d'hiver.
—   — de Juillet.
—   Duchesse d'Angoulème.
—   — de Bordeaux.
—   — de Berry.
—   d'épargne.
—   Figue d'Alençon.
—   Fondante des bois.
—   Fortuné de printemps.
—   Graslin.
—   Hébé.
—   King Edward's.
—   Louise bonne.
—   Madeleine d'Anvers.

Poirier Martin sec.
— Messire Jean.
— Passe Colmar.
— Saint-Germain d'hiver.
— Soldat laboureur.
— Suzette de Bovay.
— Sept en gueule.
— verte longue d'automne.
— William d'hiver.
— William d'été.

Pommier Adams Pearman.
— Alfriston.
— Ananas.
— Astracan.
— Api rose.
— Belle Angevine
— — des jardins.
— Blanche d'Espagne.
— Borowicki.
— Calville d'Angleterre.
— — blanc d'hiver.
— — des femmes.
— — des neiges.
— — rose.
— — rouge.
— — de Saint-Sauveur.
— Chailleux.
— Citron d'hiver.
— Cloud.
— Cœur de bœuf.

Pommier   Court pendu.
—   Dix onces.
—   Fenouillet.
—   Grand Alexandre.
—   d'Ile.
—   Jacques Lebel.
—   Montalivet.
—   Newton pippin.
—   Orange d'Allemagne.
—   Pierre le Grand.
—   Pigeonnet de Rouen.
—   Rambourg d'été.
—   —   d'hiver.
—   Reinette d'Angleterre.
—   —   de Bayeux.
—   —   de Bretagne.
—   —   du Canada.
—   —   de Cour.
—   —   Daniel.
—   —   d'Espagne.
—   —   franche.
—   —   grise.
—   —   —   du Canada.
—   —   —   du Portugal.
—   —   de Lunéville.
—   —   musquée.
—   —   rouge.
—   —   tardive.
—   Robinson superbe.
—   Roi d'Angleterre.

Pommier rouge aromatisée.
—   — rayée.
—   tête de chat.
—   Tour de Glamis.
—   transparente jaune.
—   Verte de Rhode-Island.
Prunier d'Agen.
—   Impériale gage.
—   Jefferson.
—   Mirabelle, la grosse.
—   — la petite.
—   Questche d'Italie.
—   Reine Claude.
—   —   — tardive.
—   —   — violette.
—   —   — diaphane.
—   Royale de Tours.
—   Violette américaine.
—   Washington.
Grenadier. — Diverses variétés.
Oranger, Citronnier, Cédratier, Chirimoyo. — Diverses variétés.
Néflier de Germanie.
—   du Japon.
Oliviers. — Diverses variétés.

Fruits à cidre :

Pommier fertile de Vitry.
—   Fréquin rouge.
—   Amer doux.

—   Noire de Vitry.

—   Binet gris.

—   Blanc mollet,

Poirier Gros Carézi.

—   Petit Carézi.

Plantes potagères.

Dans tous les pays chauds, les légumes et toutes les plantes alimentaires ont une grande importance. S'il est vrai que les jardins potagers proprement dits ou maraîchers n'existent point au Chili, ils sont largement remplacés par les produits des grandes cultures appelées *chacras*.

Dans ces *chacras*, on cultive principalement : des pommes de terre, du maïs consommé en vert et en sec, des oignons, des tomates, piments, giraumons, pastèques, melons et haricots.

La *Quinta Normal* a contribué puissamment à répandre le goût des légumes ordinaires à peine connus autrefois dans le pays et aujourd'hui généralisés partout. Les cultures potagères ont un double but : l'enseignement de l'horticulture aux élèves de l'Institut Agricole et à ceux de l'Ecole Pratique et la production des graines des meilleures espèces et variétés appropriées au pays.

Elles se font dans le jardin fruitier et dans le verger, et occupent, par conséquent, une grande étendue.

Pour arroser facilement, toutes les cultures se font en plates-bandes en creux, séparées par des chemins et passe-pied surélevés de 0^m,20 à 0^m,30.

Dans le jardin fruitier, on cultive principalement les légumes de collection pour graines et pour la consommation de l'éta-

blissement. Le verger est planté d'asperges et d'artichauts destinés à la vente. Cette culture s'exécute à la charrue, tandis que
dans le jardin fruitier, tout le travail est fait à la main.

Les principaux légumes cultivés dans le jardin fruitier sont
les suivants :

Ail, artichaut, asperge, aubergine, betterave, cardon, carotte,
céleri, cerfeuil, chicorée, chou, chou-fleur, chou-navet,
ciboule, ciboulette, citrouille, concombre, estragon, crosne,
échalote, épinard, fève, igname, laitue, lentille, mâche,
maïs, melon, navet, oignon, oseille, panais, pastèque, poireau,
poirée, pois, pois-chiche, pomme de terre, potiron, radis, salsifis, soja, tomate, topinambour.

MAGASIN

POUR LA VENTE DE GRAINES, DE FLEURS

D'ARBRES ET D'ARBUSTES

Non seulement la *Quinta Normal* a mis en œuvre tous les moyens possibles pour la diffusion des connaissances agricoles dans le pays, mais encore elle fournit à des prix modérés tous les produits de ses cultures. Elle importe aussi une grande quantité de graines agricoles, potagères, de fleurs et d'arbres pour les revendre aux agriculteurs au prix coûtant.

Sous ce rapport, l'établissement a rendu et rend de très grands services au pays.

Les graines récoltées à la *Quinta Normal* sont toujours de première qualité et celles achetées proviennent des meilleures maisons de France, de Belgique et d'Angleterre.

Grâce à ce bureau de vente, la plupart des plantes agricoles, arboricoles, potagères et de fleurs, connues en Europe ont été introduites et propagées dans toute la République.

Catalogue des graines et plantes de fleurs, arbres et arbustes, en vente à la Quinta Normal.

Graines potagères.

Ail blanc.

Artichaut violet de Provence.

— gros vert de Laon.

— camus de Bretagne

Asperge hâtive d'Argenteuil.

— blanche d'Allemagne.

— violette de Hollande.

Aubergine violette longue hâtive.

— — ronde.

Betteraves potagères rouge grosse.

— — crapaudine.

— — de Castelnaudary.

— — noire plate d'Egypte.

— — ronde précoce.

Betteraves fourragères disette d'Allemagne.

— jaune globe.

— — ovoïde des Barres.

Betteraves à sucre blanche impériale Knauer.

— — améliorée Vilmorin.

Cardons de Tours.

Carottes de grande culture.

— blanche à collet vert.

— — des Vosges.

Carottes potagères.

— rouge courte hâtive.

Carotte rouge demi-longue obtuse.
— — — Nantaise.
— — longue.
Céleri plein blanc.
— — court à grosse côte.
Céleri-rave gros lisse de Paris.
— d'Erfurt.
Cerfeuil commun.
Chicorée frisée de Meaux.
— — de Ruffec.
— -- fine de Rouen.
— scarole verte.
— — grosse de Limay.
Choux fourragers cavalier.
— branchu du Poitou.
Choux potagers joanet hâtif.
— d'York gros.
— très hâtif d'Étampes.
— cœur-de-bœuf petit.
— — gros.
— de Saint-Denis.
— quintal.
— de Milan très hâtif.
— — petit hâtif d'Ulm.
— — gros des Vertus.
Choux de Bruxelles ordinaires.
— nains.
Chou frisé d'hiver.
Chou-fleur nain hâtif d'Erfurt.
— demi-dur de Paris.

Chou-fleur Lenormand à pied court.
Chou-Brocoli blanc hâtif.
　　　—　　　blanc Mammouth.
　　　—　　　de Roscoff.
Chou-rave blanc hâtif de Vienne.
Chou-navet Rutabaga de Kirwing.
Ciboule vivace.
　　　—　blanche hâtive.
Ciboulette.
Concombres blanc hâtif.
　　　—　　　jaune hâtif de Hollande.
　　　—　　　à cornichons vert petit de Paris.
Courges à la moelle.
　　　—　de Valparaiso.
　　　—　pleine de Naples.
　　　—　verte de Hubbard.
Cresson alénois commun.
　　　—　　　—　frisé.
　　　—　de fontaine.
Epinards à feuille de laitue.
　　　—　　lent à monter.
Estragon.
Fèves de marais grosse ordinaire.
　　　—　de Séville.
　　　—　naine hâtive.
　　　—　de Windsor verte.
　　　—　d'Aguadulce.
Fraisiers des quatre saisons.
　　　—　de Gayon.
　　　—　à gros fruits, anglais.

Giraumons turban.

—   petit de Chine.

Haricots sabre à très grande cosse.

—   de Soissons blanc à rames.

—   d'Espagne blanc.

—   de Lima.

—   d'Alger noir.

—   beurre du Mont-d'Or.

—   flageolet beurre à rames.

—   géant sans parchemin.

—   marbré de Prague.

—   Prédome à rames.

—   Bagnolet.

—   Bagnolet vert.

—   flageolet blanc.

—   —   à grain vert.

—   —   chévrier à grain toujours vert.

—   —   merveille de France.

—   —   très hâtif d'Etampes.

—   noir hâtif de Belgique.

—   de Soissons nain.

—   Suisse nain hâtif.

—   d'Alger nain.

—   beurre noir nain à longue cosse.

—   nain blanc hâtif sans parchemin.

—   noir mangetout extra hâtif.

Igname de la Chine.

Laitue à bord rouge,

—   gotte à graine blanche et à graine noire.

—   naine verte très hâtive.

Laitue blonde de Berlin.
 —   chou de Naples.
 —   impériale.
 —   grosse blonde d'hiver.
 —   blonde à couper.
 —   frisée d'Amérique.
 —   Romaine blonde maraîchère
 —   —   verte   —
 —   —   verte d'hiver.
 —   —   monstrueuse,

Lentille large blonde.
 —   petite.

Mâche ronde.

Maïs sucré ridé à huit rangs.
 —   du Cuzco.

Melon de Malte d'hiver.
 —   ananas d'Amérique à chair verte et à chair rouge.
 —   muscade des Etats-Unis.
 —   sucrin de Tours.
 —   Cantaloup noir des Carmes.
 —   —   Prescott hâtif, fond blanc.
 —   —   de Vaucluse.

Melon d'eau, pastèque à grain noir.
 —   —   —   rouge.
 —   —   seikon.

Navet de ; Vertus.
 —   de Freneuse.
 —   gros d'Alsace.
 —   blanc hâtif.
 —   —   plus hâtif.

Navet d'Auvergne hâtif à collet rouge.

Oignon blanc très hâtif de la Reine.

   —   — hâtif de Paris.

   —   — gros.

   — jaune soufre d'Espagne.

   — de Madère rond.

   — rouge pâle de Niort.

Oseille de Belleville.

Panais long.

Persil commun.

   — nain très frisé.

Piment rouge long ordinaire.

   — gros carré doux.

   — du Chili.

   — tomate nain hâtif.

Poireau long d'hiver de Paris.

   — très gros de Rouen.

Poirée à carde blanche.

Pois prince Albert.

— Michaux ordinaire.

— de Clamart.

— ridé de knight sucré.

— nain hâtif.

— — vert gros.

— merveille d'Amérique.

— sans parchemin très nain hâtif.

— — — fondant de Saint-Désirot.

— — — beurre.

Pois chiche blanc.

Pomme de terre chardon (tubercules).

Pomme de terre jaune longue de Hollande.

— — Marjolin.

— — Magnum bonum.

— — quarantaine de la Halle.

— — farineuse rouge.

— — early rose hâtive.

— — merveille d'Amérique.

— — quarantaine violette.

— — vitelotte violette.

— — violette grosse.

Potiron jaune gros de Paris.

— vert d'Espagne.

Radis rose hâtif.

— rond blanc petit hâtif.

— demi-long blanc.

— — rose à bout blanc.

— rond rose.

Salsifis blanc.

Soja d'Etampes.

Tomate rouge grosse.

— — — hâtive.

— jaune grosse lisse.

Topinambour (tubercules).

Graines agricoles.

Avoine noire de Brie.

— blanche de Hongrie.

— prolifique de Californie blanche.

Blé de Bordeaux.

— de Noé.

Maïs géant Caragua ou maïs dent de cheval.
Moha vert de Californie.
Orge Chevallier.
Sarrasin argenté.
— de Tartarie.
Seigle d'hiver de Brie.
Sorgho sucré hâtif du Minnesota.
— à balais.
Ray-grass anglais.
— d'Italie.
Lawn-grass.
Chanvre du Piémont.
Colza de printemps.
— d'hiver parapluie.
Féverole de Picardie grosse.
— de Lorraine petite.
Houblon cultivé.
Lin de Riga.
Mélilot blanc.
Ramie argentée.
— de Java.
Sainfoin à deux coupes.
Tabac de la Havane.
— du Paraguay.
— de Virginie.
Trèfle violet.
— blanc.
— incarnat.

Graines d'arbres et arbustes.

Celles qui correspondent aux arbres et arbustes forestiers et d'ornement cultivés dans les pépinières et dont la liste est donnée précédemment.

Graines de fleurs.

Acanthe à large feuille.
Aconit à grande fleur.
Agapanthe bleue.
Ageratum du Mexique.
Agrostis élégant.
Amarante crête-de-coq variée.
— bicolor ruber.
— en mélange.
Amarantoïde en mélange.
Ancolie des jardins double variée.
— — hybride double variée.
Anémones en mélange (bulbes).
Aster vivace varié.
Auricule variée.
Balisier en mélange.
Balsamine en mélange.
Bégonia tuberculeux hybride double en mélange.
Belle de jour variée.
Belle de nuit en mélange.
Calcéolaire hybride naine variée.
Campanule en mélange.
Capucine hybride de Lobb.
— naine Tom-Pouce variée.

Célosie variée.

Chrysanthème des jardins double variée.

— à carène hybride de Burridge variée.

— vivace de l'Inde à grande fleur variée.

Cinéraire hybride à grande fleur variée.

— maritime candidissima.

— naine à grande fleur variée.

Clématite à feuille entière.

Cobée grimpante.

Coleus en mélange.

Coquelicot double varié.

Coreopsis élégant.

Crépis rose.

— blanc.

Cuphea pourpre.

Cyclamen de Perse à grande fleur variée.

Dahlia double nain varié (tubercules).

Datura d'Egypte double en mélange.

Digitale en mélange.

Eragrostis élégant.

Enothère en mélange.

Ficoïde tricolore en mélange.

Fritillaire couronne impériale.

Gaillarde peinte variée.

Géranium sanguin.

Giroflée quarantaine variée.

— — à grande fleur.

— — cocardeaux.

— grosse espèce variée.

— — cocardeaux.

Giroflée empereur variée.

—   jaune variée.

—   double variée.

Glaïeul hybride rustique varié.

Gloxinia hybride varié.

Godetia nain en mélange.

Gynérium argenté.

Héliotrope du Pérou.

—   varié.

Hemérocolle de Sibérie.

Immortelle naine double en mélange.

Ipomée en mélange.

Iris, mélange de diverses espèces.

Jacinthe de Hollande variée.

Julienne des jardins simple.

—   de Mahon blanche.

—   —   rose.

—   ovatus.

Lantana hibride varié.

Larme de Job.

Lavatère en arbre à feuille panachée.

Leptosiphon hybride varié.

Lilium speciosum en mélange.

Lin à grande fleur rouge.

Linaire pourpre.

Lobelia speciosa.

—   vivace hybride variée.

Lupin tricolor elegans.

—   annuel en mélange.

Lychnis de Haage nain hybride varié.

Mauve frisée.

Maurandia varié.

Mimulus cardinalis varié.

Muflier nain Tom-Pouce varié.

Muguet du Japon.

Myosotis des Alpes elegantissima varié.

— palustris à large fleur.

Nemophila maculata.

— insignis blanc.

— — bleu.

Nierembergia gracilis.

Œillet des fleuristes double varié.

— de fantaisie varié.

— remontant.

— mignardise anglaise double à grande fleur variée.

— de Chine double varié.

Œillet-de-poète varié.

Œillet d'Inde double nain.

Pâquerette double variée.

— — à fleur tuyautée, variée.

Pavot double grand varié.

Pélargonium Tom-Pouce.

— géranium zonale.

Pennisetum triflorum.

Pensée à grande fleur variée.

— anglaise à grande fleur en mélange.

Pentstemon hybride à grande fleur variée.

Pétunia hybride varié.

— hybride double à grande fleur.

— — — nain compact panaché.

Phlox de Drummond à grande fleur en mélange.

Pied d'alouette grand double varié.

Pivoine herbacée en mélange.

Pois de senteur varié.

Pourpier à grande fleur variée.

Primevère de Chine frangée filicifolia varié.

— des jardins variée.

Pyrèthre gazonnant.

Reine-Marguerite pyramidale variée.

— à fleur d'anémone en mélange.

— mélange de pivoine.

— naine à fleur de chrysanthème en mélange.

Renoncule des jardins variée.

Réséda odorant.

— — pyramidal à grande fleur.

Rose trémière double grande variée.

Saponaire de Calabre rose.

Sauge spendens.

Scabieuse grande variée.

Scille du Pérou variée.

Sedum azureum.

Silène à bouquet en mélange.

Souci double des jardins.

Statice armeria rose.

Thlaspi blanc.

— nain violet foncé.

Tritoma uvaria.

Tulipe des fleuristes.

Valériane des jardins.

Verveine hybride variée.

Violette odorante des quatre saisons, blanche.

— cornuta.

— de Parme.

Zinnia élégant double nain varié.

Oignons à fleurs.

Cannas variés.

Dahlias doubles variés.

Glaïeuls hybrides Gandavensis variés.

Amaryllis hybrides variés.

Anémone du Japon.

— à fleur double.

Bégonias tubéreux doubles variés.

Calla.

Capucine.

Cyclamen de Perse.

Dielytra spectabilis.

Gloxinias variés.

Hémérocolle de Sibérie.

Hyacinthus candicans.

Iris germanica en mélange.

Lilium auratum.

Muguet de mai.

Renoncule double en mélange.

Jacinthe de Hollande en mélange.

Tricrida en mélange.

Tubéreuse double.

Plantes de fleurs.

Les mêmes que celles indiquées plus haut dans la liste des graines de fleur.

ENTREPOT

DE GUANO ET DE SALPÊTRE

Au Chili, en dehors des irrigations qui existent depuis longtemps et qui se répandent chaque jour davantage, la question
des engrais proprement dits n'avait pas, jusqu'à ces dernières
années, préoccupé les agriculteurs.

Pendant la période des grands défrichements, l'agriculture a
mis à profit la fertilité du sol accumulée par les siècles ; mais,
quand les terrains nouveaux sont devenus plus rares, et lorsque
les nécessités sociales ont obligé à cultiver plus souvent les
mêmes sols, les rendements ont diminué d'une façon progres-
sive et très rapide.

De là l'idée de l'emploi des engrais pour réparer la fertilité
des champs épuisés par des cultures trop répétées.

Dans ce pays où les animaux vivent constamment au pâturage, on ne produit pas de fumier de ferme, et lors même que
celui-ci existerait, son transport serait souvent impossible dans
les terrains montagneux.

Il faut, dans ces conditions, avoir recours aux engrais concentrés, comme les guanos, le salpêtre et les autres engrais chimiques.

La Société Nationale d'Agriculture a obtenu du gouvernement de faire venir du littoral nord, pour son compte, des chargements de guano et de salpêtre, et de les mettre en dépôt, à la *Quinta Normal* où ils sont à la disposition des intéressés.

Ces engrais sont vendus au prix coûtant.

Actuellement, le tonneau de guano vaut 25 piastres et le salpêtre 2 piastres 25 sous les 100 kilogrammes.

Cet entrepôt existe déjà depuis six ans. Au commencement, la vente était peu importante, mais aujourd'hui, elle dépasse le chiffre de mille tonneaux de guano et de plusieurs centaines de tonneau de salpêtre. Il existe à *Concepcion* un autre entrepôt plus important encore que celui de Santagio.

COUR DE SERVICE

ET ANNEXES

La cour de service fait partie des bâtiments de l'Ecole Pratique et répond à des nécessités inhérentes à toute exploitation rurale d'une certaine importance. Elle est située immédiatement à l'ouest des caves et du hangar des machines, dont elle est séparée par un chemin de service.

Elle comprend : la boulangerie, forge, charronnerie, menuiserie, magasins pour le bois, produits agricoles, harnais, etc., hangars pour les voitures, camions et chariots, hangars-étables pour les animaux de travail, meules de paille et de foin et la maison d'habitation du gardien.

La distillerie, l'ascenseur de la foulerie, les maisons d'habitation du maître de chais et du chef vigneron, bien que placés sur les côtés de cette cour, sont cependant des annexes des caves et de la vigne.

Boulangerie.

Cette section s'établira l'année prochaine ; on en comprendra facilement la raison d'être, en considérant que l'Ecole Pratique, le Pensionnat de l'Institut Agricole et les ouvriers de la *Quinta Normal* représentent un total de plus de 200 personnes nourries dans l'établissement.

Il est utile que les élèves apprennent la fabrication du pain ; car au Chili les agriculteurs nourrissent leurs ouvriers et font faire chez eux le pain qui, avec les haricots, forme la base de l'alimentation des travailleurs ruraux.

Les travaux de la boulangerie se feront au moyen d'un pétrin mécanique et d'un four giratoire, mus par le moteur de l'établissement, et l'eau nécessaire y sera amenée par une distribution spéciale.

On fabriquera deux sortes de pain : celui des élèves et des ouvriers, appelé *galleta*, et celui des employés qui sera du pain blanc. Le premier se fait avec de la farine de blé dur, à laquelle on ajoute une petite quantité de graisse et le second avec de la farine de froment tendre.

L'établissement obtiendra ainsi d'excellent pain en réalisant une économie sérieuse.

Forge, Charronnerie, Menuiserie.

Dans un établissement de l'importance de la *Quinta Normal*, où la quantité d'outils, d'instruments et de machines qui travaillent journellement, se compte par centaines, où le nombre de bâtiments à entretenir est si considérable, il faut nécessairement des ateliers de réparation pour tous ces services.

Toute l'année, l'établissement emploie deux forgerons taillandiers, deux charrons et deux menuisiers. Malgré cela, beaucoup de gros travaux se font exécuter au dehors, dans les ateliers spéciaux de Santiago.

Tous les bois nécessaires pour les divers travaux sont fournis par les abatages qui ont lieu chaque année, dans les différentes plantations de la *Quinta*.

Deux maçons sont constamment occupés aux différentes constructions et réparations des ponts, murailles et édifices de l'établissement.

Magasins.

Ils servent principalement à loger les matériaux de construction et de réparations, le bois de chauffage, les harnais des animaux de travail et quelques produits agricoles.

Hangars.

Ces bâtiments abritent les véhicules utilisés pour les différents charrois de la *Quinta Normal*.

Hangars-étables.

Pendant toute la belle saison, c'est-à-dire, durant 8 à 9 mois de l'année, les animaux de travail couchent en plein air dans les pâturages.

Durant l'hiver, quand le temps est mauvais, ils couchent dans les hangars-étables, où ils reçoivent une ration de fourrage.

Grâce à ces précautions, ces animaux ne souffrent nullement pendant la saison rigoureuse et fournissent un travail régulier toute l'année.

Meules de foin et de paille.

Le centre de la cour est occupé par les meules de foin et de paille qui sont ainsi isolées et moins exposées aux incendies.

Les fourrages en meules se conservent bien et sont hachés au fur et à mesure des besoins.

Maison d'habitation du gardien.

La cour de service et toutes ses annexes sont surveillées par un gardien qui fait les fonctions de garde-magasin. Son logement est attenant à cette section.

SERRES ET JARDIN D'HIVER

Serres de multiplication.

A. B. C. D. E. F. G. — Serres parallèles.

H. — Serre transversale.

f. f. f. f. f. f. f. — Fourneaux.

s. s. s. s. s. s. s. s. s. s. s. — Sentiers ou chemins intérieurs des
serres.

r. r. r. r. r. r. r. r. — Bassins pour l'eau d'arrosage.

e. — Porte d'entrée.

c. — Cour.

b. — Bureau du chef jardinier.

p. — Magasin pour outils.

h. t. t. — Hangar et tables pour rempotage.

p'. — Magasin pour la réserve de graines.

Jardin d'hiver.

e. x. — Entrée.

R. R. R. — Bassins intérieurs avec jets d'eau.

R. R. R. R. — Bassins extérieurs.

I. I. I. I. — Plates-bandes.

SERRES ET JARDIN D'HIVER

LÉGENDE.

Serres de multiplication.

A. B. C. D. E. F. G. — Serres parallèles.
H. — Serre transversale.
A. A. A. A. A. A. A. — Fontaines.
s. s. s. s. s. s. s. s. s. — Sentiers ou chemins intérieurs des serres.
r. r. r. r. r. r. r. r. — Bassins pour l'eau d'arrosage.
e. — Porte d'entrée.
c. — Cour.
b. — Bureau du Chef Jardinier.
p. — Magasin pour outils.
h. h. — Hangar et tables pour rempotage.
g. — Magasin pour la réserve de graines.

Jardin d'hiver.

e. e. — Entrée.
R. R. R. — Bassins indicateurs avec jets d'eau.
R. R. R. R. — Bassins extérieurs.
L. L. L. L. — Plates-bandes.

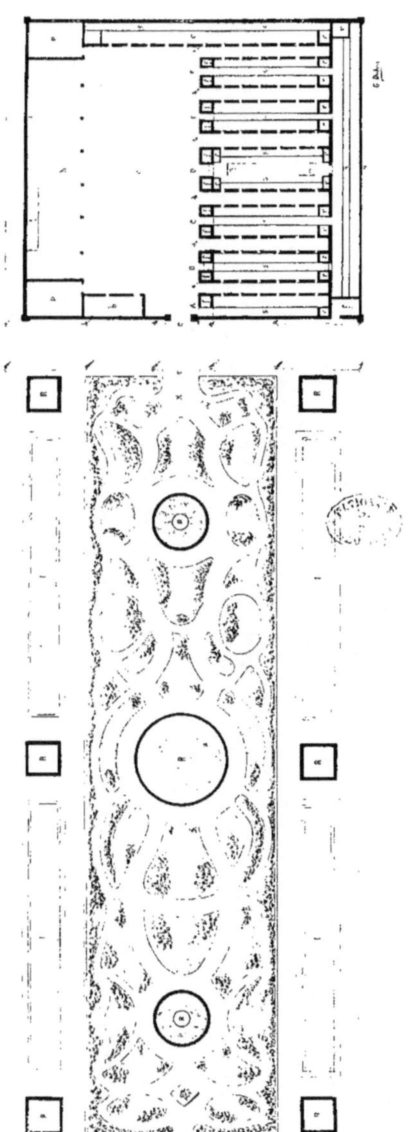

SERRES

JARDIN D'HIVER ET JARDIN FLEURISTE

A Santiago, les serres ont beaucoup moins d'importance que dans les pays froids. Cependant, pour la culture des plantes tropicales et pour la multiplication de certaines plantes délicates, des installations spéciales sont nécessaires.

La *Quinta Normal*, qui a un bureau de vente de plantes et qui a son grand parc à entretenir, possède, en plus du jardin fleuriste de pleine terre, des serres de multiplication et un jardin d'hiver.

Les serres et le jardin d'hiver sont situés sur le côté nord de l'avenue de l'Observatoire. Le jardin fleuriste se trouve en face, de l'autre côté de cette avenue.

On compte 8 serres de multiplication, dont 7 sont groupées parallèlement du nord au sud. La huitième est transversale aux premières et les relie entre elles par l'extrém té nord.

Cette disposition est commode et en même temps économique.

Toutes ces serres sont légèrement enterrées ; trois sont à un versant et les autres à deux versants. Les châssis et la charpente sont en bois et la maçonnerie en brique ; le chauffage se fait au moyen de l'air chaud.

Chacune a sa destination particulière.

La serre A qui est froide est destinée aux fougères.

La serre B, dont la température constante est d'environ 8 à 10°, sert aux plantes à feuillage : Aspidistras, Aralias, Begonias rex, etc.

La serre C est consacrée à la culture des Palmiers, avant leur mise en pleine terre.

La serre D, qui a une température moyenne de 15°, sert pour les Calladiums, Coleus, Cyclamens, Dracœnas, etc.

La serre E est destinée aux Broméliacées et aux Gesneriacées ; sa température est de 10 à 12°.

La serre F est employée pour la culture des ananas.

La serre G sert aux plantes diverses.

La serre H, exposée directement au soleil et de dimension plus grande, sert à la multiplication générale des plantes d'ornement.

Le jardin d'hiver placé en face des serres de multiplication, de l'autre côté de l'avenue de l'Institut Agricole, est vaste, de forme élégante et construit en fer.

Il renferme un grand nombre de représentants de la flore tropicale et semi-tropicale. Les plantes les plus variées y sont répandues avec profusion ; la végétation y est très belle et l'intérieur présente un aspect vraiment enchanteur. Au milieu se trouvent 3 bassins avec jet d'eau. Le jardin fleuriste occupe un terrain d'environ un demi-hectare et est divisé en trois parties.

La première comprend la culture des plantes à bouquets ; la deuxième celle des plantes marchandes et la troisième celle des porte-graines.

VUE INTÉRIEURE DU JARDIN D'HIVER

VUE INTÉRIEURE DU JARDIN D'HIVER

— 341 —

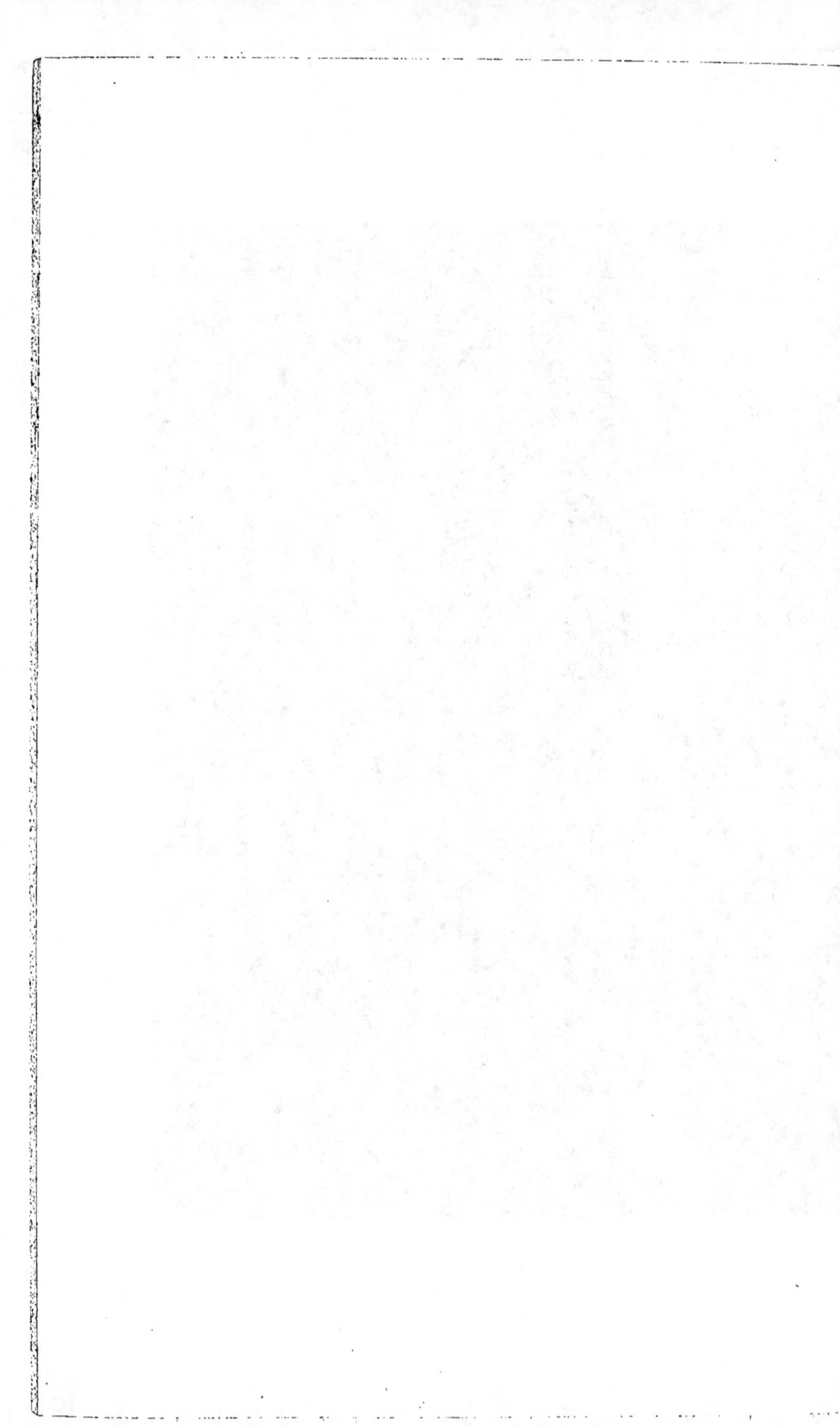

Personnel de cette section.

Elle a pour chef le jardinier paysagiste qui dirige aussi les travaux du parc. La plupart des opérations sont exécutées par les ouvriers ordinaires, cependant il y a une section d'élèves de l'Ecole Pratique, qui prend part aux travaux.

Prochainement, on construira à côté du Jardin d'hiver une serre spéciale pour la multiplication des vignes américaines.

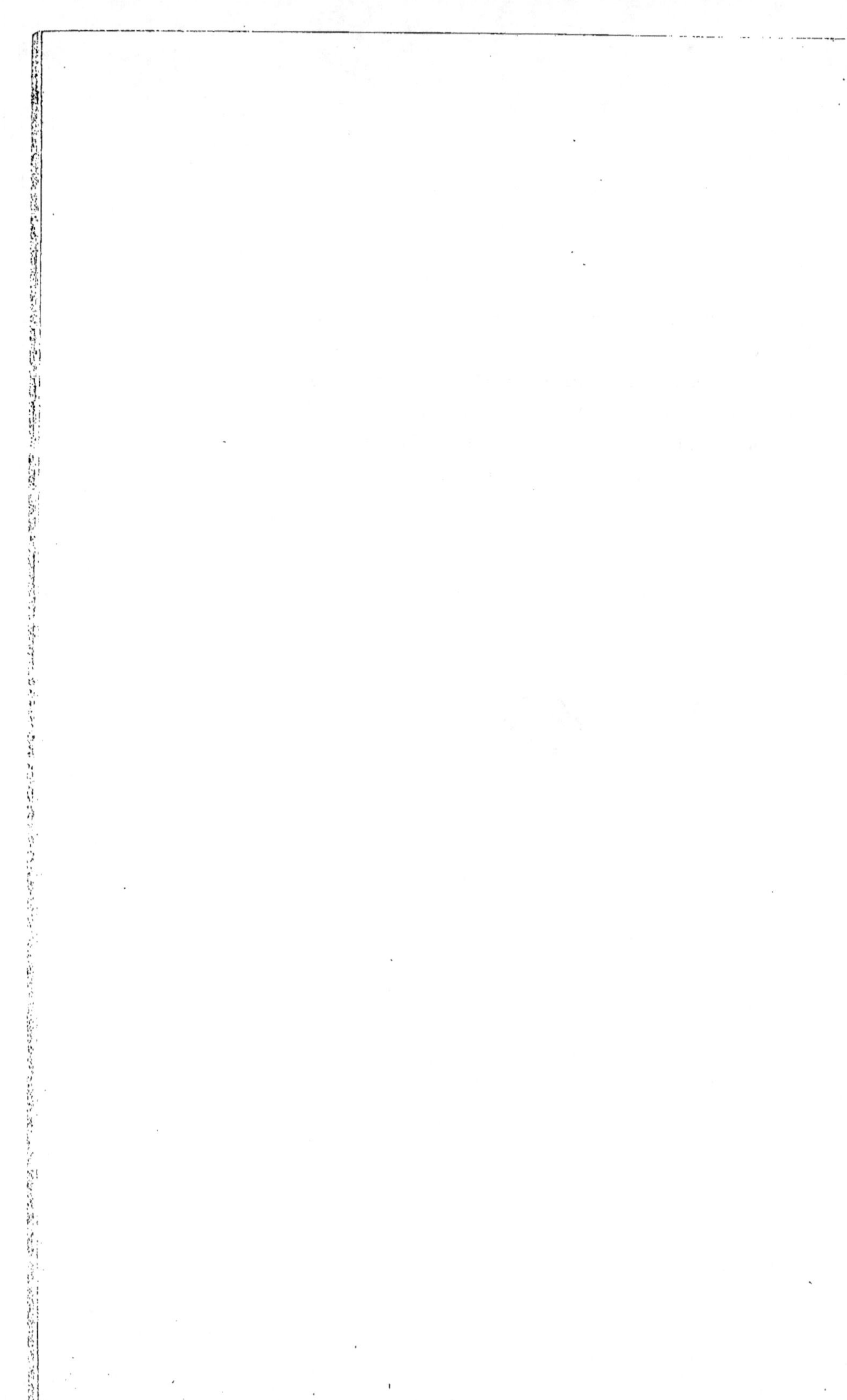

PLAN GÉNÉRAL DU PARC

LÉGENDE

A — Palais de l'Exposition.

B — Maison des Directeurs.

C — Etablissement de pisciculture et Aquarium.

D — Station Agronomique, Laboratoires, Magasins de vente des
     produits de l'établissement, Bureaux de l'administration,
     Salon pour l'exposition permanente de machines agri-
     coles.

E — Porte d'entrée par la rue de la *Catedral.*

F — Salon des Beaux-Arts.

G — Restaurant.

H — Kiosque pour les observations météorologiques agricoles.

I — Concierge.

J — Kiosque.

K — Statue.

L L — Lacs.

M — Jardin zoologique et Hôpital vétérinaire.

N — Maison du Directeur du Musée national.

O — Jardin botanique.

P — Place devant le Palais.

R — Kiosque.

S — Rond-point.

T T — Fontaines.

U — Rond-point.

X — Eglise.

PLAN GÉNÉRAL DU PARC

LÉGENDE

A — Grille de l'Exposition.

B — Maison des Gardiens.

C — Département de Viticulture et Aquarium.

D — Département Agronomique, Laboratoires, Magasins de vente des produits de l'établissement, Bureau de l'administration, Salon pour l'exposition permanente de machines agricoles.

E — Route d'arrivée par la rue de la Cathédral.

F — Palais des Beaux-Arts.

G — Concerts.

H — Station pour les observations météorologiques agricoles.

I — Manège.

J — Kiosque.

K — Statue.

G.L. — Lacs.

M — Jardin zoologique et Hôpital vétérinaire.

N — Maison du Directeur du Musée national.

O — Jardin botanique.

P — Place devant le Palais.

Q — Cirque.

R — Rond-point.

r'r' — Fontaines.

L — Toboggan.

X — Église.

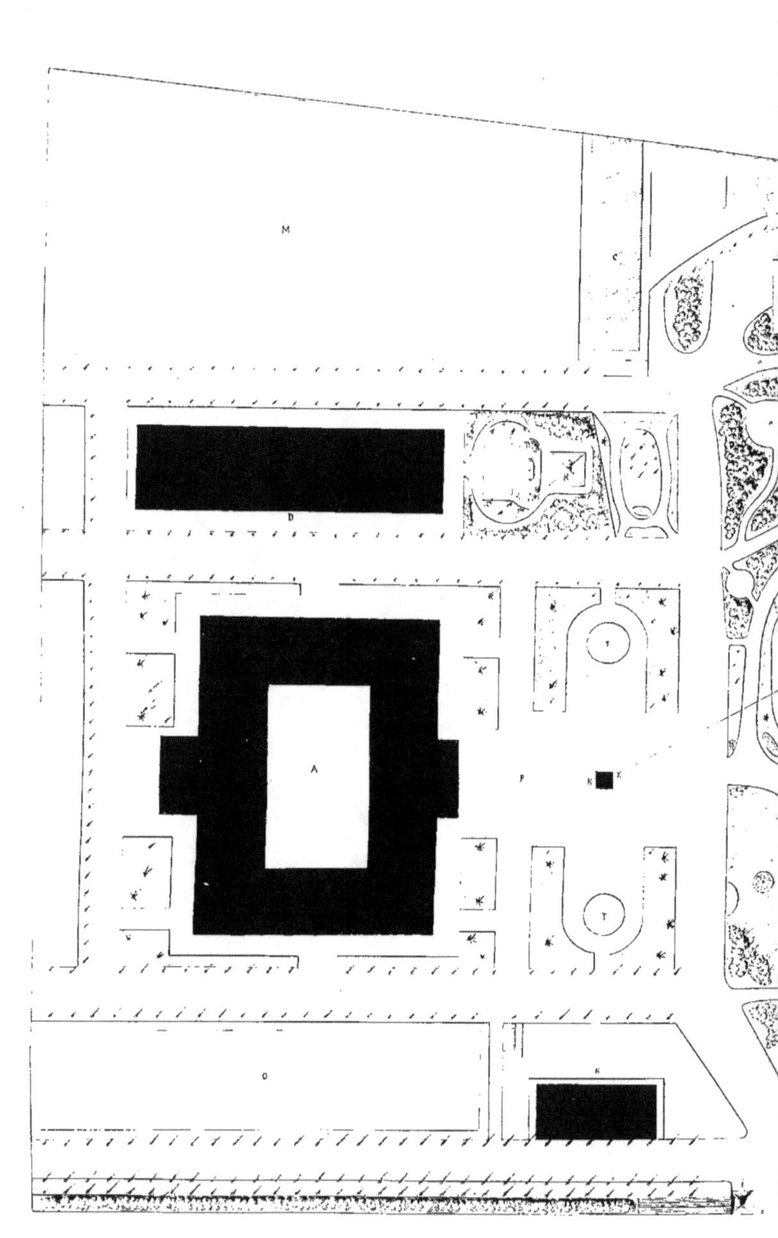

M
C
D
A
P
X
O
T
T
N

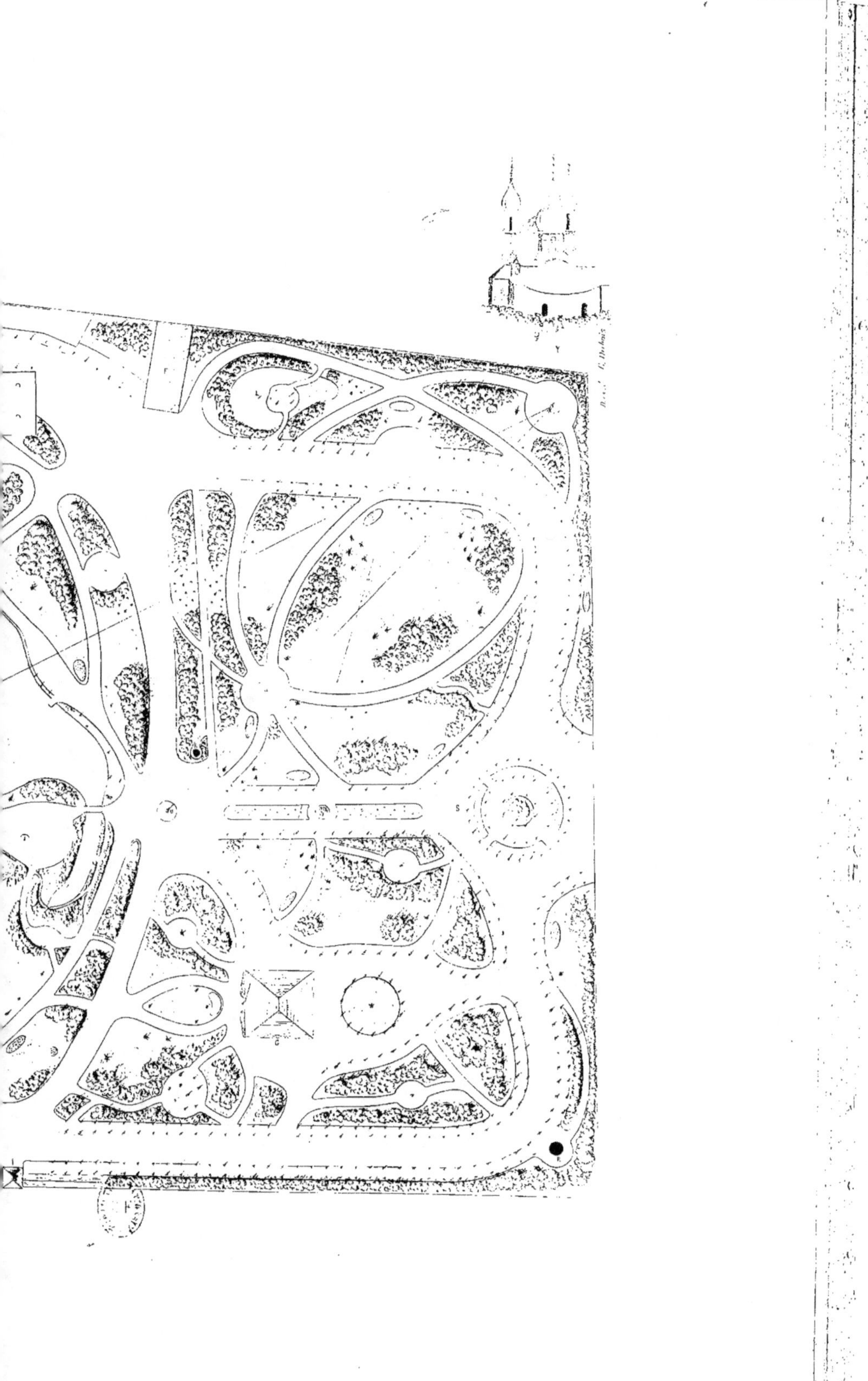

PARC

Le parc de la *Quinta Normal* a été créé en 1875, en vue de l'Exposition internationale de Santiago.

Depuis cette époque, il a été entièrement transformé et agrandi pour répondre à de nouveaux besoins.

Il occupe toute la partie nord de la *Quinta* et son étendue totale est d'environ 10 hectares.

De l'entrée principale, en face de la rue de la *Catedral*, partent plusieurs grandes allées qui conduisent aux différentes parties du parc et relient celui-ci avec toutes les autres sections de l'établissement.

L'une conduit au palais de l'Exposition, occupé actuellement par le Musée National et l'Institut Agricole. Devant le palais, se trouve la place P, dont le centre est occupé par une statue et dont les côtés sont entourés d'un jardin à la française, avec bassins et jets d'eau.

L'autre va au Salon des Beaux-Arts, en traversant la place U de l'*Araucaria excelsa*.

La troisième passe auprès du restaurant et devant le rond-point du nord S; elle aboutit à la place du salon des Beaux-Arts F.

Les autres points les plus marquants du parc sont : le pavillon des bouteilles qui sert d'observatoire météorologique, le lac avec son pont et son embarcadère ; le rocher et sa grotte, la maison d'habitation des Directeurs et le restaurant.

Le parc de la *Quinta Normal* est surtout remarquable par la beauté de ses plantations et la richesse des variétés d'arbres et d'arbustes qui le composent; il forme un véritable champ d'étude pour les plantes d'ornement.

Parmi les arbres et arbustes qui constituent les massifs et les plantations isolées, on peut citer les suivants : Lagerstrœmia indica, Ceratonia, Avocatier, Laurus-camphora, Jujubier, Grenadier, Jacaranda, Dattier, Palmier du Chili, Araucarias du Brésil et du Chili, Araucaria Cunninghammii, Araucaria Cookii, Dammara australis, l'ritchardia filifera et robusta, Bananiers, Bambous, Agaves, Brachychiton populeum, Papaya carica, Grevillea, Magnolia à feuilles caduques et à feuilles persistantes, *Lleuques* du Chili, Gingko du Japon, Tulipier de Virginie, Podocarpes du Chili, Libocedrus chilensis, Maïtenes boatia, Persea lingue, Cryptocarya peumus, Chêne vert, Chêne-liège, Chêne rouge et Chêne à feuilles falquées de l'Amérique du Nord, conifères de toutes sortes et un grand nombre de variétés d'Eucalyptus, Poinciana, Polygala, Pittosporum, Porkinsonia, Solanées arbustives, Escallonia, Eugenia, Passiflores, Kenedia, Tecoma, Plumbago cœrulea, Boussingaultia, Lapagerie.

Bien que ces arbres soient relativement très jeunes, ils sont tous cependant déjà grands, et plusieurs, comme les cyprès, les araucarias, les cèdres, les chênes, etc., atteignent ou dépassent 25 à 3o mètres de hauteur.

VUE DU PARC

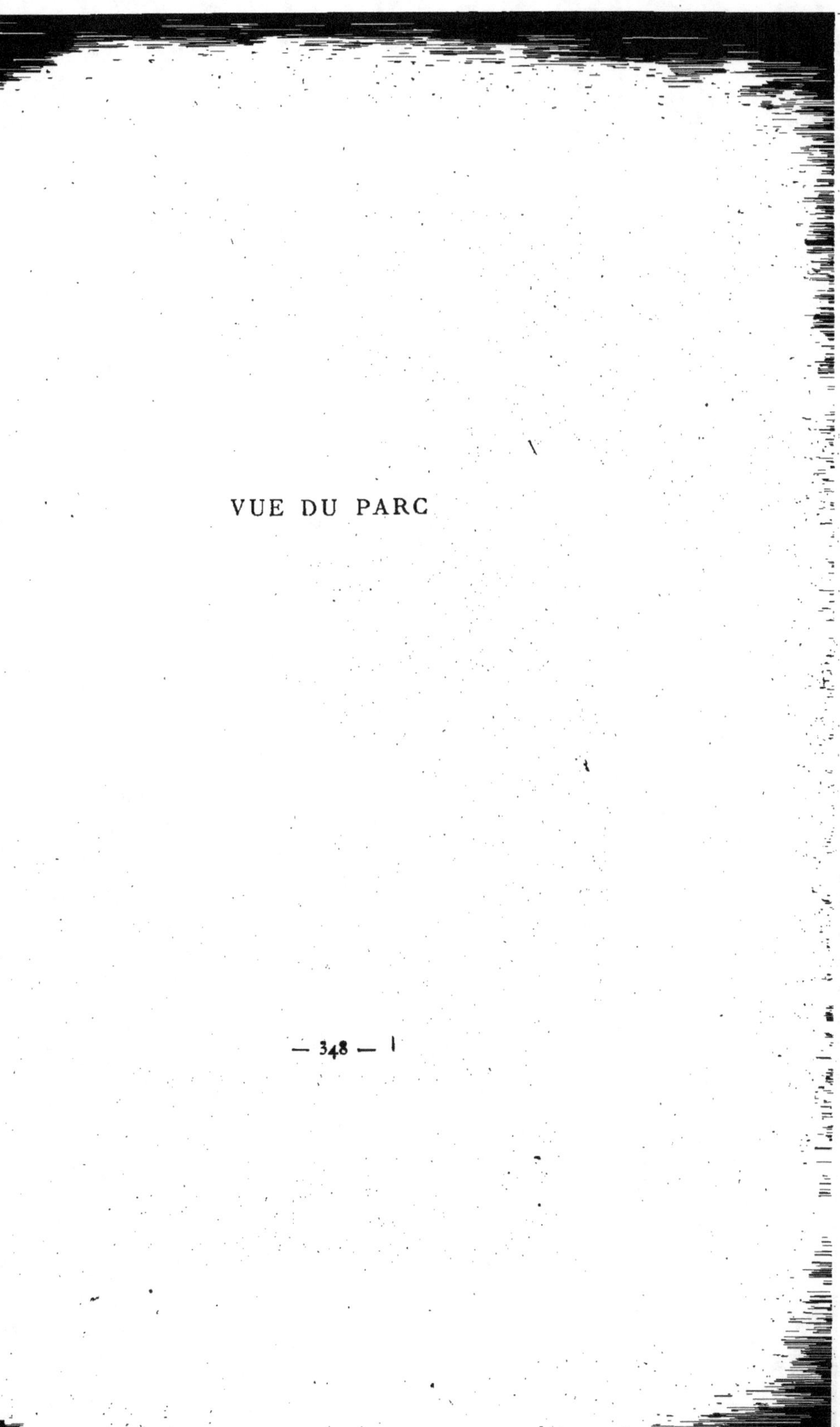
VUE DU PARC

VUE DU PARC

VUE DU PARC

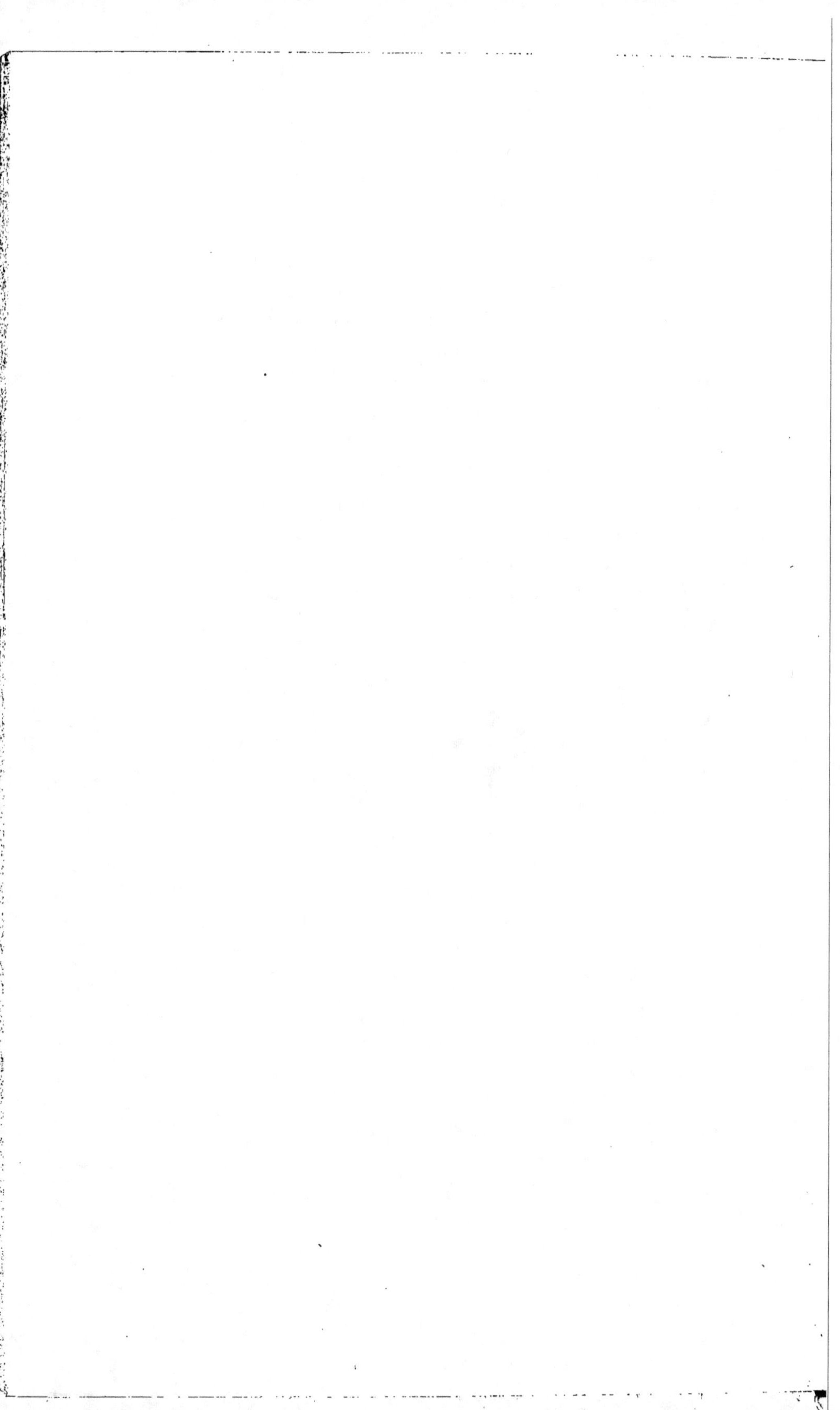

Les fleurs sont répandues à profusion en mélange sur la lisière des massifs et en groupes ou corbeilles sur les pelouses. Plusieurs avenues même sont bordées de touffes de rosiers, d'hortensias, fuchsias, grenadiers, lauriers-roses, alternant avec les arbres d'alignement, tels que magnolias, marronniers d'Inde, catalpas, paulonias, tilleuls, cyprès, chênes verts, tulipiers, etc.

Excepté quelques corbeilles de fleurs délicates, tout le reste du parc est arrosé à l'eau courante, ce qui a obligé à donner au terrain une disposition appropriée.

Personnel. — Le parc est à la charge du jardinier de l'établissement et les travaux sont exécutés par des ouvriers placés sous ses ordres.

RESTAURANT

RESTAURANT

RESTAURANT

Pour l'Exposition internationale, divers cafés-restaurants furent établis dans le parc de la *Quinta Normal*.

L'un d'eux resta jusqu'en 1884, époque à laquelle il a fait place au restaurant actuel.

Cet établissement rend de grands services aux visiteurs de la *Quinta Normal*, qui est aujourd'hui très fréquentée.

CUISINE ET RÉFECTOIRE

DES OUVRIERS DE LA QUINTA NORMAL

Suivant l'habitude du pays, la *Quinta Normal* ne loge point ses ouvriers, mais elle les nourrit.

On prépare leurs aliments dans une cuisine spéciale, et ils mangent commodément dans un grand hangar aménagé à cet effet.

Cette cuisine et ce réfectoire se trouvent situés à l'angle sud-est du jardin fruitier, sur le bord de l'avenue des mûriers.

23

ÉTABLES ET ÉCURIES

Plan horizontal.

A. — Etable pour les vaches.
B. B. — Ecuries.
C. C. — Etables pour les jeunes animaux.
D. D. — Bergeries.
E. — Manège.

Coupes verticales.

A'. — Coupe longitudinale suivant U, V. de l'étable pour les
vaches.
A". — Coupe longitudinale suivant U'. V'. de l'étable pour les
vaches.
B'. B'. — Coupe longitudinale des écuries suivant R. X.
B". — Coupe transversale des écuries suivant S. F.
C'. C". — Coupe longitudinale des étables suivant R'. X'.
C". — Coupes transversales des étables suivant S'. T'.

ÉTABLES ET ÉCURIES

LÉGENDE

Plan horizontal.

A. — Étable pour les vaches.
B. B. — Écuries.
C. C. — Étables pour les jeunes animaux.
D. D. — Bergeries.
E. — Manège.

Coupes verticales.

A'. — Coupe longitudinale suivant U, V, de l'étable pour les vaches.
A''. — Coupe longitudinale suivant U', V', de l'étable pour les vaches.
B. B'. — Coupe longitudinale des écuries suivant R, X.
B''. — Coupe transversale des écuries suivant S, R'.
C. C''. — Coupe longitudinale des étables suivant R', X'.
C'''. — Coupes transversales des étables suivant S', T'.

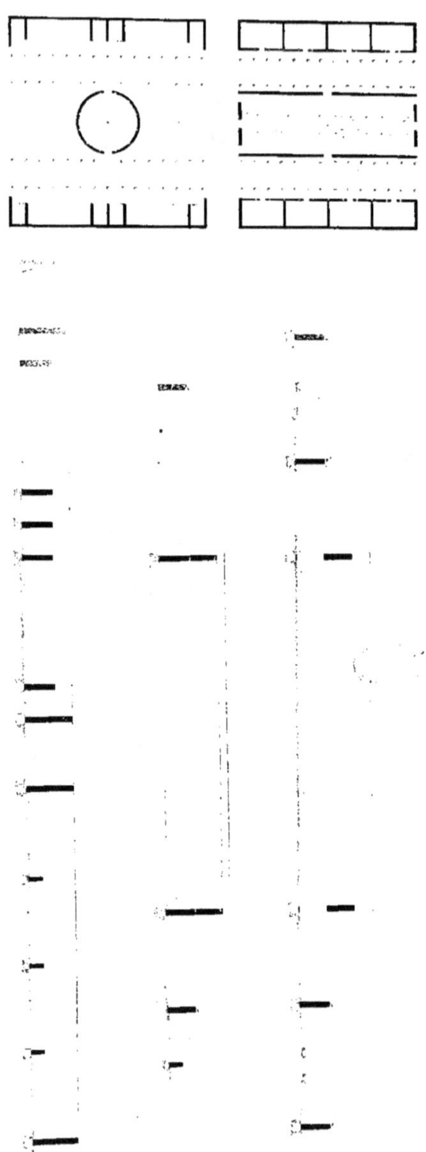

ANIMAUX

DE RENTE, DE TRAVAIL

**Etables — Ecuries — Bergerie — Porcherie — Basse-Cour
Rucher — Magnanerie**

La production animale occupe un rang important dans l'agriculture chilienne. Les industries zootechniques ont toujours été en grande faveur dans le pays.

Les climats des régions agricoles sont des plus favorables aux animaux domestiques qui peuvent vivre partout en plein air, durant une bonne partie de l'année.

Les plaines et les vallées arrosées fournissent d'abondants et riches fourrages ; les montagnes de la Cordillière andine et celles de la côte renferment de grands pâturages naturels qui servent à la transhumance ; enfin, toute la région du sud, par suite de son climat humide, est éminemment propre à la production herbacée et pourra bientôt devenir un centre important d'élevage.

Si les conditions naturelles pour la production animale sont presque partout favorables au Chili, les débouchés ne manquent pas non plus. Outre la consommation locale, relativement

grande, les nombreuses mines du centre et du nord, les salpê-
trières de Tarapaca et presque toute la côte du Pacifique jusqu'à Panama, sont approvisionnées par les animaux provenant
des parties agricoles du pays.

Actuellement, la consommation est bien supérieure à la production et la différence est fournie par les animaux importés de
la République Argentine.

Il y a donc de sérieux progrès à réaliser dans le domaine des
entreprises zootechniques, pour arriver à fournir aux besoins
sans cesse croissants.

Dans ces derniers temps, de nombreuses importations d'animaux reproducteurs d'Europe ont été effectuées par les grands
propriétaires, dans le but d'améliorer les animaux communs du
pays et d'obtenir une meilleure utilisation des fourrages consommés.

Il est incontestable qu'il s'est fait un grand progrès dans ce
sens ; mais, dans la plupart des cas, les résultats sont loin
d'avoir répondu à ces efforts.

Au Chili, comme dans beaucoup de pays, le problème de
l'amélioration de la production animale a été mal posé : on a
voulu commencer par la fin, et la solution définitive en a été
retardée.

Dans la production animale, comme dans la production végétale, les reproducteurs ne sont qu'un des éléments du problème. Ils ne peuvent faire sentir toute leur influence que quand
ils sont dans des milieux qui leur sont convenablement appropriés, c'est-à-dire, capables de satisfaire à toutes leurs exigences. Celles-ci augmentent en raison de la perfection même de la
machine animale, en vue d'un but défini.

Il est donc évident, qu'avant de songer à faire intervenir le

ANDRÉA

Jument percheronne.

Née le 5 mars 1883.
Son père Colin 1,390.
Sa mère Pelotte.

ANDRÉA

Jument percheronne.

Née le 5 mars 1883.
Son père Colin 1,3oo.
Sa mère Pelotte.

352

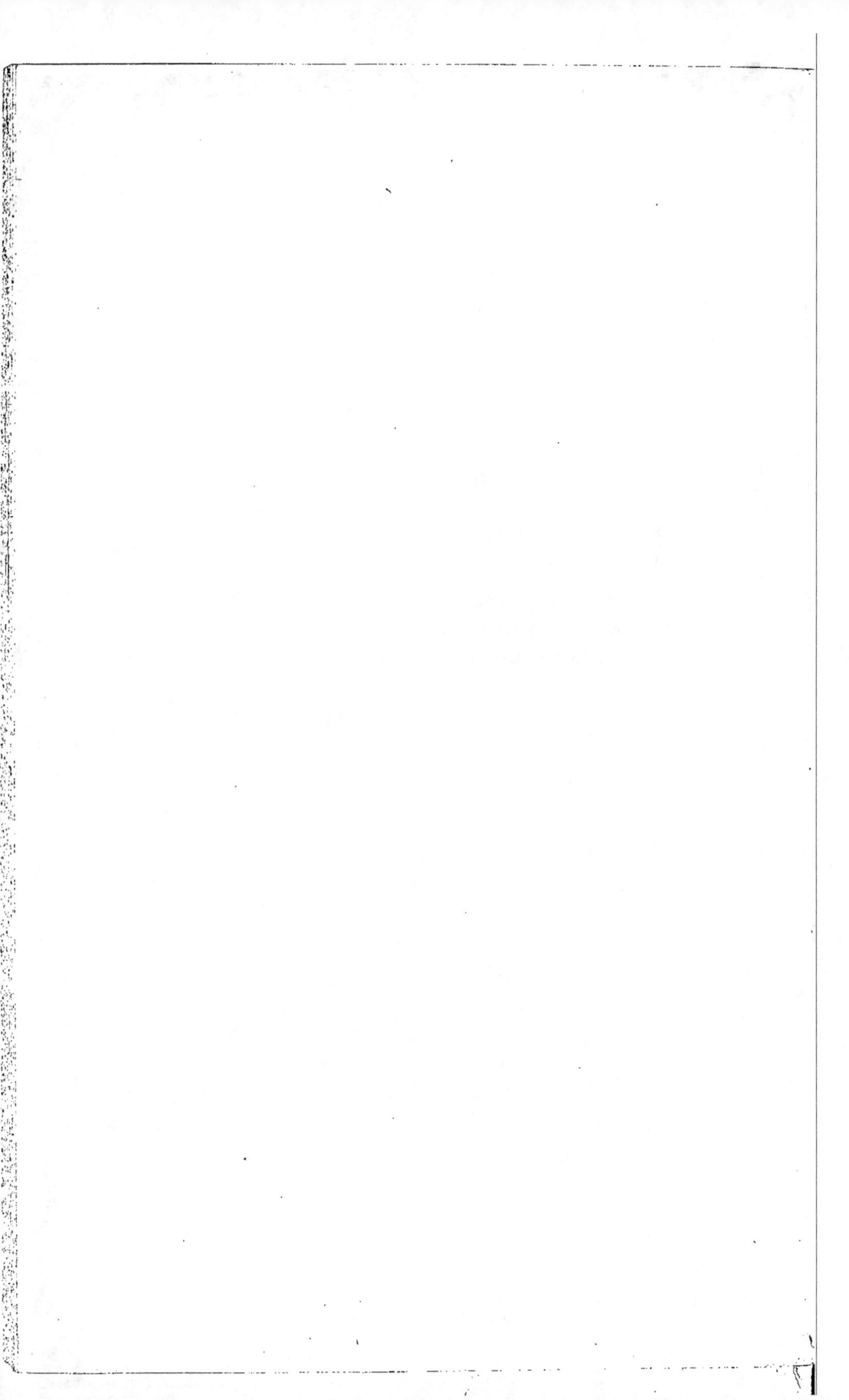

MADÈRE

Étalon vercheron.

Né le 17 avril 1884.
Son père Madère 2,477.
Sa mère Charlotte 10,547.

MADÈRE

Étalon percheron.

Né le 17 avril 1884.
Son père Madère n.47.
Sa mère Charlotte 10.547.

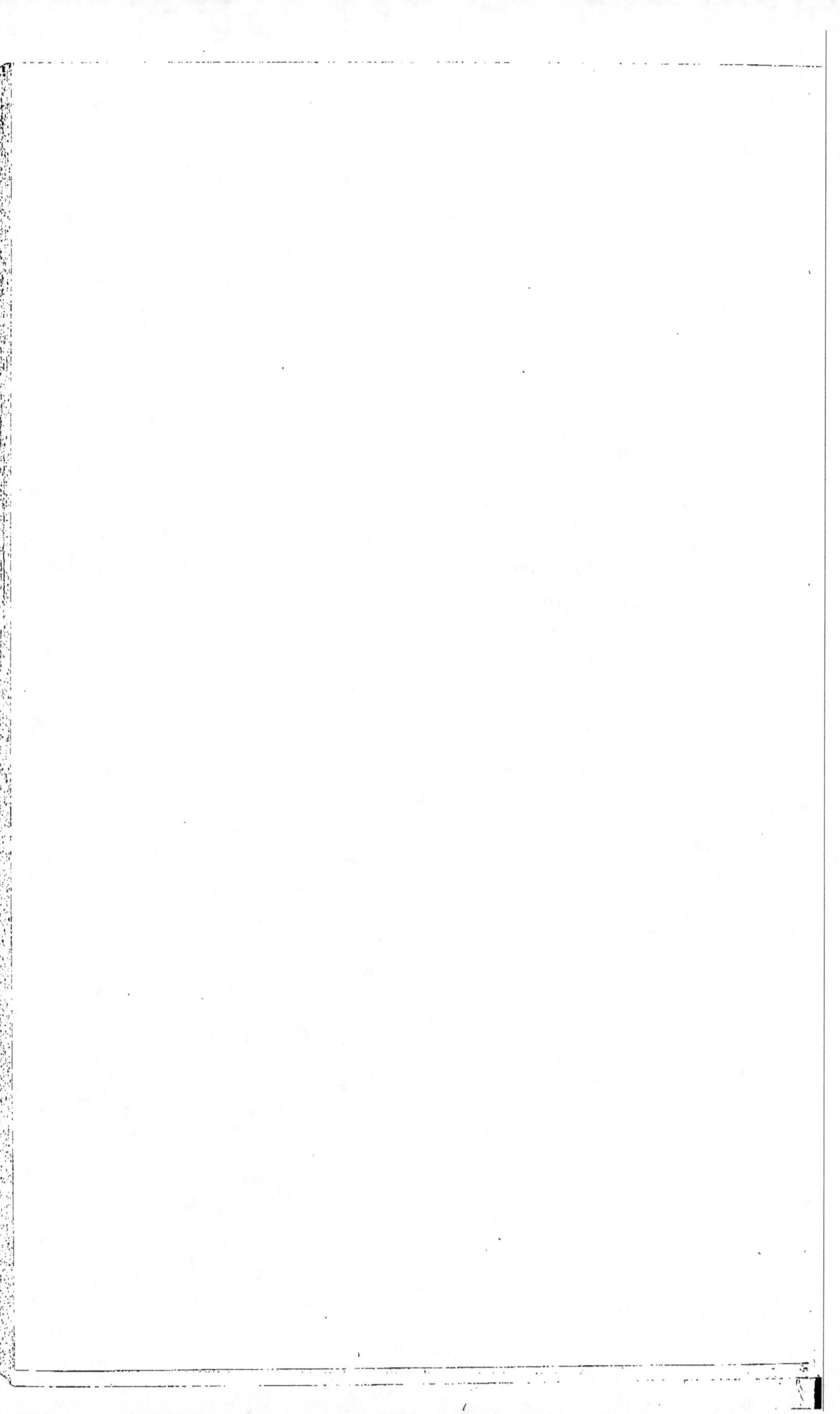

JEANNETTE

Jument percheronne.

Née le 22 mars 1883.
Son père Chéri 2,423.
Sa mère Cocotte 10,723.

JEANNETTE

Jument percheronne.

Née le 22 mars 1883.
Son père Chéri 2,423.
Sa mère Cocotte 10,723.

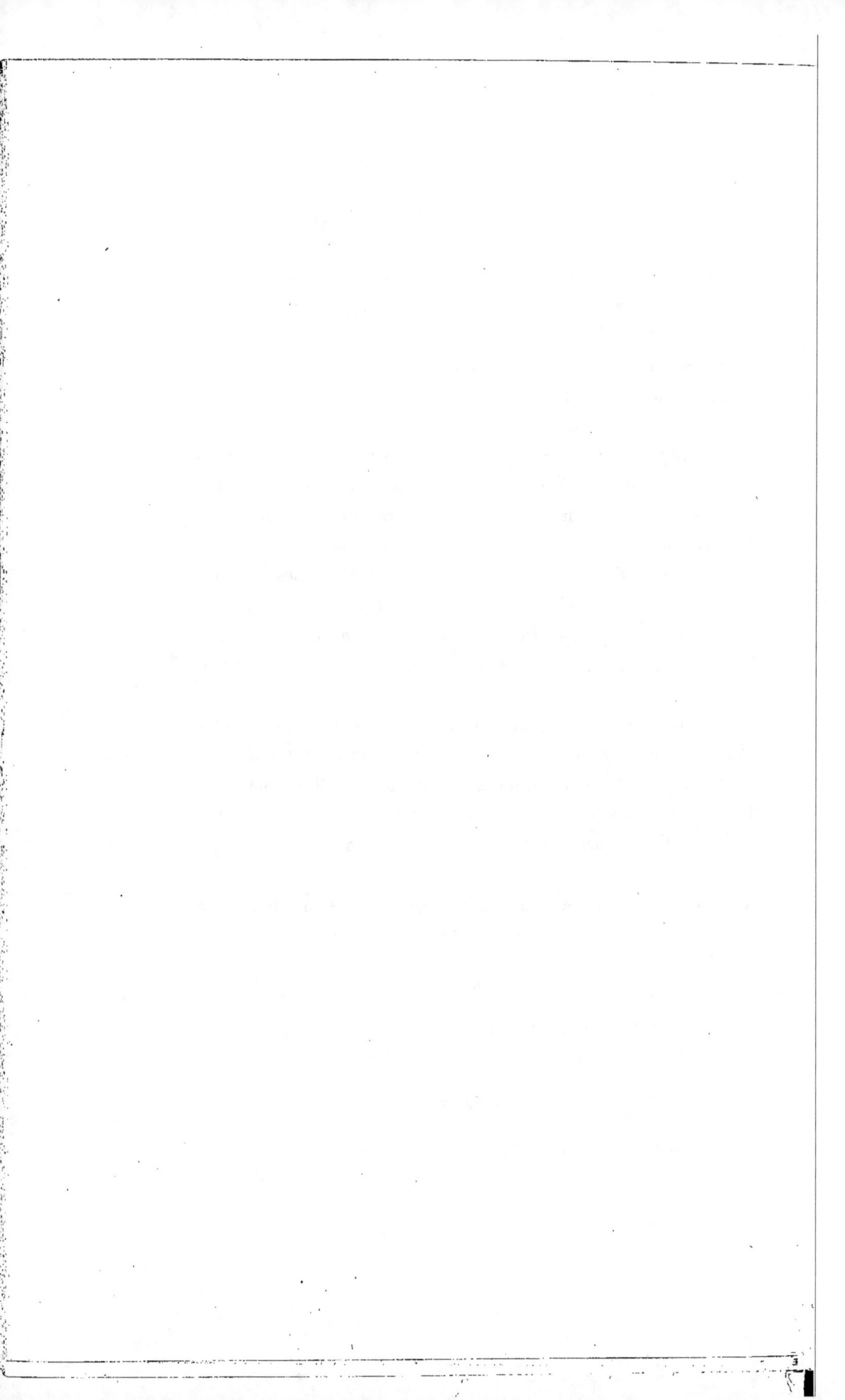

rôle des reproducteurs dans l'amélioration des industries zootechniques, il faut préparer les conditions agricoles dans lesquelles elles ont lieu.

Toute amélioration zootechnique doit être précédée de l'amélioration agricole qui lui sert de base.

Avant d'importer des animaux reproducteurs plus ou moins
perfectionnés, il est nécessaire de créer un milieu agricole convenable à leur évolution normale; sans cela, aucun résultat
sérieux ne pourra être obtenu et l'opération sera forcément
anti-économique.

Ces notions de saine économie rurale ont été mises en pratique à la *Quinta Normal;* on ne s'y est occupé d'animaux de
rente améliorés que quand les cultures et les autres conditions
hygiéniques ont été suffisamment préparées pour leur fournir
un milieu favorable.

C'est en vue des nécessités de l'enseignement et aussi en tenant compte des besoins de l'agriculture de la région et des débouchés, que l'Ecole Pratique a formé ses collections actuelles
d'animaux. Elles se compléteront plus tard, quand les ressources, dont l'établissement dispose, auront augmenté.

**Animaux de rente existant actuellement à l'Ecole Pratique
d'Agriculture.**

Espèce chevaline..

1 Etalon Percheron, importé de France.
4 Juments Percheronnes, importées de France.

Espèce bovine.

2 Taureaux Durham, importés d'Angleterre.

2 Vaches Durham importées d'Angleterre.
2 Génisses   —   nées à la *Quinta Normal*.
3o Vaches métis-Durham, nées au Chili.
15 Veaux   —   nés à la *Quinta Normal*.

Espèce ovine.

1 groupe de moutons mérinos communs de Rambouillet, nés au Chili.
1 —   —   — précoces de l'Aisne, importés.
1 —   —   South-Down, importés d'Angleterre.
1 —   —   Oxfordshiredown   —
1 —   —   Lincoln.   —
1 —   —   Cotswold.   —
1 —   —   New-Kent.   —

Espèce porcine.

1 groupe de porcs Yorkshire blancs, grands.
1 —   —   Berkshire.

Animaux de basse-cour.

Poules, oies, canards et lapins.

Rucher.

3o ruches à abeilles.
Cette partie est en voie de formation.

Magnanerie.

Cette section n'est pas encore installée.

Animaux de travail. — Les nombreux travaux des différen-

GRAND DUKE 54388

Taureau Durham.

Né le 8 octobre 1885.

Son père Oxfort 45,408.

Sa mère Wee Pet par Earl of Hunwick 43,173.

    G. m. Victoria 6ᵐᵉ par Royalty 39,059.

    G. g. m. Victoria 3ᵐᵉ par Lord of Keisley 34,620.

    G. g. g. m. Victoria 1ʳᵉ par Roan Duke 20,684, etc.

GRAND DUKE 54388

Taureau Durham,

Né le 8 octobre 1885.
Son père Oxton 45,408.
Sa mère Wee Pet par Earl of Hunwick 43,193.
G. m. Victoria 6me par Royalty 39,059.
G. g. m. Victoria 3me par Lord of Keisley 34,630.
G. g. g. m. Victoria 1re par Roan Duke 20,684, etc.

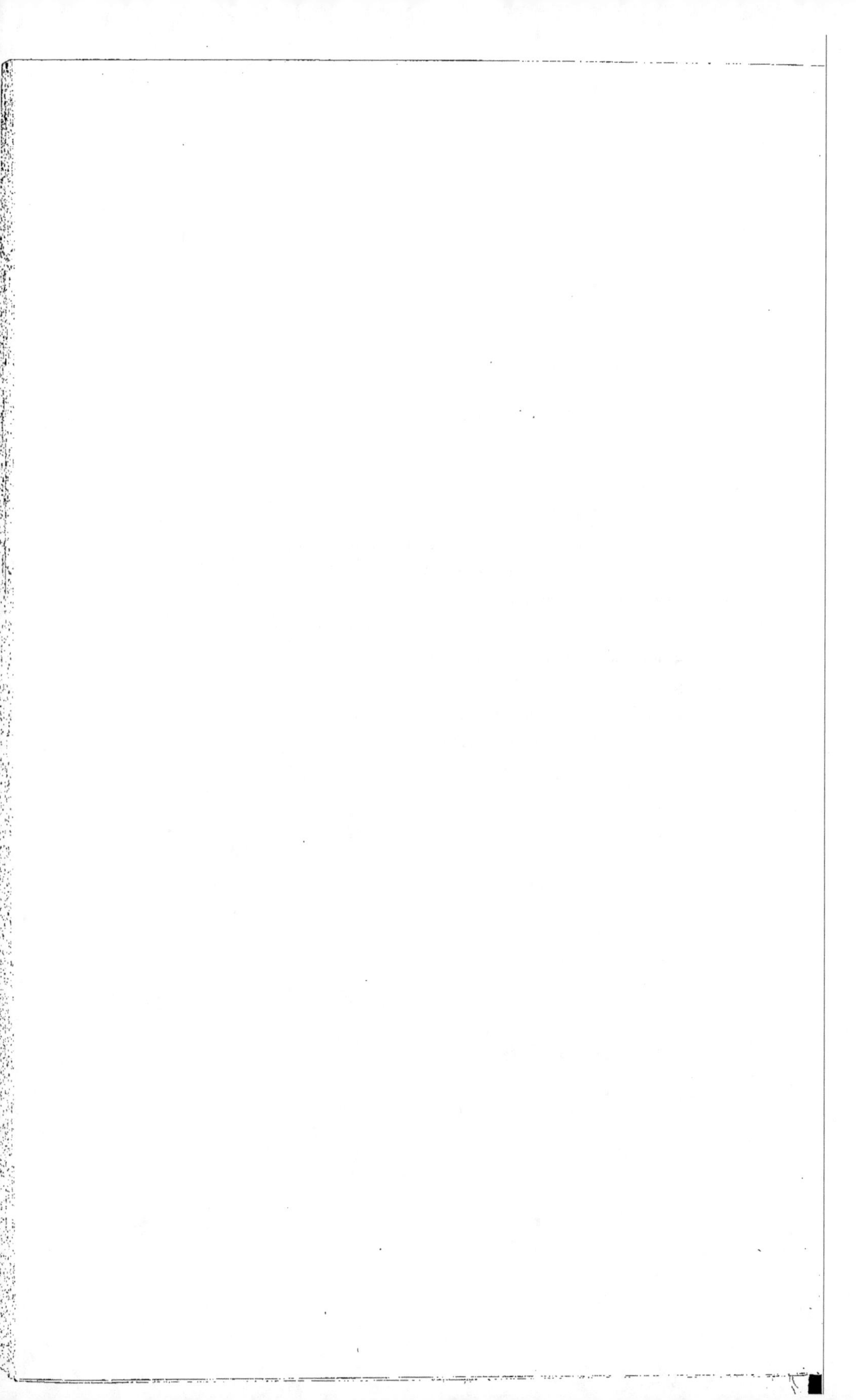

WATERLOO PANSY 2me

Vache Durham.

Née le 13 octobre 1885.

Son père Waterloo Count 2me 5o.628.

Sa mère Frogmore Pansy par Sir Robert Frogmore 40.719.

  G. m. Pretty Pansy par Privateer 32,818.

  G. g. m. Pansy 3me par Noble Duke 24.661.

    3me g. m. Pansy 2me par Cambridge Prince Royal 19,38o.

    4me g. m. Pansy par Bashow 12.449.

    5me g. m. Panit par Fitz Hardinge 8,o73.

    6me g. m. Young Pye par Young Consul 6,893.

    7me g. m. Pye par Nerwnham 2,365. etc.

WATERLOO PANSY 2me

Vache Durham.

Né le 13 octobre 1885.

Son père Waterloo Count 2me 50,625.

Sa mère Frogmore Pansy par Sir Robert Frogmore 40,719.

G. m. Pretty Pansy par Privateer 32,815.

G. g. m. Pansy 3me par Noble Duke 24,601.

3me g. m. Pansy 2me par Cambridge Prince Royal 19,386.

4me g. m. Pansy par Bashaw 12,449.

5me g. m. Panit par Kite Hardinge 8,073.

6me g. m. Young Pye par Young Consul 6,893.

7me g. m. Pye par Marwnham 2,305. etc.

FROGMORE PIPPIN 2me

Vache Durham.

Née le 29 juillet 1884.

Son père Prince Frogmore Seal 48,488.

Sa mère Frogmore Pippin, par Sir Robert Frogmore 40,719.

G. m. Pippin 2me par Buccaneer 25,690.

G. g. m. Pippin par Cyurie 19,542.

G. g. g. m. Pica par Royal Oak 16,870.

G. g. g. g. m. Piccolo par Général Pélissier 14,605.

G. g. g. g. g. m. Picolee par Royal 13,633.

7me g. m. Pink par Marchmont 9,367.

8me g. m. Young Pye par Young Consul 6,893.

9me g. m. Pye par Nerwnham 2,365, etc.

FROGMORE PIPPIN 2me

Vache Durham.

Née le 29 juillet 1884.

Son père Prince Frogmore Seal 48,488.

Sa mère Frogmore Pippin, par Sir Robert Frogmore 40,719.

G. m. Pippin 2me par Buccaneer 25,090.

G. g. m. Pippin par Cyrnic 19,542.

G. g. g. m. Pica par Royal Oak 16,870.

G. g. g. g. m. Piccolo par Général Pélissier 14,605.

G. g. g. g. g. m. Picotee par Royal 13,633.

7me g. m. Pink par Muchmont 9,367.

8me g. m. Young Pye par Young Consul 6,893.

9me g. m. Pye par Merwbam 2,363, etc.

tes sections de la *Quinta Normal* obligent l'établissement à maintenir un nombre considérable d'animaux affectés à ces services.

On emploie des bœufs et des chevaux. La *Quinta Normal* possède les animaux de travail suivants :

12 paires de bœufs.

4 chevaux de labour.

6   —   de service.

Les juments percheronnes prennent aussi part à certaines opérations de culture et de transport.

Tous ces animaux travaillent en moyenne 280 à 300 jours par an.

Ils vivent aux pâturages presque toute l'année. Pendant les mauvais temps de la saison d'hiver, ils passent la nuit dans le hangar-étable de la cour de service où ils reçoivent du fourrage sec. Jamais ni les bœufs, ni les chevaux de travail ne reçoivent de ration supplémentaire en grain et, malgré cela, grâce au climat et autres conditions hygiéniques, ces animaux se maintiennent en bon état.

Etables. — Les eaux d'arrosage étant impropres à la boisson des animaux délicats, les animaux bovins de la *Quinta Normal* suivent le régime de la stabulation permanente et vivent dans des étables spéciales.

Les vaches et les taureaux occupent la grande étable centrale et les jeunes animaux sont réunis dans les étables-hangars situées des deux côtés de la cour. Ces logements, bien aérés et très spacieux permettent aux jeunes élèves de prendre tout l'exercice dont ils ont besoin.

Tous ces animaux ont pour boisson l'eau claire de la ville ;

leur nourriture est exclusivement composée d'herbe verte fauchée chaque jour, dans les prairies de la *Quinta*.

Cependant, les taureaux reçoivent une ration de son à certaines époques de l'année, au moment de la monte.

Les veaux prennent tout le lait de leur mère et on leur donne en plus du lait écrémé provenant de la laiterie.

Ecuries. — Les chevaux sont logés dans des écuries ouvertes sur une des faces. Ces écuries forment un des côtés de la cour des animaux. Lorsque les chevaux ne travaillent pas, ils prennent de l'exercice dans le manège placé au milieu de cette cour.

La boisson des chevaux est la même que celle des animaux bovins et leur nourriture est uniquement composée de fourrages verts. A l'époque de la monte, l'étalon reçoit une petite ration d'orge.

Il existe un bain spécial, servant pour les chevaux et les bêtes bovines.

Bergerie. — Les moutons vivent en stabulation permanente sous des hangars ouverts, bien aérés et placés au milieu de petites cours particulières pour chaque groupe. Ces installations, au nombre de quatre, sont situées autour du manège.

Les animaux ovins sont nourris de la même façon que les autres.

Porcherie. Cette section est en quelque sorte une annexe de la laiterie ; elle est située à l'ouest de celle-ci et reçoit par des conduits spéciaux tous les résidus de la fabrication du beurre et des fromages, qui servent de base à l'alimentation des porcs.

L'eau courante arrive à volonté dans la porcherie et la propreté y est facilement obtenue.

BÉLIER ET BREBIS MÉRINOS PRÉCOCES

Agés de deux ans, du troupeau de M. F. Bataille, de Passy-en-
Valois (Aisne).

Âgés de deux ans, du troupeau de M. F. Bataille, de Passy-en-
Valois (Aisne).

BÉLIER ET BREBIS MÉRINOS PRÉCOCES

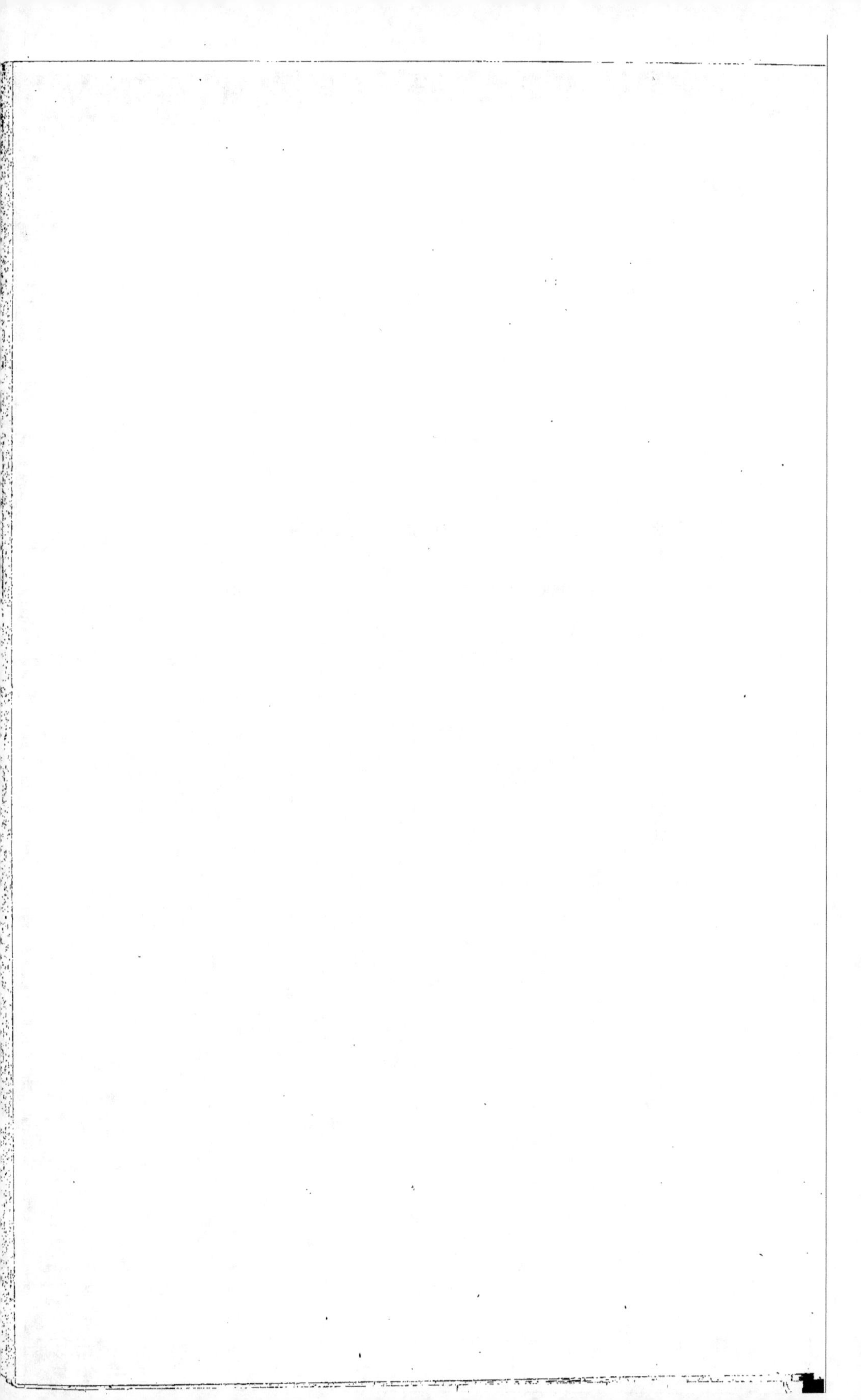

BÉLIER ET BREBIS OXFORDSHIREDOWN

AGÉS DE 2 ANS

BÉLIER ET BREBIS OXFORDSHIREDOWN

ÂGÉS DE 2 ANS

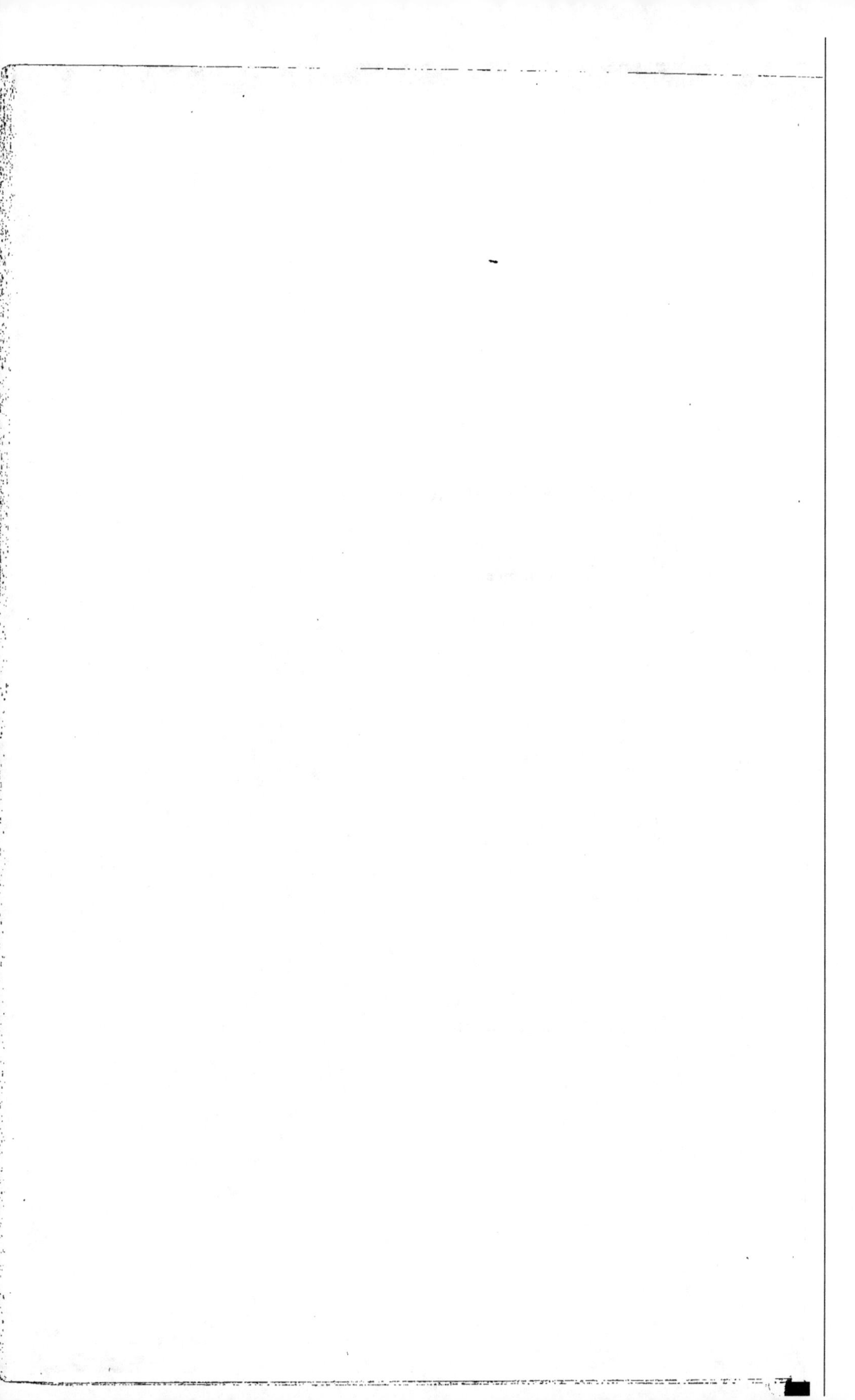

PORCS BERKSHIRES

Agés d'un an.

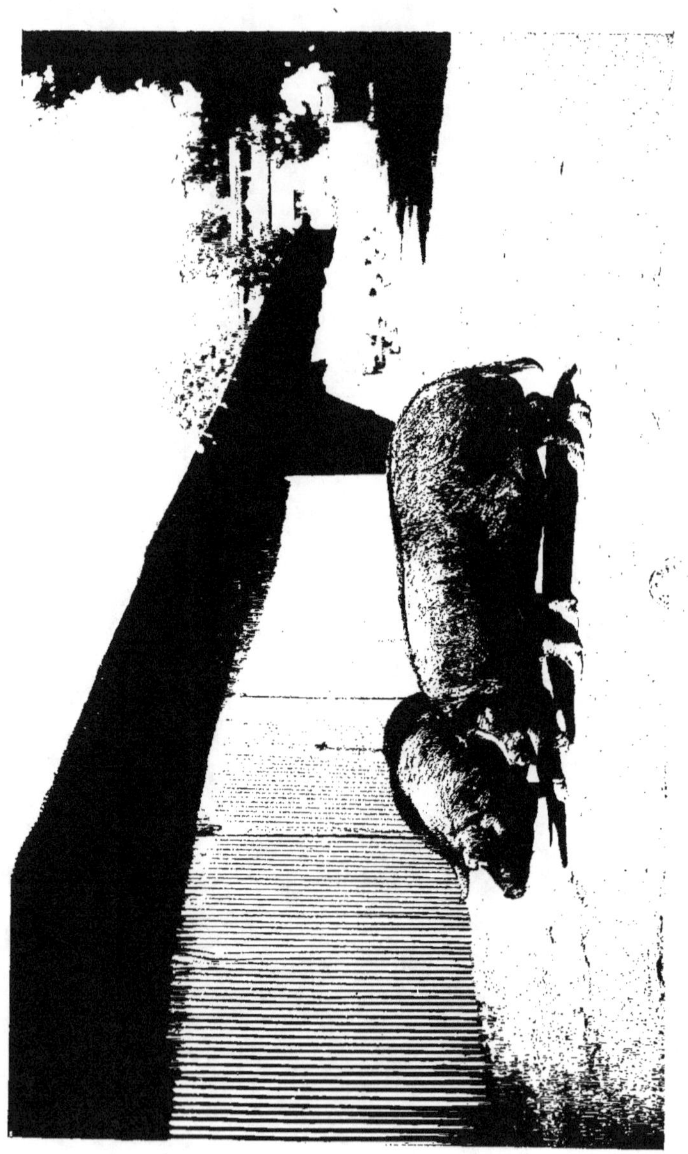

Basse-cour. — Pour les besoins de l'enseignement, on a réuni quelques groupes d'animaux de basse-cour, dans un département placé entre la laiterie et la porcherie.

Magnanerie. — L'industrie des vers à soie a sa raison d'être au Chili ; prochainement, il sera établi une petite magnanerie, pour servir à l'enseignement des élèves de l'Ecole Pratique et de l'Institut Agricole.

Rucher. — Les abeilles ont une certaine importance dans le pays qui présente des conditions très favorables à ces utiles insectes.

Le rucher de la *Quinta Normal* est en voie de formation. Il est situé à côté de la maison du chef de cultures, c'est-à-dire, au milieu des champs cultivés et non loin des petits bois et de la vigne.

Personnel des étables et écuries. — Il y a un chef vacher et un charretier. Les élèves de l'Ecole Pratique servent d'aides et exécutent tous les travaux de cette section.

LAITERIE ET FROMAGERIE

LÉGENDE

Plan horizontal général.

A. — Vestibule.
B. — Salle des machines.
E. F. — Musée de laiterie.
C. D. — Salles pour la préparation et conservation du beurre.
J. — Fromagerie.
H. H. H. H. H. — Corridors extérieurs.
O. — Maison d'habitation du chef des étables et de la laiterie.

Plan horizontal de la cave à fromages.

G. — Escalier de la cave.
K. L. — Salles pour l'affinage et la conservation des fromages.

Coupe longitudinale suivant x. y.

H. H. — Corridors extérieurs.
A. — Vestibule.
B. — Salle des machines.
G. — Escalier de la cave souterraine.
K. L. — Salles pour l'affinage et la conservation des fromages.

Coupe transversale de la fromagerie suivant u. z.

LAITERIE ET FROMAGERIE

laiterie

Plan horizontal général

A. — Vestibule.
B. — Salle des machines.
K. C. — Musée de laiterie
C. D. — Salles pour la préparation et conservation du beurre.
J. — Fromagerie.
H. H. H. H. — Ouvertures extérieures.
O. — Maison d'habitation du chef des étables et de la laiterie

Plan horizontal de la cave à fromages

G. — Escalier de la cave.
K. L. — Salles pour l'affinage et la conservation des fromages.

Coupe longitudinale suivant x y z

H. G. — Ouvertures extérieures
A. — Vestibule.
B. — Salle des machines.
G. — Escalier de la cave souterraine
K. L. — Salles pour l'affinage et la conservation des fromages.

Coupe transversale de la fromagerie suivant a b.

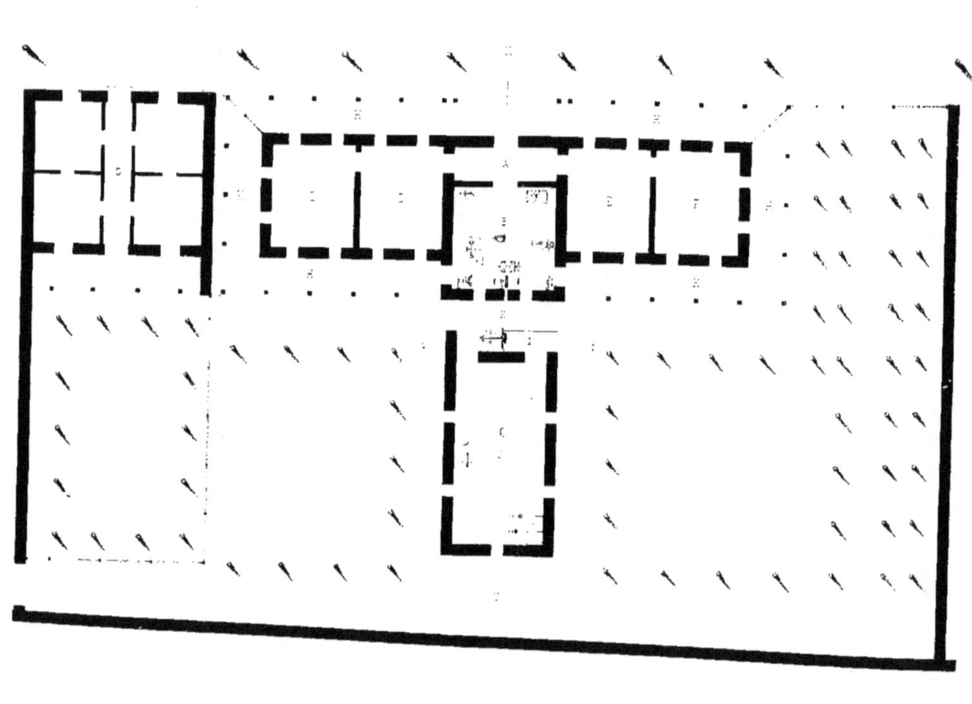

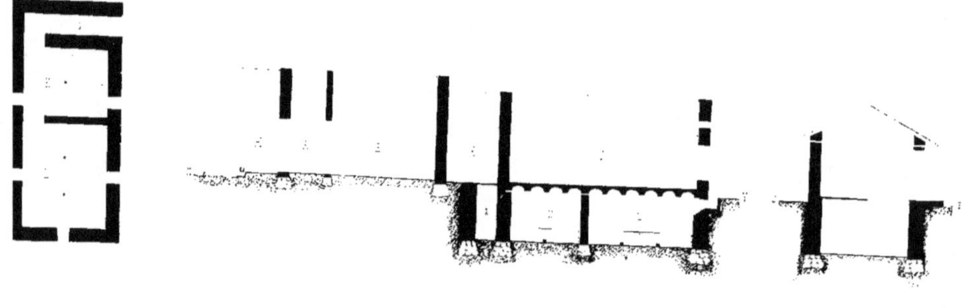

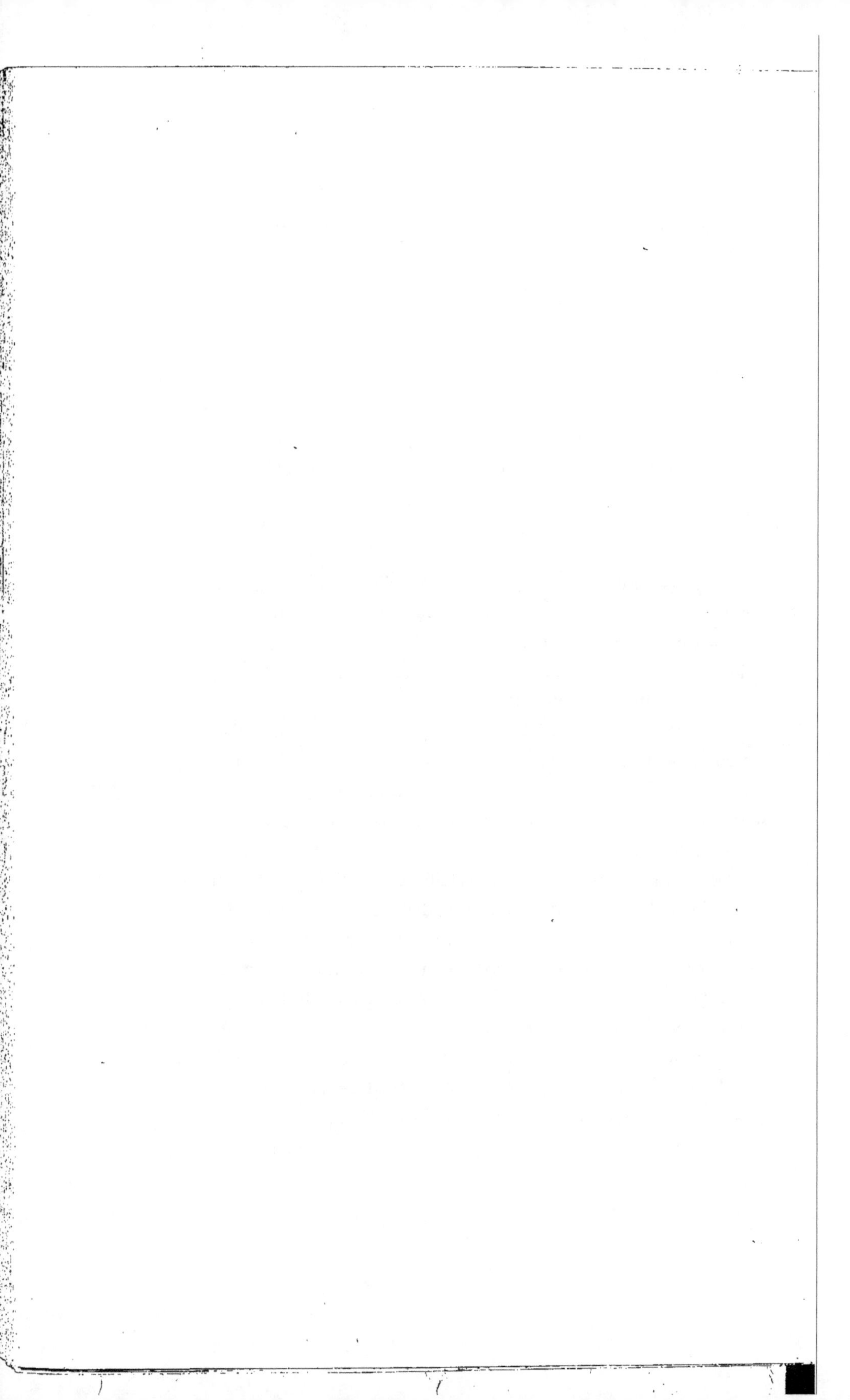

LAITERIE ET FROMAGERIE

L'industrie laitière est tout à fait nouvelle au Chili. Il y a vingt ans, le beurre n'était guère connu que de nom. En dehors de la vente du lait dans les villes et de la fabrication du fromage ordinaire, appelé *queso del pais*, cette branche industrielle de la zootechnie était absolument nulle.

Les grands progrès réalisés par l'agriculture chilienne, l'augmentation du bien-être général, l'accroissement des débouchés extérieurs ont favorisé, dans ces dernières années, le développement des industries zootechniques et particulièrement de l'industrie laitière.

De grands troupeaux de vaches laitières ont été formés dans les principales fermes des vallées et des plaines arrosées. A la vente du lait en nature, sont venus s'ajouter les procédés de conservation et de condensation, pour les expéditions de ce produit dans les districts miniers et pour la navigation du Pacifique. Des laiteries mécaniques, parfaitement installées, se sont établies et aujourd'hui, c'est par centaines qu'on les compte au Chili. Plusieurs fromageries importantes fabriquent des fromages de Gruyère, de Chester, de Brie, de Camembert, etc,

Actuellement l'industrie laitière est des plus florissantes et il est probable que cette situation se soutiendra longtemps. Chaque jour, s'ouvrent des débouchés nouveaux, et, malgré l'augmentation de la production, les prix de vente resteront encore rémunérateurs.

Une des difficultés les plus sérieuses que rencontre cette nouvelle branche de production, c'est le manque absolu du personnel capable d'exécuter et de conduire convenablement toutes les opérations qu'elle comporte.

Dans ces conditions, l'installation d'une laiterie et d'une fromagerie modèles à l'Ecole Pratique de la *Quinta Normal* s'imposait comme une nécessité pour former des ouvriers habiles si indispensables à cette industrie.

En outre, cette section complète utilement l'enseignement de la zootechnie de l'Institut Agricole, en familiarisant les élèves avec les opérations et manipulations qui s'y exécutent chaque jour. Ainsi, ils comprennent mieux les explications théoriques, qui leur sont données dans le cours spécial.

La laiterie et la fromagerie forment un seul établissement situé auprès des étables et font partie de l'ensemble des bâtiments d'exploitation de l'Ecole Pratique.

Pour atteindre le but proposé, il fallait installer cette section de manière à pouvoir travailler 1,500 à 2,000 litres de lait par jour.

Les pâturages de la *Quinta Normal* sont insuffisants pour entretenir le nombre voulu de vaches capables de fournir toute cette quantité de lait, et ils ne sont pas propres à la production du lait de bonne qualité, à cause de la nature des eaux d'arrosage. On ne pouvait non plus supprimer, ni réduire les autres sections zootechniques existant déjà dans l'établissement.

Le lait nécessaire est donc acheté au dehors et les produits sont vendus, comme cela a lieu dans tous les établissements analogues.

Cette section a commencé à fonctionner l'été dernier ; elle est indépendante de l'exploitation agricole et forme une annexe des autres industries zootechniques de la *Quinta Normal.*

Elle comprend : la beurrerie, la fromagerie et le musée de laiterie.

Prochainement, on lui adjoindra une petite fabrique de boîtes de fer-blanc pour la conservation du lait frais ou condensé, du beurre et du fromage.

Beurrerie.

Elle a pour but la fabrication du beurre, pour la vente, à l'état frais ou conservé.

La fabrication est entièrement mécanique. Toutes les précautions possibles ont été prises pour assurer une propreté irréprochable dans tous les travaux et les opérations s'exécutent avec un soin tout particulier.

Tous les appareils et machines sont mis en mouvement par un moteur à vapeur vertical de Boulet, de la force de 3 chevaux avec transmission et conduite de vapeur.

A son arrivée, le lait est immédiatement pesé sur la bascule de Chameroy, qui imprime directement le poids sur des tickets spéciaux, permettant un contrôle facile pour le vendeur et pour l'acheteur.

Il est passé à travers un tamis fin, et va ensuite dans le réchauffeur danois où il acquiert la température uniforme de 24°.

La température du réchauffeur est obtenue au moyen de la vapeur fournie par le moteur.

Le lait réchauffé arrive dans l'écrémeuse de Burmeister et Wain munie d'un régulateur de Fjord.

La crème est recueillie dans des récipients spéciaux que l'on place ensuite pendant 24 heures dans la chambre fraîche de la cave.

Le lait écrémé passe directement dans un appareil pasteurisateur chauffé à la vapeur à 80°. Ainsi stérilisé, il peut se conserver frais pendant plus longtemps. Une partie sert aux besoins de l'Ecole Pratique et le reste est employé à l'alimentation des veaux et des porcs.

Le barattage se fait au moyen de la baratte-tonneau de Simon, dans laquelle on maintient une température modérée. Quand l'opération est terminée, le beurre est lavé soigneusement dans la baratte. Il est ensuite refroidi et malaxé avec l'appareil Pilter.

La délaiteuse Baquet est aussi employée durant l'hiver.

Le moulage du beurre frais se fait au moyen de la machine de Pilter et les pains pèsent 250 grammes chacun.

Ils portent la marque de l'établissement, sont enveloppés dans un papier spécial et placés dans une boîte en carton. Ce système est très commode pour le transport et pour la vente au détail.

Le beurre frais est vendu journellement au magasin des graines de la *Quinta Normal*. Durant l'été, une partie est mise en conserve suivant divers procédés qui sont encore à l'état d'essai.

Fromagerie.

Elle est installée pour fabriquer alternativement des fromages de Gruyère, de Chester, du pays et des fromages de pâte molle, comme le Brie, le Camembert, etc.

Elle possède une chaudière à double fond, chauffée à la vapeur, pour la fabrication des fromages cuits ; une autre chaudière à feu nu, système de la Gruyère ; des presses à fromages de Lauriez, suisse et anglaise, un moulin pour rompre le caillé de Pilter ; appareils divers pour diviser le caillé ; des moules à fromages, divers systèmes ; une bascule système Chameroy ; des couteaux, spatules, poches et autres appareils employés pour la fabrication des fromages.

La fromagerie en est encore à la période des essais et vient à peine de commencer sa fabrication régulière ; il y a tout lieu d'en attendre des résultats aussi brillants que ceux donnés par la beurrerie.

Musée de laiterie.

Ce département fait partie du matériel d'enseignement de l'Institut Agricole. Il a été adjoint à la laiterie, pour faciliter les applications et l'enseignement pratique du cours de zootechnie.

Les principaux objets, appareils et machines qu'il renferme sont les suivants :

Collection de vases et de seaux à traire les vaches, — de sellettes suisses, — de vases à mesurer le lait, — de bascules, et balances pour le lait, le beurre et le fromage, — d'ustensiles pour le coulage ou tamisage du lait, — de bidons pour le transport du lait, — de brouettes à lait.

Collection de pots à lait et à crème pour la distribution de ces produits à domicile, — de supports pour ces pots, — Réfrigérant Lawrence et Pilter, — Vases pour chauffer le lait, divers systèmes, — vases pour refroidir.

Collection de crémeuses à l'air libre, — Crémeuse Schwartz : bac réfrigérant et jattes à lait, — Crémeuse Cooley : bac et bidons à lait, — Ecrémeuse centrifuge horizontale Laval à bras.

Collection d'ustensiles pour l'écrémage, — de récipients à crême ou crémières, — de barattes : normande (tonneau), Fouju, Bretonne, Pouriau, Chapellier, américaine, atmosphérique, rapide, etc., — de machines et ustensiles pour malaxer et mettre le beurre en mottes, — de moules pour le beurre, — de spatules, couteaux en bois, etc., — de brosses et autres ustensiles de nettoyage, — de boîtes pour la conservation du lait et du beurre, — de colorant pour le beurre, — Régulateur Laval pour écrémeuse, — Appareil pour émulsion de Burmeister.

Collection d'instruments et appareils pour l'essai du lait, — Thermomètres, hygromètres pour laiterie.

Collection de moules à fromages, — de presses pour fromages, — d'instruments et d'ustensiles pour rompre et diviser le caillé, — de poches, spatules, etc. pour la fabrication des fromages, — de présures pour fromages, — Instruments et appareils divers pour la fabrication des fromages, — Moulins à sel, — Appareils pour distribuer le sel. — Ensemble : 592 objets.

Personnel et ouvriers de cette section. — L'établissement est à la charge d'un chef spécial qui fait travailler les élèves de l'Ecole Pratique. Toutes les opérations de la beurrerie et de la fromagerie sont exécutées successivement par eux, et ils ont ainsi l'occasion de faire un apprentissage complet de ces fabrications.

PLAN DES ÉDIFICES
OÙ ONT LIEU LES CONCOURS ANNUELS
D'ANIMAUX DOMESTIQUES

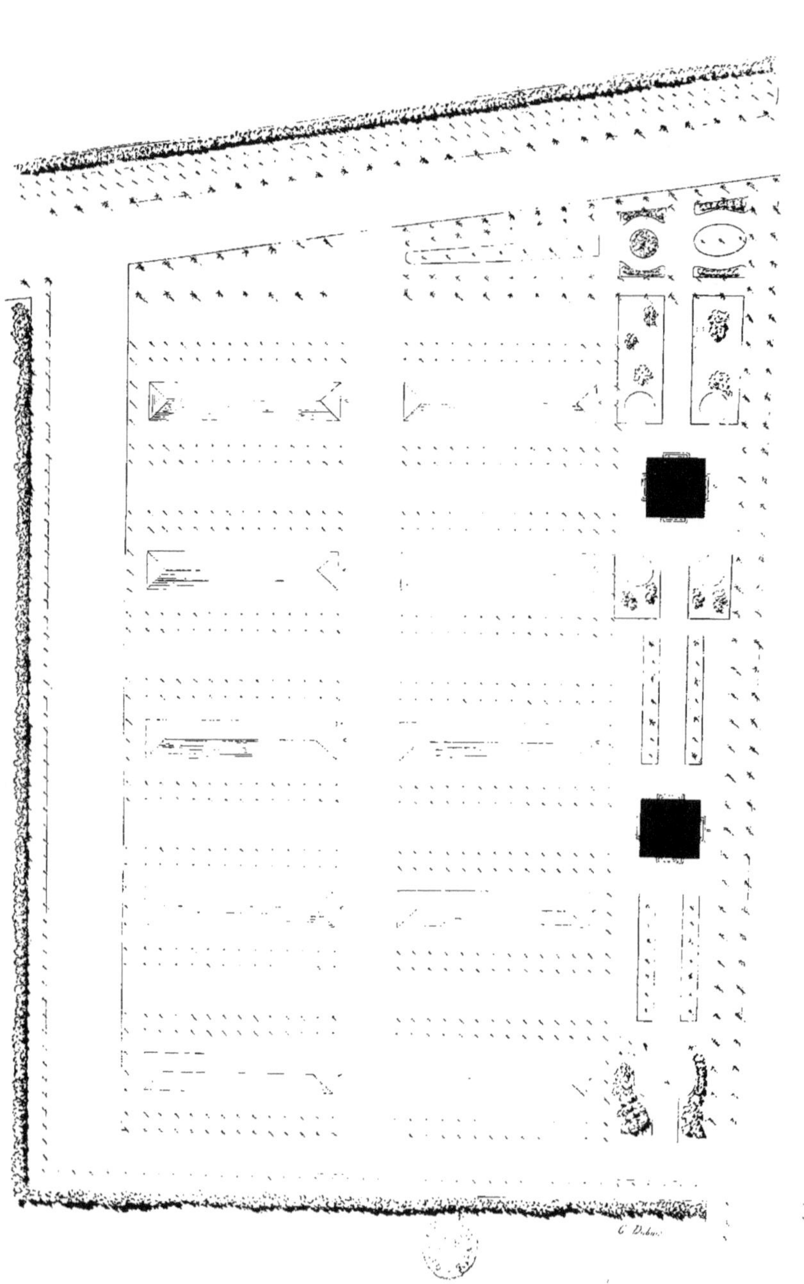
G. Duhu

CONCOURS ANNUELS

D'ANIMAUX DOMESTIQUES

Parc et constructions où ils ont lieu.

Parmi les moyens mis en œuvre par la Société Nationale d'Agriculture pour développer le progrès agricole du pays, on doit citer les expositions qu'elle a organisées et les concours annuels d'animaux domestiques qui ont lieu dans la *Quinta Normal*, d'une façon régulière depuis l'année 1881.

Ce n'est point ici le lieu d'indiquer la grande influence que ces concours ont exercée sur la production animale dans tout le pays ; mais il est nécessaire d'établir qu'ils constituent un des principaux titres de la reconnaissance à laquelle la Société Nationale d'Agriculture a droit, de la part des agriculteurs chiliens.

Jusqu'en 1887, ces concours avaient lieu dans les installations provisoires, établies dans l'avenue des cyprès, lors de l'Exposition internationale de Santiago, en 1875.

En 1887, cette partie de la *Quinta Normal* ayant été cédée, pour la construction du grand collège de l'Etat, on a bâti les nouvelles écuries actuelles , situées à l'ouest de l'avenue de la Vigne et au nord du Jardin zoologique.

Ces concours sont très suivis par les agriculteurs et par une foule d'amateurs et de curieux. Le nombre des exposants est très grand et les animaux présentés forment un ensemble remarquable et digne de figurer dans les pays les plus avancés.

Voici le résumé du catalogue des animaux présentés au concours de l'année 1887 :

Animaux de l'espèce chevaline	97
— — bovine	120
— — ovine	12
— — porcine	10
— basse-cour	50
Total	289 animaux.

PROGRAMME DU CONCOURS D'ANIMAUX

POUR L'ANNÉE 1888

La Société Nationale d'Agriculture, suivant les prescriptions de ses statuts, invite les agriculteurs de tout le pays à prendre part à un concours, qui aura lieu, cette année, dans la seconde quinzaine de novembre, à la *Quinta Normal de Agricultura*, dans les locaux destinés à cet objet.

Ce concours comprendra :

Les animaux reproducteurs de l'espèce chevaline, asine, bovine, ovine, porcine et de basse-cour.

VUE DES ÉDIFICES

OÙ ONT LIEU LES CONCOURS ANNUELS

D'ANIMAUX DOMESTIQUES

VUE DES ÉDIFICES

OÙ ONT LIEU LES CONCOURS ANNUELS

D'ANIMAUX DOMESTIQUES

1°. — Animaux de l'espèce chevaline.

Ils se divisent en quatre sections :

A. — Pur sang arabe.

B. — Pur sang anglais.

C. — Du pays, propres à l'armée et pour les usages ruraux.

D. — De croisement, appropriés aux mêmes usages.

E. — D'attelage ou de trait léger.

F. — De gros trait.

Pour chacune de ces sections, il y aura :

Un premier, un second et un troisième prix pour :

Les étalons de deux à trois ans.

Les juments de deux à trois ans.

Les étalons de trois à quatre ans.

Les juments de trois à quatre ans.

Les étalons de plus de quatre ans.

Les juments de plus de quatre ans.

Prix de groupe.

Pour concourir pour le prix de groupe, chaque propriétaire d'animaux doit présenter un lot composé d'un étalon et de deux juments au moins, dans la même section.

A. — Il sera décerné au meilleur groupe d'animaux de pur sang arabe et de pur sang anglais un premier prix, qui consistera dans un objet d'art de la valeur de cent cinquante piastres.

B. — Un prix de groupe aux meilleurs animaux du pays. Ce prix consistera dans un objet d'art de la valeur de cent cinquante piastres.

C. — Au meilleur groupes d'animaux d'attelage, un prix qui

consistera dans un objet d'art d'une valeur de cent cinquante piastres.

D. — Au meilleur groupe de chevaux de gros trait, un objet d'art d'une valeur également de cent cinquante piastres.

2°. — *Animaux de l'espèce asine.*

Ils comprendront une seule section et il sera décerné un premier, un second et un troisième prix pour les groupes composés d'un mâle et de deux femelles.

3°. — *Animaux de l'espèce bovine.*

Ils comprendront cinq sections :

A. — Animaux Durham purs, importés et inscrits au Herd-Book de la Société Nationale d'Agriculture.

B. — Animaux Durham purs, nés dans le pays et inscrits au Herd-Book de la Société.

C. — Animaux de races pures non Durham et inscrits au Herd-Book de la Société.

D. — Animaux bovins métis.

Pour chacune de ces quatre premières sections, il y aura un premier, un second et un troisième prix pour les

Taureaux de un à deux ans.

    —   deux à trois ans.

    —   plus de trois ans.

Génisses de un à deux ans.

Vaches de deux à trois ans.

    —   plus de trois ans.

Prix de groupe.

Il sera concédé aux meilleurs lots, présentés et composés

chacun d'un taureau et de deux vaches au moins, appartenant au même propriétaire :

Un premier et un second prix de groupe aux animaux des catégories A et B seuls ou réunis.

Le premier prix sera un objet d'art, d'une valeur de deux cents piastres et le second sera également un objet d'art de la valeur de cent piastres.

Pour le meilleur groupe d'animaux de races pures non Durham et inscrits au Herd-Book de la Société, il sera décerné un objet d'art, de la valeur de cent piastres.

4°. — Animaux de l'espèce ovine.

Ils se divisent en trois sections :

A. — Races anglaises, à tête noire ou des dunes (Southdown et ses dérivés, Shropshiredown, Oxfordshiredown, Hampshiredown, etc.).

B. — Races anglaises, à tête blanche (Dishley, Lincoln, Romneymarsh, Cottswold, Cheviot).

C. Mérinos et ses variétés.

Pour chaque section, il y aura :

Un premier, un second et un troisième prix, destinés aux

    Béliers d'un à deux ans.

    Brebis   —

    Béliers de plus de deux ans.

    Brebis   —

Prix de groupe.

Il sera concédé un objet d'art, de la valeur de cent piastres, au meilleur groupe, en tenant compte du mérite des animaux exhibés dans les trois catégories.

Ce groupe se composera d'un mâle et de deux femelles au moins.

5º. — *Chabins (Oveias de lina)*.

Il y aura un premier, un second et un troisième prix pour les groupes composés d'un.mâle et de deux femelles au moins.

6º. — *Animaux de l'espèce caprine*.

Ces animaux se divisent en :
A. — Races laitières (chèvres communes de Malte).
B. — Races à laine (Angora et Cachemir).

7º. — *Animaux de l'esvèce porcine*.

Ils comprennent :
A. — Races grandes.
B. — Races petites.
Pour chaque section il y aura :
Un premier, un second et un troisième prix pour les
   Mâles de moins d'un an.
   Femelles   —
   Mâles de plus d'un an.
   Femelles   —

Prix de groupe.

Il sera décerné un objet d'art de la valeur de cinquante piastres, au meilleur groupe d'animaux des deux sections, appartenant au même propriétaire et composé d'au moins un mâle et deux femelles.

8°. — *Animaux de basse-cour.*

Pour cette section, il y aura les prix suivants :

Trois premiers, trois seconds et trois troisièmes prix pour les poules.

Deux premiers prix pour chacune des espèces suivantes : canards, lapins, oiseaux indigènes aquatiques ou autres.

Un pour chacune des autres espèces suivantes : dindons, pintades, pigeons.

Prix de groupe.

Il sera décerné un objet d'art de la valeur de cent cinquante piastres à l'exposant qui présentera le meilleur groupe d'animaux de basse-cour.

Rappel de premier prix.

Dans le cas où il y aurait des places disponibles dans les locaux destinés au concours, les animaux qui ont déjà obtenu un premier prix, dans une exposition antérieure de la *Quinta Normal*, pourront être présentés et auront droit à un rappel de premier prix.

Jurys chargés d'adjuger les prix.

Les jurys, chargés d'adjuger les prix indiqués dans ce programme, seront formés et nommés de la manière suivante :

En inscrivant leurs animaux au secrétariat de la Société d'Agriculture, les exposants devront indiquer, par écrit, trois personnes, qui selon eux, leur paraissent compétentes pour former partie de chaque jury.

Chaque jury sera composé de trois personnes.

Le prix de groupe de chaque catégorie sera adjugé par un jury composé de cinq personnes : les trois qui forment le jury de la catégorie et deux autres qui sont nommées spécialement à cet effet.

Les jurés seront nommés par le Conseil Supérieur de la Société Nationale d'Agriculture, qui prendra en considération les personnes proposées par les exposants. Ces nominations auront lieu au moins quinze jours avant l'époque fixée pour l'ouverture du concours.

Il sera nommé trois jurys : un pour les animaux de l'espèce chevaline, un autre pour les animaux de l'espèce bovine et un troisième pour les autres animaux.

Aucun jury ne pourra fonctionner sans être au complet. Si, au moment où les jurys doivent commencer leurs opérations, quelques membres ne sont pas présents, une commission spéciale, nommée à cet effet par le Conseil de la Société, désigne les personnes qui doivent les remplacer.

Les jurys ne sont point obligés d'adjuger tous les prix signalés dans le présent programme et doivent limiter leur assignation, aux animaux et groupes qui leur paraissent mériter réellement une telle distinction. Dans aucun cas, ils ne pourront désigner plus de prix que n'en comporte le programme.

Les délibérations des jurés seront secrètes et leurs résolutions devront être communiquées uniquement à la Commission du Concours, qui est chargée de les faire publier.

Les jurys devront apprécier les animaux suivant les déclarations des exposants et ne pourront changer la catégorie, dans laquelle ils ont été inscrits par leurs propriétaires.

Lorsque les animaux ne correspondent point aux désignations

dans lesquelles ils ont été inscrits, les jurés pourront les déclarer hors concours, et, suivant la gravité du cas, la Commission de l'Exposition prendra les mesures qui lui paraîtront convenables.

Les animaux qui auraient obtenu un premier prix dans une catégorie ou dans un groupe, dans les concours antérieurs de la *Quinta Normal*, ne pourront concourir de nouveau dans la même catégorie ou groupe.

Ils pourront être exhibés hors concours, dans le local désigné par la Commission spéciale.

Les propriétaires d'animaux qui obtiendront un premier prix, devront permettre que ces animaux reçoivent une marque spéciale.

On entend par animal d'un à deux ans, celui qui est âgé de douze à vingt-quatre mois.

De deux à trois ans, celui qui est âgé de vingt-quatre à trente-six mois.

De plus de trois ans, celui qui a plus de trente-six mois.

L'âge se calcule jusqu'au premier novembre de chaque année.

Règles générales.

1º Ceux qui désirent présenter des animaux devront, à l'avance, en faire la déclaration par écrit, laquelle devra contenir les spécifications annotées dans les formulaires approuvés par la Société d'Agriculture.

Dans chaque catégorie de chaque âge, le même propriétaire ne pourra pas exposer plus de quatre animaux.

Lorsque les exposants désirent faire concourir leurs animaux pour les prix de groupe, ils doivent en faire une déclaration spéciale, en indiquant ceux qui doivent former le groupe.

2° Les demandes d'admission devront être présentées à partir du premier septembre jusqu'au lundi 22 octobre prochain.

3° Les animaux inscrits pour l'exposition seront reçus à la *Quinta Normal* le jeudi 15 novembre de 6 heures du matin à 6 heures du soir et devront être retirés le mardi suivant, avant 11 heures du matin.

Il est absolument défendu aux exposants d'envoyer leurs animaux avant la date fixée ci-dessus et de les laisser après le jour et l'heure indiqués.

4° Les exposants devront accepter pour leurs animaux le local que leur désignera la Commission du Concours.

Les exposants devront également se soumettre à toutes les mesures disciplinaires dictées par la Commission.

5° Les exposants devront présenter leurs animaux avec les ustensiles et harnais nécessaires, pour les attacher et les soigner convenablement. Les taureaux devront avoir un anneau au nez.

Les propriétaires sont responsables des dégâts que leurs animaux peuvent causer durant leur séjour au concours.

6° Un gardien pour le compte des exposants est exigé pour chaque animal ou par chaque groupe de trois animaux.

Les gardiens devront se soumettre à tous les ordres de la Commission du Concours ou de ses délégués.

7° Les animaux de l'espèce ovine seront présentés récemment tondus et ayant une mèche de laine, derrière l'épaule gauche.

8° La *Quinta Normal* fournit le fourrage vert pour tous les animaux.

Pour chaque animal chevalin ou bovin, on paiera 60 sous par jour, et 20 sous pour chaque animal ovin ou porcin.

L'exposant qui n'envoie point ses animaux après les avoir fait inscrire pour le concours, ne pourra concourir l'année suivante, s'il ne peut justifier convenablement cette absence.

9° Les exposants qui ont un ou plusieurs premiers prix, peuvent opter pour l'objet d'art, ou pour sa valeur en argent. A cet effet, ils devront faire connaître leur option par écrit, au secrétariat de la Société d'Agriculture, avant le 15 décembre prochain.

10° Dans le cas où il se présenterait un nombre d'animaux supérieur à celui qui peut être logé dans les locaux destinés à cet effet, la Commission se réserve le droit de désigner les animaux, groupes ou sections d'animaux qui devraient être placés dans les constructions provisoires.

Celui qui enfreindra le présent réglement ou qui n'obéirait point aux ordres de la Commission, sera exclu des concours futurs de la Société Nationale d'Agriculture.

HOPITAL VÉTÉRINAIRE

LÉGENDE.

E. E. E. — Ecuries.

D. — Bureau et pharmacie.

G. — Maison d'habitation du surveillant.

K. K. K. K. K. — Manège.

B. B. B. B. — Pavillons.

C. — Aquarium.

A. — Institut de vaccine animale.

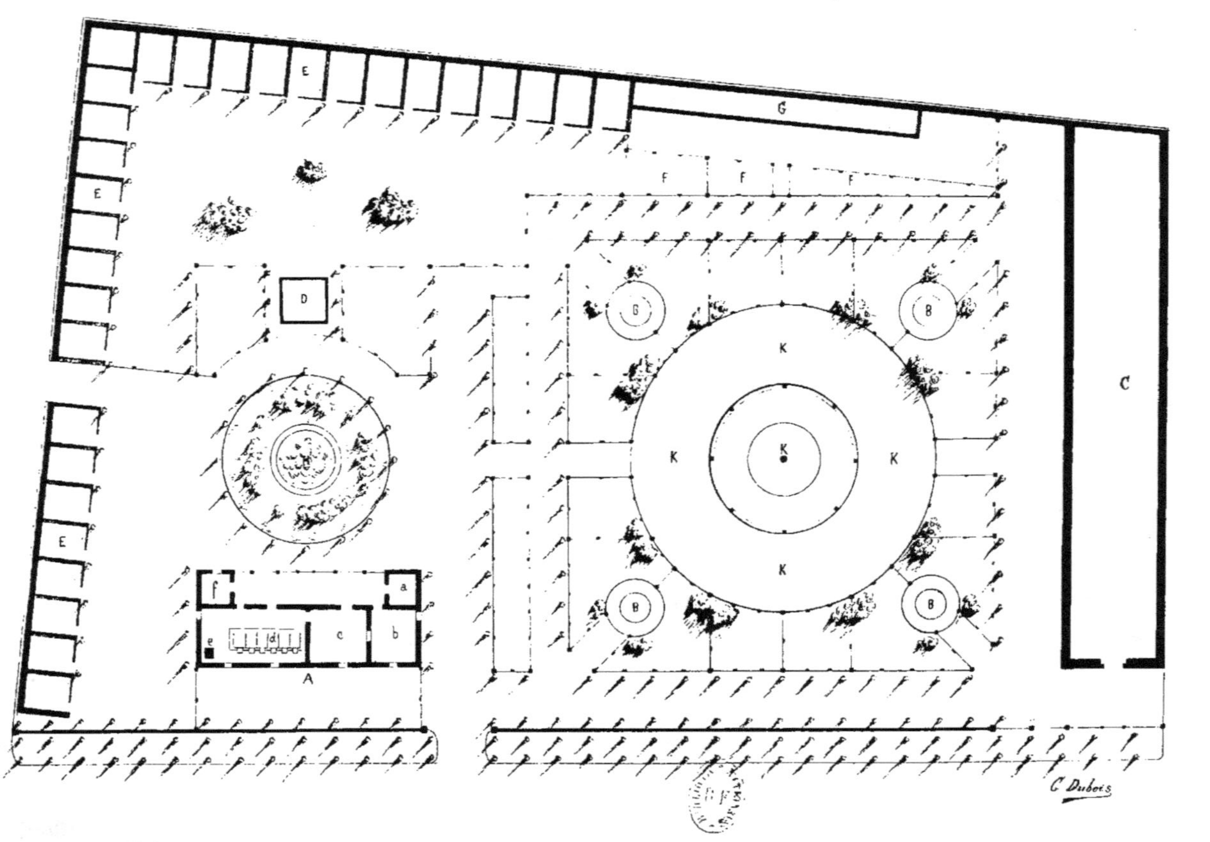

E
G
F
F
F
E
D
B
B
K
K
K
K
C
E
f
a
e
d
c
b
A
B
B
C. Dubois

HOPITAL VÉTÉRINAIRE

Il y a un quart de siècle, les animaux domestiques, au Chili, avaient une valeur excessivement réduite ; lorsqu'un bœuf ou un cheval de service tombait malade ou était victime d'un accident quelconque, on l'envoyait au pâturage pour se guérir et se reposer, et on le remplaçait par un autre, que l'on se procurait toujours très facilement.

Dans ces conditions, la médecine vétérinaire n'avait rien à faire ; car les frais qu'elle aurait occasionnés, eussent été généralement supérieurs à la valeur des animaux traités.

Depuis, les circonstances se sont entièrement modifiées. La valeur des animaux ordinaires a plus que triplé ; de nombreux reproducteurs de l'espèce chevaline, bovine, ovine et porcine, ont été introduits d'Europe au prix des plus lourds sacrifices ; les chevaux de luxe se sont très répandus et enfin les chevaux de gros trait de grand prix commencent aussi à se répandre dans le pays.

La médecine et l'art vétérinaire sont donc devenus une nécessité.

En outre, l'enseignement agricole, inauguré à l'Institut

en 1876, avait également besoin d'avoir à sa disposition des animaux pour les applications du cours de zootechnie.

La Société d'Agriculture fonda donc en 1877 un hôpital vétérinaire à la *Quinta Normal*.

Cet établissement donna immédiatement d'excellents résultats, et, trois ans plus tard, il fut agrandi et disposé tel qu'il est actuellement.

Il occupe une position centrale et est situé entre l'Aquarium et le Jardin zoologique.

Il comprend deux sections bien distinctes : la partie affectée spécialement aux animaux malades et l'autre destinée aux vaches de l'Institut de vaccine animale, aux reproducteurs mis en vente à la *Quinta Normal* et aux animaux récemment importés qui viennent se reposer à l'hôpital des fatigues du voyage.

RÈGLEMENT

Dans le but d'être utile aux agriculteurs et de fournir un sujet d'application au cours de zootechnie de l'Institut Agricole, la Société d'Agriculture a établi à la *Quinta Normal* un hôpital vétérinaire pour le traitement des animaux malades.

Les animaux sont reçus dans l'établissement aux conditions suivantes :

1º. — Ils doivent être présentés de 8 heures à 11 heures du matin.

2º. — Le propriétaire doit payer pour le séjour de chaque animal à l'établissement :

Pour un animal de l'espèce chevaline ou de l'espèce bovine, une piastre par jour.

Pour un animal de l'espèce ovine ou porcine, trente sous par jour.

3°. — Le paiement doit s'effectuer au moment de la sortie de l'animal, ou à la fin de chaque mois, s'il reste plus de trente jours.

4°. — Pour les prix fixés ci-dessus, l'établissement donne la nourriture, le logement et les soins de toutes espèces.

Les médecines se paient à part; il en est de même pour les opérations chirurgicales qui seraient nécessaires et pour lesquelles le prix est convenu d'avance avec les intéressés.

5°. — Pour retirer les animaux de l'hôpital, prendre des renseignements à leur sujet, les visiter, etc., les intéressés doivent s'adresser à l'établissement de 8 à 11 heures du matin. Après cette heure, l'établissement est fermé, même pour les propriétaires des animaux en traitement

En dehors des animaux qui sont traités à l'hôpital, le vétérinaire donne aussi des consultations, de 8 à 11 heures du matin. Les intéressés doivent se munir d'une carte spéciale de la valeur d'une piastre, qui se trouve en vente à la porterie de la *Quinta Normal*.

L'hôpital est fermé les dimanches et jours de fête.

Matériel pour les différents services de l'hôpital.

Instruments de chirurgie vétérinaire.

Abatage et contention. — Entravons capitonnés avec système à vis pour désentraver. — Entravons français, modèle Graillot. — Plate-longe en corde. — Clé d'entravons en acier, remplaçant le porte-mousqueton, dernier modèle. — Capote d'abatage. — Licol de force. — Licol fumigatoire. — Collier à chapelet, en bois ordinaire. — Appareil à sinapisme. — Genouillère en tissu élastique. — Guêtre en cuir pour protéger le bas de la jambe. — Bracelet en caoutchouc de M. Eloire pour chevaux qui se coupent. — Protecteurs en caoutchouc de M. Lacombe.

Amputation. — Coupe-queues, branches en acier pour cheval. — Coupe-queues, branches en acier pour chien. — Brûle-queues en fer. — Pinces limitatives en acier pour couper les oreilles des chiens. — Scie à amputation, monture acier, 2 lames. — Pince coupe-net pour la résection des petits os. — Pince pour couper la corne. — Pince à ligature et à torsion d'artères. — Pince à ligature et à torsion à crémaillère. — Pince à dents de rat. — Bistouri-serpette. — Dermotome.

Anasarque. — Releveur des naseaux, de M. Prangé. — Speculum des naseaux. — Tube en gutta pour injection nasale.

Autopsie. — Couteau à autopsie. — Scie à dos mobile. — Costotome. — Marteau, manche en fer à crochet. — Hachette pour le même usage. — Rachitome à épaulement. — Scie à dos fixe. — Ciseaux entérotomes. — Pince coupe-net pour la résection des os. — Pince à autopsie, avec garde pour les cas dangereux, de M. Varnesson.

Anatomie. — Trousse de dissection, modèle de M. Goubaux.

Appareils à marquer les moutons, les bœufs et autres animaux. — Pince emporte-pièce, différents dessins. — Pince emporte-pièce en acier plus fine. — Pince à cadran portant 9 chiffres pour marquer par le tatouage. — Pince à composteur pour marquer par le tatouage, avec 3 séries de chiffres et acces-

soires. — Marques à chaud, jeux de chiffres. — Forces à tondre, lames étroites. — Forces à marquer les bestiaux. — Composteur pour marquer par le tatouage.

Bouclement. — Anneau à demeure pour taureau, rond, petit
modèle. — Anneau pour taureau, rond, grand modèle. — Anneau à demeure pour taureau. — Anneau à écran. — Anneau
à bistouri se plaçant seul. — Anneau à double vis sans opération. — Anneau à mouchette à vis, sans opération. — Anneau
à demeure, de M. Roland. — Trocart pour la pose des anneaux.
— Pince emporte-pièce pour percer la cloison nasale. — Arma-
ture de bâton conducteur.

Breuvages et bols. — Bridons à breuvages, nouveau modèle
à robinet. — Pilulière à ressort, modèle Salles.

Castration. — Caoutchouc pour ligature. — Bagues en caoutchouc pour ablation des champignons, verrues, etc. — Pinces
en acier à crémaillère pour serrer les casseaux. — Pinces en
acier à deux usages. — Casseaux à vis, en acier, de M. Magne,
pour agneaux. — Les mêmes pour béliers. — Les mêmes pour
taureaux. — Casseaux ordinaires en bois. — Casseaux courbes. — Bagues en métal nickelé pour serrer les casseaux. —
Pinces pour la castration par torsion. — Pinces à deux branches
pour la castration par le feu. — Bistouri convexe pour la castration. — Bistouri rond pour la castration de la truie. — Aiguilles
à suture pour les porcs.

Cautérisation. — Cautères cutellaires. — Cautères en pointe.
— Cautères en pointe pénétrante. — Cautères en pointe à boule
avec pointe. — Cautères en pointe à olive. — Cautère annulaire
ou brûle-queue à deux usages. — Cautère du Dr Paquelin. —
Porte-nitrate avec pince argent. — Porte-nitrate avec pince en
platine. — Porte-nitrate en ébène extra-long.

Instruments pour les dents. — Pas d'âne en acier à vis. — Pas d'âne pour chiens, en fer forgé. — Pas d'âne pour perroquets, modèle de M. Bourrel. — Davier clé de Bouley. — Coupe-dents pour la résection des incisives. — Pince coupe-dents pour chiens. — Râpes à dents avec bords latéraux. — Râpes, nouveau modèle angulaire. — Râpes plate et angulaire se montant sur la même tige. — Rabot odontriteur dernier modèle. — Gouge à bords latéraux pour éviter la déviation. — Ciseau à dents.

Ferrures. — Boutoir acier fondu. — Boutoir pour ferrure de M. Charlier. — Boutoir pour ferrure de M. Charlier, lame de rechange. — Brochoirs. — Rogne-pieds. — Couteau anglais. — Râpes de maréchal. — Pince tire-clous. — Tricoises. — Gutta pour la ferrure. — Bracelet en caoutchouc de M. Eloire. — Protecteur Lacombe. — Rénette à guide pour la ferrure de M. Charlier. — Couteau français, dit rénette de maréchal ou rénette cintrée. — Rénette cintrée pour la ferrure. — Outil maréchal de M. Delpérier.

Ferrure de M. Charlier. — Boutoir à guide pour faire l'emplacement du fer. — Rénette à guide pour l'emplacement du fer. — Brochoir léger. — Râpe carrée pour ajuster les fers à froid. — Clous pour la ferrure.

Collection de fers. — Collection de 40 fers vernis.

Hernies. — Pince de M. Besnard pour la hernie ombilicale. — Pince plus légère de M. Amiot. — Aiguille pour la suture de la hernie.

Hippomètre. — Canne à double rallonge, pouvant mesurer 2 mètres. — Ruban de Dombasle.

Incisions. — Bistouri droit et convexe à coulant. — Le même plus grand. — Bistouri serpette à l'anglaise. — Ciseaux vétérinaires courbes. — Ciseaux vétérinaires droits. — Ciseaux médecins courbes et droits.

Inoculations. — Aiguille à inoculer. — Lancette cannelée. — Spatule cannelée de Delafond.

Thermomètres. — Thermomètre maxima, petit modèle. — Le même grand modèle.

Injections, douches, lavements, irrigations. — Seringue à lavement pour chevaux. — Boîte de colinage pour la préserver. — Seringue Pravaz. — Seringue modèle de Colin d'Alfort à injections sous-cutanées. — Aspirateur Dieulafoy. — Irrigateur pour chevaux. — Tube pour irrigation. — Pompes à jet continu pour douches. — Tube Rey pour injection nasale.

Météorisation, œsophage. — Trocart Dumont. — Trocart avec canule en cuivre. — Trocart rentrant dans le manche pour le rumen du mouton. — Trocart Charlier pour le cœcum du cheval. — Sonde œsophagienne en cuir. — Mandrin en baleine. — Bâillon pour préserver la sonde. — Repoussoir œsophagien en baleine.

Névrotomie. — Erigne double en caoutchouc modèle Nocard.

Œil artificiel. — Faux-œil en caoutchouc durci pour cheval borgne.

Pansements. — Pince à anneaux à mors croisés. — Ciseaux courbes pour vétérinaires. — Les mêmes pour médecins. — Ciseaux droits pour vétérinaires. — Les mêmes pour médecins. — Ciseaux à tenon droit et courbe. — Sonde cannelée acier. — Sonde cannelée argentée. — Sonde cannelée maillechort. — Sonde bougie en gomme. — Sonde en S avec lame. — Spatule à pansement de M. Imlin. — Cache-oreilles pour chiens.

Pansage et tonte. — Ciseaux à crins. — Peignes en cuivre. — Brûloir simple. — Brûloir à robinet. — Cure-pieds à manche fixe. — Etrille ordinaire. — Couteau à chaleur. — Tondeuse ordinaire. — Tondeuse pour moutons. — Forces pour tondre.

Parturition. — Crochet articulé pointu. — Crochet articulé mousse. — Repoussoir à béquilles. — Porte-corde droit. — Forceps pour chien. — Bistouri à lame cachée pour l'embryotomie, de M. Charlier. — Sondes trayeuses argent. — Sondes trayeuses ivoire. — Bandages pour vaches pour le renversement de la matrice, appareil modifié par M. Baron. — Sondes trayeuses, modèle extra-long.

Instruments pour les opérations des pieds. — Rénette à clou de rue. — Rénettes à javart. — Rénettes à bleimes. — Couteau français ou rénette cintrée. — Couteau anglais. — Rénettes à guide. — Rénettes sauge fixe. — Feuille de sauge. — Feuille de sauge double. — Gouge pour la corne et les os. — Pinces à dents de souris. — Erigne à javart. — Râpes à bleimes de Charlier. — Lève-sole ou élévatoire de M. Alier. — Stylet passe-mèche pour javart de M. Guerrapain. — Caoutchouc pour la ferrure. — Bourrelet en caoutchouc pour chevaux qui se coupent. — Seringue à javart. — Cautères et spatules pour l'application de la gutta. — Taille-corne pour les pieds des bœufs. — Guêtre en cuir pour protéger la jambe.

Plessimètre. — Plessimètre. — Cuvette en buffle.

Ponction. — Trocart pour le rumen du bœuf. — Trocart en maillechort. — Trocart pour mouton. — Le même petit modèle. — Trocart dit du cultivateur. — Trocart d'essai droit. — Le même courbe. — Trocart explorateur ou capillaire.

Saignées. — Flammes étuis ouvrant à onglette. — Flammes

de poche à une lame. — Flamme de poche à ressort. — Flammes se graduant à toutes dimensions. — Lancettes vétérinaires grains d'orge. — Lancettes à vaccine et à inoculer. — Bâton à saigner. — Pot à saigner.

Séton. — Aiguilles à séton en acier à 1 pièce. — Les mêmes à 2 pièces. — Les mêmes à 3 pièces. — Les mêmes à 4 pièces. — Aiguilles en acier pour chiens. — Passe-séton en baleine. — Ruban à séton.

Stéthoscope. — Stéthoscope en ébène.

Suture. — Aiguilles à suture, plusieurs formes. — Aiguilles à suture pour la hernie. — Aiguilles à bourdonnets à manche fixe. — Les mêmes à coulant. — Serre-fines, différents modèles.

Ténotomie. — Ténotome droit à ponction. — Le même concave mousse.

Trachéotomie. — Tube à demeure avec vis. — Erigne dilatatrice de M. Vachette pour opérer sans acide.

Trépan. — Rugine pointue. — Couteau lenticulaire. — Elévatoire double. — Vrille d'essai pour l'exploration des sinus.

Trousse. — Trousse, modèle adopté par l'Ecole vétérinaire d'Alfort.

Ablation des tumeurs. — Ecraseur à vis de Méricant avec chaîne de rechange. — Ecraseur à crémaillère, grand modèle. — Ecraseur à crochet, modèle Salles.

Vessie. — Sondes pour la vessie. — Mandrin en baleine. — Sondes en maillechort courbe pour vache, jument. — Bougies variées de grosseur.

Pharmacie vétérinaire.

Elle comprend les principaux médicaments employés pour le traitement des animaux malades à l'hôpital.

Personnel. — L'établissement est à la charge d'un vétérinaire qui a sous ses ordres un chef palefrenier et les ouvriers nécessaires pour les divers travaux.

PLAN DU JARDIN ZOOLOGIQUE

PLAN DU JARDIN ZOOLOGIQUE

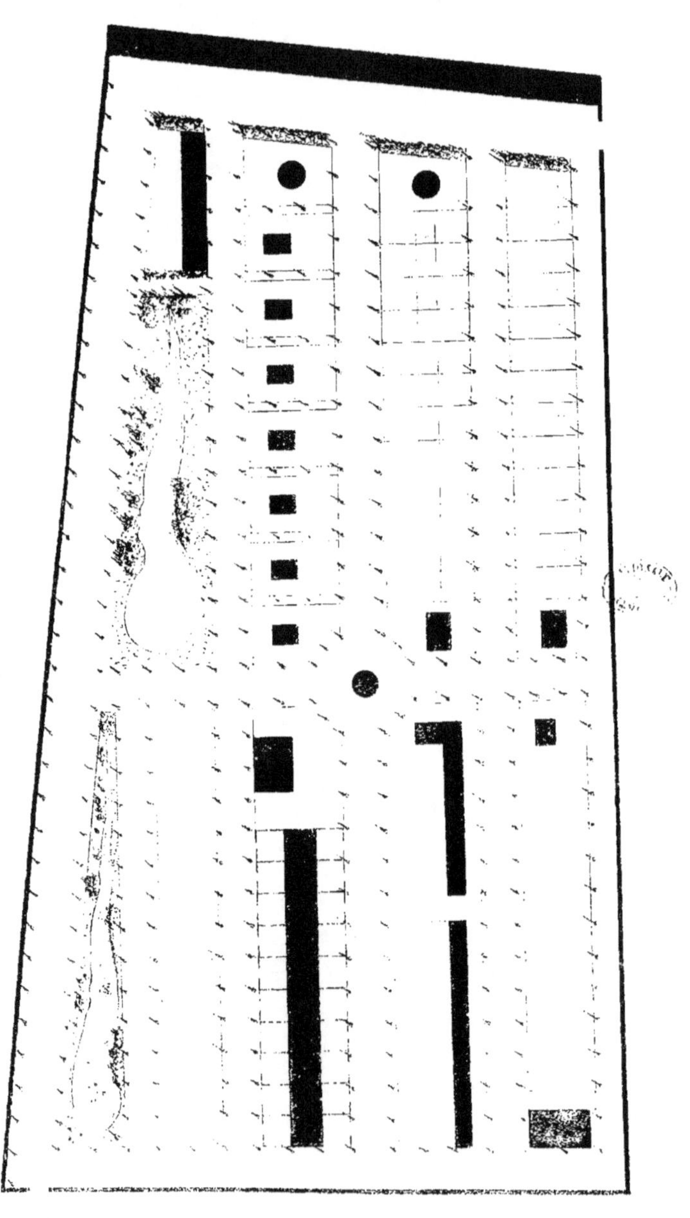

# JARDIN ZOOLOGIQUE

A côté du Musée d'histoire naturelle et du Jardin botanique existant dans la *Quinta Normal*, et pour les compléter, une section spéciale d'animaux était indispensable pour l'enseignement de l'histoire naturelle.

Au point de vue zootechnique, cette collection zoologique était également convenable pour l'étude de certains animaux du pays et surtout pour l'acclimatation des espèces et races domestiques, qui pouvaient être utiles à l'agriculture chilienne.

Enfin, une collection d'animaux vivants, installée convenablement, forme toujours un centre d'attrait et sert en même temps à l'instruction du public.

Telles sont les idées qui ont présidé à la création du Jardin zoologique de la *Quinta Normal*.

Cet établissement a été fondé en 1882. Mais, comme on sait, il faut beaucoup de temps pour organiser un jardin de ce genre, et les dépenses sont forcément très élevées. Aussi, malgré tous les efforts faits jusqu'à présent, il n'a pas encore acquis tout le développement qu'il comporte.

Cependant, tel qu'il est, il a déjà rendu de très grands servicés au pays, et les heureuses introductions et propagations d'animaux domestiques qu'il a faites depuis sa création, justifient les frais qu'il a occasionnés.

C'est le Jardin Zoologique qui a introduit et propagé dans le pays les meilleures espèces et races de volailles d'Europe.

Avant lui, les lapins étaient à peu près inconnus et n'entraient pas dans l'alimentation.

Les moutons mérinos précoces ont été introduits par lui. Il en est de même des chiens de berger, des chèvres laitières, des autruches d'Afrique, etc., etc.

La fécondité des chabins a été étudiée, les *ñatos* (1) ont été également l'objet d'études spéciales et des spécimens de ces animaux ont été envoyés en Europe où ils ont appelé l'attention des savants.

Le Jardin Zoologique est placé au sud de l'hôpital vétérinaire et se trouve dans une situation centrale et de facile accès.

Il comprend les animaux suivants :

Mammifères carnivores. — Un groupe de Pumas ou lions de la Cordillière. — Jaguar. — Hyène tachetée. — Chats-tigres de l'Equateur. — Chats montagnards du Chili. — Renards du Chili.

Mammifères herbivores. — Ñatos (animaux bovins). — Gaurus de l'Inde. — Zèbus de l'Inde. — Zébus de la Perse. — Dromadaires. — *Guanacos.* — Lamas. — Alpacas. — Vigognes. — *Pudus.* — Daims. — Cerf du Pérou. — Cerf de Russie. — Kangourous géants. — Agoutis. — *Chinchillas.* — *Coïpos.* — Chabins. — Chèvres d'Angora. — Chèvres de Malte. — Chèvres métis. — Anes. — Poneys de Chiloé.

Mammifères omnivores. — Singes de Panama. — Singes du

(1) Animaux bovins à nez camus.

Brésil. — Tatous de la République Argentine. — Ours noir de l'Amazone. — Pécaris.

Oiseaux de proie. — Condors du Chili. — Condors du Pérou. — *Aguiluchos* du Chili. — Hiboux du Chili. — Chouettes du Chili. — Faucons du Chili. — *Tucuqueres* du Chili. — *Pequenes* du Chili. — *Tiuques* du Chili. — *Traros* du Chili.

Oiseaux granivores, herbivores, insectivores, etc. — Aras du Brésil. — Aras du Chili. — Aras du Pérou. — Aras de la République Argentine. — Aras d'Australie. — Perroquets du Brésil. — Cacatoës. — Perruches du Chili. — Perruches grises du Sénégal. — Perruches diverses. — Faisans argentés. — Faisans dorés. — Colins de Californie. — Perdrix du Chili. — Pigeons du Chili. — Pigeons de la Cordillière. — Hérons du Chili. — Vanneaux du Chili. — Vanneaux de la Guyane. — *Garzas* du Chili. — Cygnes du Chili. — Cygnes communs d'Europe. — Cygnes chanteurs. — *Canquenes* de Magellan. — *Piuquenes* du Chili. — Oies de Magellan. — Canards divers du Chili. — Canards mandarins. — Canards de la Caroline. — Sarcelles du Chili. — Poules d'eau du Chili. — Autruches de la Patagonie. — Autruches d'Afrique. — Paons. — Pingouins de la Patagonie.

Animaux de basse-cour. —
Groupe de poules et coqs de Crèvecœur.

—	—	—	Houdan.
—	—	—	Dorking.
—	—	—	Espagnols.
—	—	—	Hambourg.
— —	—	—	Cochinchine.
—	—	—	Lang-Sham.
—	—	—	Brahma blanc.

Groupe de poules et coqs Brahma coloré.

—   —   —   La Flèche.

—   —   —   Padoue argenté.

—   —   —   Hollandais.

—   —   —   Sultan.

—   —   —   Bentham.

—   —   —   — blanc.

—   —   —   à plumage renversé.

—   —   —   communs.

—   —   —   anglais de combat.

— de canards et canes de Rouen.

—   —   —   Aylesbury.

—   —   —   Portugais.

—   —   —   du Paraguay.

— d'oies de Toulouse.

—   —   Poméranie.

—   —   Guinée.

—   —   Hambourg.

—   —   du Danube.

—   —   divers.

— de pigeons romains.

— de dindons.

— de pintades.

— de faisans argentés.

— de lapins, mâles et femelles, géants.

—   —   —   —   anglais.

—   —   —   —   jaunes.

—   —   —   —   de Russie.

—   —   —   —   d'Angora.

— de léporides   —

Groupe de cobayes.

   Chiens. — Mâtins anglais,   mâles et femelles.

Dogues d'Ulm	—	—
des Pyrénées.	—	—
grands lévriers.	—	—
Cooleys d'Ecosse.	—	—
Clumbers.	—	—
Fox hounds,	—	—
Bouledogues.	—	—
Caniches.	—	—
du détroit de Magellan.	—	
divers croisements.	—	—

Moyen de propagation. — Le Jardin Zoologique vend à des prix très modérés les animaux qu'il élève. Il vend également les œufs des oiseaux de basse-cour.

Personnel. — L'établissement est à la charge d'un employé spécial, ayant sous ses ordres les ouvriers nécessaires au service du jardin.

ÉTABLISSEMENT DE PISCICULTURE

ET AQUARIUM

Plan horizontal général.

E — Entrée.

A — Aquarium.

O — Sortie.

S — Canal pour l'écoulement des eaux.

P P P — Corridors extérieurs.

G — Corridor de service.

C — Salle à éclosion.

I — Appareils à éclosion.

K — Bassins pour les jeunes alvins.

I I — Bassins pour les salmonides.

B — Chambre où se refroidit l'eau.

D — Cour intérieure.

H H H H — Bassins pour l'élevage des cyprins.

F — Bassins pour les alvins.

M — Magasin.

L — Logement du pisciculteur.

X — *Coupe transversale de l'aquarium.*

[illegible]

1 — [illegible]
2 — [illegible]
3 — [illegible]
4 — [illegible]
5 — [illegible]
6 — [illegible]
7 — [illegible]
8 — [illegible]
9 — [illegible]
10 — [illegible]
11 — [illegible]
12 — [illegible]
13 — [illegible]
14 — [illegible]
15 — [illegible]

[illegible]

[illegible]

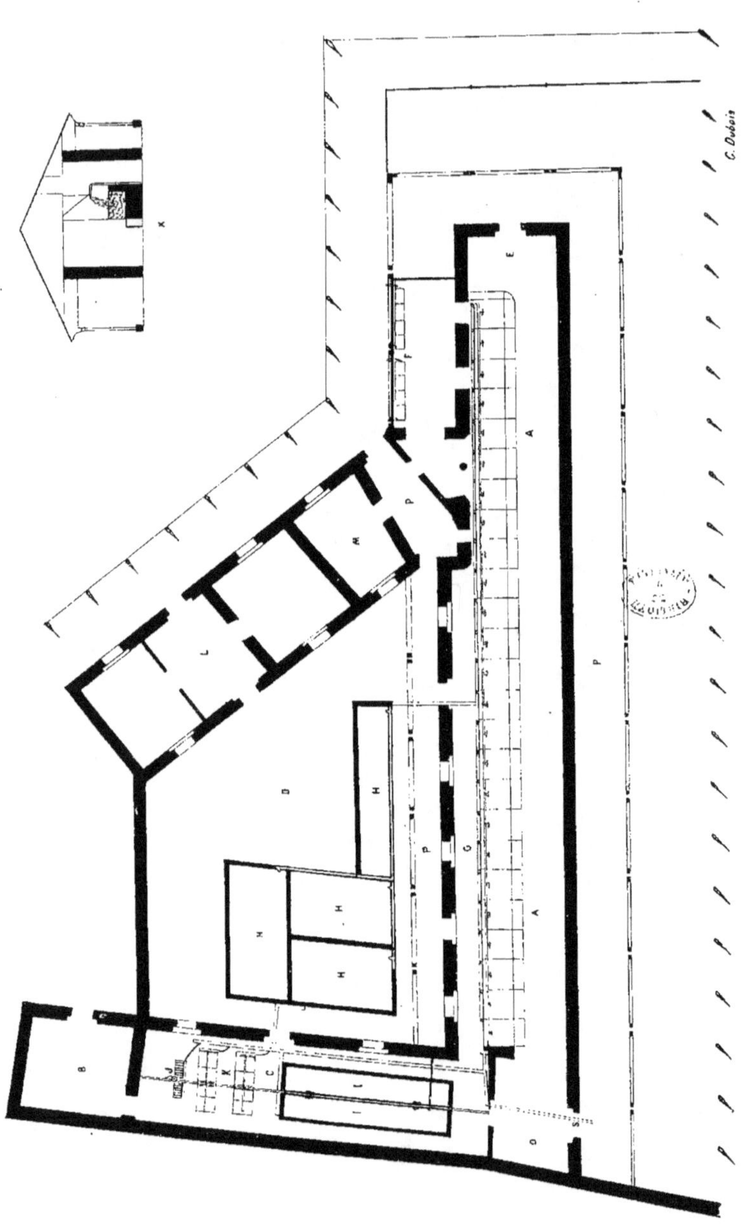

C. Dubois

AQUARIUM

ET ÉTABLISSEMENT DE PISCICULTURE

Les eaux du Chili sont excessivement pauvres en espèces aquatiques et principalement en poissons.

Cependant à notre époque actuelle, les rivières du sud et du centre-sud présentent des conditions assez favorables à la vie de ces êtres. Il en est de même de la partie inférieure, voisine de la mer, des cours d'eau du centre et du nord.

Les eaux froides du Pacifique pourraient convenir pour certains poissons, comme les saumons.

Dans la Cordillière des Andes, dans celle de la côte et surtout à leur pied, il existe de nombreux lacs qui sont également propres à la production piscicole.

La création de nombreux réservoirs d'eau pour les arrosages dans les parties montagneuses du centre, est aussi une circonstance qui augmente, chaque année, la masse liquide favorable à la vie des poissons.

Enfin, les irrigations dans les plaines et les vallées produisent des infiltrations dans les parties inférieures.

En se réunissant elles reforment les rivières ou en constituent de nouvelles appelées *esteros*, qui sont aussi convenables pour la pisciculture.

Par suite de ces circonstances récentes, qui ont modifié le régime et la qualité des eaux de ses rivières, le Chili présente donc actuellement des conditions vraiment bonnes pour la pisciculture et cette industrie a sa place marquée dans le pays.

Depuis quelque temps déjà, des essais d'importation de poissons européens ont été tentés, mais sans résultat sérieux jusqu'à présent.

Préoccupé de cette question, le gouvernement, sur la proposition de la Société Nationale d'Agriculture, a fondé un établissement de pisciculture et un aquarium à la *Quinta Normal*.

Cet établissement a surtout pour but l'introduction, la multiplication et la propagation des espèces de poissons les mieux appropriées aux diverses régions et aux besoins du pays.

Il est installé depuis un an et occupe les bâtiments de l'ancienne Ecole d'agriculture situés au nord de l'hôpital vétérinaire.

Il se divise en deux sections distinctes : la partie piscicole proprement dite et l'aquarium.

Section piscicole proprement dite.

Elle comprend :

1° Une cour à l'air libre, dans laquelle se trouvent quatre bassins destinés aux carpes, tanches et cyprins divers qui ont besoin d'eau plus ou moins chaude.

2° Une grande salle, à l'abri des rayons solaires et à basse température de 30 mètres de long sur 7 mètres de large.

Dans cette salle, il y a deux bassins à eau froide, pour l'élevage des salmonides ; un appareil à éclosion, système de Coste avec filtre Chamberland et filtre à éponges ; des bouteilles ou flacons à éclosion ; des appareils spéciaux pour le transport des poissons ; des soufflets, des pompes à comprimer l'air ; des appareils à transporter les œufs de poissons avec leurs accessoires ; des moulins à hacher la viande pour l'alimentation des poissons et une collection complète d'ustensiles et instruments nécessaires pour l'éclosion, l'élevage et la pêche des poissons.

L'établissement est alimenté par l'eau de la ville qui est excellente ; mais avant d'arriver à la *Quinta Normal*, elle traverse tout Santiago et s'échauffe beaucoup, surtout pendant l'été.

Durant l'hiver, l'eau, à son entrée dans l'aquarium, a une température d'environ 9° à 10°, tandis que pendant l'été, elle atteint jusqu'à 22° et 23°.

Il est donc nécessaire, durant la belle saison, de la refroidir, pour les poissons qui ne peuvent pas supporter une aussi forte température.

Prochainement on installera une machine à produire le froid, système Pictet, pour refroidir l'eau et fabriquer de la glace. Celle-ci est également indispensable pour la beurrerie et l'Institut de vaccine animale.

Récemment établie, cette section en est encore à ses débuts et doit lutter contre de grands obstacles. En effet, le transport des poissons et des œufs d'Europe au Chili est une opération délicate ; la durée du trajet qui est de plus de 40 jours, les changements de climats extrêmes et les nombreuses variations de température durant le voyage constituent de sérieuses difficultés. Dans les diverses importations effectuées l'an dernier et au commencement de celui-ci, on a acquis une certaine expérience qui permettra désormais de procéder avec plus de sécurité et le problème des longs voyages à faire subir aux œufs et aux poissons peut être considéré comme résolu.

Les poissons qui ont été importés d'Europe, jusqu'à ce jour, à l'établissement et qui ont réussi à s'acclimater sont : les saumons de Californie, les carpes, les tanches, les orfes et les anguilles.

Prochainement, l'établissement piscicole de la *Quinta Normal* sera en mesure de fournir les poissons nécessaires pour le repeuplement des grandes rivières et cours d'eau.

Aquarium.

Cette section a pour objet de faire voir au public les poissons récemment introduits et ceux qui proviennent de l'élevage de la partie piscicole. Elle sert de sujet d'étude et est en même temps une grande attraction pour les visiteurs de la *Quinta Normal*.

L'Aquarium occupe un grand bâtiment de 56 mètres de long sur 7 mètres de large.

Il se compose de 25 bacs dont les dimensions sont : longueur 1 mètre 50, largeur 1 mètre et profondeur 1 mètre 30.

Vingt de ces bassins servent aux poissons d'eau douce et les cinq autres sont destinés aux poissons d'eau de mer.

Le nombre des espèces qui peuplent l'aquarium est encore peu élevé ; mais il augmente peu à peu et on attend un grand envoi de poissons parti d'Europe en janvier dernier.

Personnel de l'établissement. — Il se compose d'un pisciculteur et d'un aide.

INSTITUT DE VACCINE ANIMALE

LÉGENDE

a — Direction.
b — Bureau.
c — Vaccination.
d — Etable.
e — Romaine.
f — Portier.

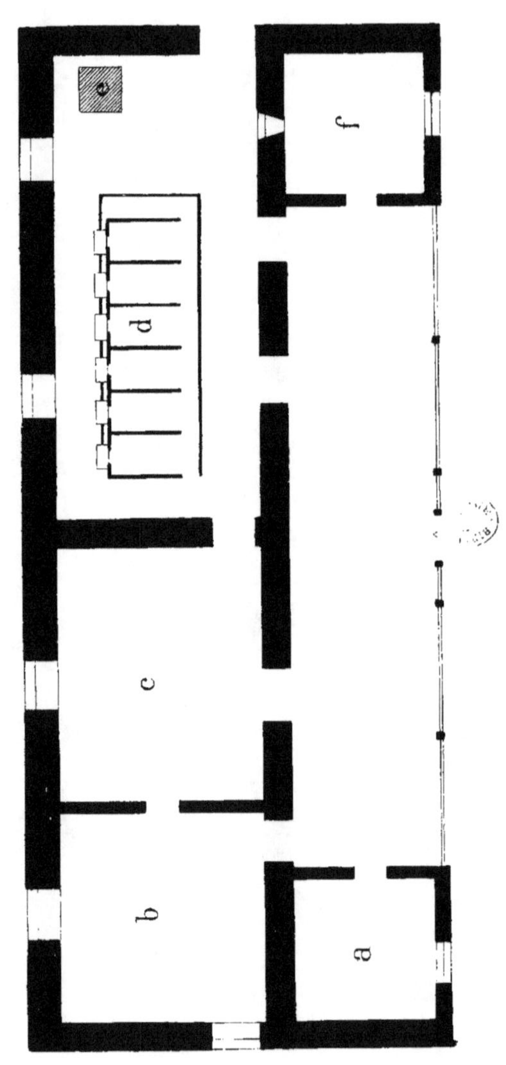

INSTITUT

DE VACCINE ANIMALE

Autrefois la variole causait des ravages sérieux au Chili, principalement parmi les gens du peuple.

Comme complément des mesures prises antérieurement pour combattre cette terrible maladie, le gouvernement, acceptant l'offre faite par la Société Nationale d'Agriculture, a établi, l'an dernier, un Institut de vaccine animale, à la *Quinta Normal*.

Cette institution a pour but l'obtention, la préparation et la conservation du virus animal pour le service vaccinal établi dans toute la République et pour les personnes qui préfèrent les inoculations directes au vaccin humanisé.

Les pays voisins, comme le Pérou et la Bolivie, s'approvisionnent également à cet établissement.

L'Institut de vaccine animale est situé à côté de l'hôpital vétérinaire.

Construit et organisé suivant les meilleurs modèles des établissements analogues d'Europe, il est bien approprié au service auquel il est destiné et fonctionne parfaitement.

Bien qu'installé depuis peu de temps, cet Institut a cependant donné déjà les résultats les plus remarquables. Il est appelé à jouer un rôle important dans la médecine et l'hygiène au Chili.

Décret créant l'Institut de vaccine en date du 18 mars 1887.

ART. 1er. — Il est créé un Institut de vaccine animale à la *Quinta Normal de Agricultura* de Santiago.

ART. 2. — La Société Nationale d'Agriculture est chargée de la construction de l'édifice pour l'établissement de cet Institut suivant les plans et devis approuvés le 8 février dernier.

ART. 3. — La dite Société est également chargée de l'administration et direction de l'établissement et aura à sa disposition les fonds votés chaque année pour cet objet.

ART. 4. — La Société Nationale d'Agriculture remettra au Conseil Central de vaccine le virus préparé pour le service vaccinal établi dans les divers départements de la République en se conformant aux instructions données par ce Conseil.

ART. 5. — L'Institut pourra vendre aux particuliers et plus spécialement aux médecins le virus qu'il récolte.

ART. 6. — Le virus préparé à l'Institut, quel que soit le moyen de préparation, la forme de la conservation et l'emballage, devra toujours porter le timbre de l'établissement et la signature du Directeur qui serviront à en garantir la provenance.

ART. 7. — La Société Nationale d'Agriculture présentera annuellement un mémoire des travaux de l'Institut de vaccine et rendra compte des recettes et dépenses de l'établissement.

ART. 8. — La Faculté de Médecine est autorisée à visiter l'Institut, à assister aux différentes opérations d'inoculation, de récolte du virus et autopsie des animaux qui s'exécutent dans l'établissement et à présenter un rapport au gouvernement à ce sujet.

VUE DE L'INSTITUT DE VACCINE ANIMALE

INSTITUTO
DE
INDUSTRIA ANIMAL

Matériel pour le service de l'établissement.

Il est très complet et comprend les instruments et appareils les plus perfectionnés. Les principaux objets qui le composent sont :

Collection des instruments employés pour la récolte du vaccin et pour la vaccination.

Collection de tubes, plaques, flacons, boîtes, etc., qui servent à la conservation du vaccin dans les divers instituts de vaccine animale.

Collection des substances, objets, appareils, etc., employés dans l'Institut même.

Balances de précision et balances ordinaires.

Microscope et appareils divers : réchauds, mortiers, etc.

Table à bascule pour l'inoculation des veaux.

Réfrigérant pour la conservation de la vaccine à basse température.

Stalles en bois avec mangeoires en fonte émaillée pour les veaux.

Bascule système Chameroy pour peser les veaux.

Table à autopsie, calorifère.

Objets divers.

Personnel. — L'établissement possède un Directeur spécial, un aide et un garçon.

LABORATOIRE

POUR LA PRÉPARATION DU VIRUS CHARBONNEUX

Le charbon bactéridien est une maladie très commune dans le pays et chaque année, elle occasionne des pertes considérables parmi les animaux bovins et ovins des diverses contrées de la République.

C'est principalement à la fin de l'été et durant l'automne, lorsque les animaux vont paître dans les chaumes et dans les champs remplis de chardons secs, que le charbon cause ses ravages. Dans certains cas, c'est par centaines que se comptent les victimes dans les grandes fermes et la mortalité arrive fréquemment à la proportion de 15 ou 20 pour 100 des animaux du troupeau.

La Société Nationale d'Agriculture, toujours préoccupée des intérêts agricoles du pays, a mis tous ses soins à faire connaître cette maladie, ainsi que les remèdes les plus appropriés pour la combattre.

C'est ainsi qu'elle a demandé au Gouvernement la création, à la *Quinta Normal*, d'un laboratoire de physiologie destiné à la préparation du virus pour la vaccine préventive des animaux.

On a choisi le procédé de M. Chauveau, parce qu'il est d'une application plus facile au Chili.

L'établissement fonctionne depuis un an et les résultats obtenus sont tout à fait satisfaisants.

Il est situé à côté des laboratoires de chimie de la Station Agronomique, afin de profiter du gaz et de l'eau filtrée.

Son installation est des plus complètes et renferme tous les instruments et appareils nécessaires pour la préparation, conservation et emballage du virus vaccin.

Les principaux appareils et instruments de cette section sont :

Autoclaves de Chamberland.

Four de Pasteur pour flamber les ballons.

Etuve de Wiesnegg.

Etuves de d'Arsonval, grand modèle.

    —   —   —   (nouveau).

    —   —   petit modèle.

Marmite de Fol, pour stériliser les bouillons.

Filtre à 3 bougies de Chamberland.

Becs brûleurs, divers modèles.

Fourneau à gaz de Wiesnegg.

Chalumeau articulé avec soufflet.

Régulateur de pression de gaz.

    —   Schlœsing.

    —   Chauveau.

    —   à fermeture parallèle.

Thermo-générateur à air de d'Arsonval et Wiesnegg.

Chandelier d'amphithéâtre.

Ballons Pasteur pour les cultures, divers modèles et diverses grandeurs.

Microscope de Nachet.

Balances de précision et ordinaires.

Capsules, pissettes, entonnoirs, vases tubulés, tubes, éprouvettes et vases gradués.

Vases pour la préparation des bouillons et des cultures.

Tubes et accessoires pour la conservation du virus.

Produits chimiques et objets divers de laboratoire.

Instruments spéciaux pour la vaccination.

Propagande pour la vaccine des animaux. — Les élèves de l'Institut Agricole et ceux de l'Ecole Pratique sont exercés à la pratique de la vaccine.

Plusieurs fois par an, des conférences sont faites à l'hôpital vétérinaire pour donner aux agriculteurs quelques notions utiles sur les maladies charbonneuses et pour leur apprendre à vacciner.

Le virus produit par le laboratoire n'est vendu qu'aux personnes capables de l'employer.

Chaque tube de virus est accompagné des instructions suivantes :

Charbon bactéridien. — Inoculation préventive du virus charbonneux (procédé Chauveau).

Le virus est contenu dans des tubes hermétiquement fermés et cachetés avec de la parafine. Chaque tube renferme une quantité de virus nécessaire pour inoculer 5o animaux bovins ou 100 ovins, environ.

Avant d'employer le virus, il est nécessaire d'agiter le tube, afin de détacher des parois les éléments virulents et de les mélanger d'une façon uniforme dans le liquide. On débouche ensuite le tube avec précaution ; on le place verticalement soit dans une planchette percée d'un trou d'un diamètre convenable, soit dans une petite boîte préparée à cet effet.

Les éléments virulents se déposent facilement au fond du tube, il est nécessaire de l'agiter de temps en temps, ou mieux après chaque prise de liquide. Tout tube ouvert doit être employé le jour même ; le liquide ainsi exposé à l'air perd vite sespropriétés.

Les tubes contenant le virus doivent se conserver dans un lieu frais, à l'abri de la lumière.

Manière d'opérer. — L'inoculation se pratique avec une seringue de Pravaz du type commun.

Le nettoyage et la désinfection de cet instrument ne présentent aucune difficulté, mais il est nécessaire d'exécuter ce travail avec soin.

Le contenu de la seringue est de 20 gouttes ou divisions. Une goutte ou division est suffisante pour chaque animal ovin et deux gouttes sont nécessaires pour les bovins. En conséquence, une seringue ordinaire remplie suffit pour vingt moutons, ou dix bêtes à cornes.

Les bêtes ovines se vaccinent soit à l'oreille, soit à la face interne de la cuisse.

L'inoculation des animaux bovins se pratique à l'oreille ; cette région est préférable aux autres à tous les points de vue.

L'opération se pratique de la manière suivante : l'animal étant attaché et immobile, on coupe sur une petite étendue les poils de la face externe de l'oreille ; ensuite, sur ce point, au moyen d'un bistouri ou de tout instrument bien tranchant, on fait une petite incision, dans laquelle on introduit l'aiguille de la seringue, en la faisant pénétrer le plus possible sous la peau, on injecte le virus, on retire immédiatement l'aiguille et l'opération est terminée.

Pour les moutons, l'inoculation est plus facile ; l'incision préalable de la peau est inutile, car l'aiguille pénètre facilement sans cette opération. Dans le cas où on emploie une seringue munie d'une aiguille courte et grosse, il en est de même pour la vaccination des animaux bovins.

Il est nécessaire de remplir complètement la seringue et on doit mouvoir l'anneau du tube de haut en bas, d'une ou deux divisions à chaque inoculation, selon qu'il s'agit de moutons ou de bêtes à cornes.

Quand on remplit l'instrument, il faut éviter de laisser des bulles d'air interceptées dans le liquide, car cela diminuerait la quantité de virus injecté.

Effets consécutifs. — Comme effet local, il se forme assez souvent une petite tumeur dans le point où l'inoculation a eu lieu, mais il n'y a pas à s'en préoccuper, car généralement elle disparaît au bout de quelques jours.

Les effets généraux sont peu marqués, cependant, quelquefois, il se produit un peu de fièvre qui se reconnaît à une petite élévation de température.

L'immunité contre le charbon n'est acquise, pour les animaux vaccinés, que trois semaines après l'opération, et la durée est au moins d'un an.

Nettoyage de la seringue. — Cette opération est de la plus haute importance et doit se faire comme suit : on démonte la seringue et on lave soigneusement toutes les pièces sous un filet d'eau et on les nettoie avec une brosse. Ensuite, on submerge toutes les pièces ainsi nettoyées dans une solution d'acide phénique (5 d'acide phénique pour 100 d'eau), où on les laisse au moins deux heures. On les retire et on les lave à l'eau bouillante, de manière à enlever toute trace d'acide. Après ces diverses opérations, la seringue se monte de nouveau et est en état de servir pour une autre opération.

Avant de commencer les inoculations, il est bon de prendre la précaution de laver la seringue par aspiration, sans la démonter. On emploie pour ce lavage de l'eau bouillie et un peu refroidie. Cette opération a pour but d'enlever toutes les impuretés qui auraient pu pénétrer dans l'instrument et sert à gonfler le cuir du piston qui fonctionne mieux ainsi.

Nota. — Le virus dont il est question ici et qui est préparé par le laboratoire de la *Quinta Normal,* ne préserve les animaux vaccinés que contre le charbon bactéridien et non contre le charbon symptomatique ou charbon bactérien.

Pour plus de renseignements, on peut consulter la brochure intitulée : *Le Charbon,* qui se distribue gratuitement au bureau de la Société Nationale d'Agriculture.

Résultats obtenus. — L'année dernière, plus de 15,000 animaux ont été inoculés au Chili, et les résultats en ont été satisfaisants presque partout.

Cette année, le virus préparé peut suffire à plus de 100,000 animaux, et l'on espère que les résultats seront encore plus favorables que l'année passée.

Personnel du Laboratoire. — Cet établissement est dirigé personnellement par le Directeur des sections zootechniques, qui a pour aide le répétiteur du cours de zootechnie de l'Institut Agricole.

MAISONS D'HABITATION

DES DIRECTEURS ET EMPLOYÉS DE L'ÉTABLISSEMENT

Les directeurs de la *Quinta Normal* et les autres employés ont leurs maisons d'habitation dans l'établissement.

Elles sont généralement situées dans les sections correspondant à chaque employé.

Ces habitations sont : la maison principale, située dans le parc et qui sert aux deux Directeurs.

La maison de l'économe, placée à l'entrée de la *Quinta*, près de la rue de la *Catedral*.

Celle du Sous-Directeur de l'Ecole Pratique, auprès des bâtiments de l'Ecole.

La maison du maître de chais et celle du vigneron, à proximité des caves et du vignoble.

Celle du chef de la laiterie et des étables, qui est contiguë aux bâtiments de cette section.

Les maisons du jardinier et de l'arboriculteur, qui sont dans les jardins.

La maison du chef des cultures qui est située dans la section spéciale au milieu des champs.

Celle du vétérinaire et celle du pisciculteur, à côté de leurs sections.

Les maisons des trois portiers.

Enfin, dans divers endroits de la *Quinta*, il existe des habitations pour le charron, le charpentier, le mécanicien, le forgeron et le charretier.

BUDGET ANNUEL

DES DIVERS ÉTABLISSEMENTS DE LA QUINTA

(ANNÉE 1889)

Les divers établissements de la *Quinta Normal* possèdent chacun un budget spécial.

Pour l'année 1889, ces budgets sont les suivants :

Institut Agricole.	19,540 piastres.
Station Agronomique	6,740 —
Ecole Pratique d'Agriculture	37,560 —
Jardin zoologique	7,000 —
Etablissement de pisciculture et aquarium.	6,000 —
Institut de vaccine animale	4,600 —

Hôpital vétérinaire : les entrées paient les frais d'entretien.

Laboratoire pour la préparation du virus charbonneux ; les entrées paient les frais d'entretien.

La *Quinta Normal* dépense environ 30,000 piastres annuellement. Ses recettes s'élèvent à 20,000 piastres et elle reçoit une subvention du Gouvernement de 10,000 piastres, pour les 20,000 arbres qu'elle fournit aux diverses municipalités du pays pour les plantations publiques.

INVENTAIRE

DES DIVERS ÉTABLISSEMENTS ET SECTIONS

DE LA QUINTA NORMAL DE AGRICULTURA

AU 31 DÉCEMBRE 1888

Terrains de la *Quinta Normal, Chacra* de la *Merced, Chacra Portales* et *Chacra* Vigouroux. . . . 357,000 piastres.

Palais de l'Exposition.. . . . . . 440,000 —

Institut Agricole: Bibliothèque, mobilier, collections . . . . 49,000 —

Station Agronomique et Laboratoire de chimie . . . . 20,000 —

École Pratique d'Agriculture: édifices, mobilier . . . . 80,000 —

Vignoble . . . . 20,000 —

Edifices pour la vinification, caves, vaisseaux vinaires et vins . . . , 35,000 —

Instruments et machines agricoles et hangar où ils sont réunis . . . . 10,000 —

A reporter . . . . 1,011,000 piastres.

Report	1,011,000	piastres.
Pépinières d'arbres forestiers, d'orne-ment, fruitiers et jardins	30,000	—
Bois et plantations	10,000	—
Magasin pour la vente de graines, fleurs, etc., et salle pour exposition permanente	15,000	—
Hangar pour entrepôt de guano et sal-pêtre	1,000	—
Cour de service et annexes	5,000	—
Serres, jardin d'hiver, jardin fleuriste et plantes	50,000	—
Parc, restaurant et kiosque	35,000	—
Cuisine et réfectoire des ouvriers de la Quinta.	2,000	—
Animaux de rente. — Animaux de travail	35,000	—
Etables, écuries, bergerie, porcherie, rucher, magnanerie	40,000	—
Laiterie et fromagerie	10,000	—
Edifices pour les concours annuels d'animaux.	17,000	—
Hôpital vétérinaire.	16,000	—
Jardin zoologique, animaux et cons-tructions	30,000	—
Etablissement de pisciculture et aqua-rium.	22,000	—
Institut de vaccine animale	9.000	—
A reporter	1,338,000	piastres.

Report	1,338,000 piastres.
Laboratoire pour la préparation du virus charbonneux	3,000 —
Maisons des Directeurs et employés de l'établissement	41,000 —
Total	1,382,000 piastres

FIN

ERRATA

Page 20, ligne 28 : Robina pseudo acacia *lisez* Robinia pseudo acacia.

Page 21, ligne 14 : Siriodendrum tulipifera *lisez* Liriodendrum tulipifera.

Page 77, ligne 6 : Basilier *lisez* Balisier.

Page 83, ligne 22 : Phormium tenace *lisez* phormium tenax.

Page 100, ligne 6 : Peronospera *lisez* peronospora.

Page 119, ligne 6 : Cottswald *lisez* Cottswold.

Page 141, ligne 16 : Diverses *lisez* divers.

Page 207, ligne 3 : Saccharomètre *lisez* saccharimètre.

Page 260, ligne 4 : Métallique *lisez* mécanique.

TABLE DES GRAVURES

Plan général de la Quinta Normal........ 1

Palais de l'Exposition............. 24

Vue du Palais de l'Exposition........................ 26

Station Agronomique.................. 172

Ecole Pratique d'Agriculture (Plan d'ensemble des bâtiments)... 210

Ecole Pratique d'Agriculture (Plan de l'Ecole proprement dite)... 210

Vue de l'Ecole Pratique........................ 212

Vignoble........................ ... 244

Vue du Vignoble 252

Edifices pour la vinification et caves....... 264

Vue intérieure du hangar des instruments et machines agricoles . 276

Serres et Jardin d'hiver 342

Vue intérieure du Jardin d'hiver.................. 344

Plan général du Parc........................... 346

Vues du Parc. 348

Restaurant............................. 350

Etables et Ecuries 354

Madère, étalon percheron 356

Andréa, jument percheronne...................... 356

Jeannette, jument percheronne.......................... 356

Grand Duke, taureau Durham.................... 358

Frogmore Pippin 2me, vache Durham.... 358

Waterloo Pansy 2me, vache Durham........................ 358

Bélier et brebis mérinos précoces 36o

Bélier et brebis (Oxfordshiredown)......... .... 36o

Porcs Berkshires 36o

Laiterie et fromagerie............... 362

Plan des édifices où ont lieu les concours d'animaux domestiques. 368

Vue des édifices où ont lieu les concours d'animaux domestiques. 370

Hopital vétérinaire................... .... 38o

Plan du Jardin Zoologique................ .... 39o

Etablissement de pisciculture et Aquarium.......... 396

Institut de Vaccine animale.............. 400

Vue de l'Institut de Vaccine animale.......... 402

TABLE DES MATIÈRES

Considérations générales...................................   1

Historique de la Quinta Normal de Agricultura........   3

Etat actuel de la Quinta Normal de Agricultura...............   8

Description générale de l'établissement........   11

Institut Agricole.............   25

Station Agronomique......................   173

Ecole Pratique d'Agriculture.....   211

Pensionnat spécial pour les élèves de l'Institut Agricole........   243

Vignoble..............   245

Caves et édifices pour la vinification......   265

Instruments et machines agricoles. — Hangar où ils sont réunis.   277

Champ d'études et d'expériences agricoles   283

Cultures agricoles.....................   285

Bois et plantations en lignes...............................   291

Pépinières d'arbres forestiers et d'ornement   293

Jardins fruitiers et potagers............................ ..   307

Magasin pour la vente de graines, de fleurs, d'arbres et d'arbustes.   321

Entrepôt de guano et de salpêtre..........   337

Cour de service et annexes.............................. ..   339

Serres, jardin d'hiver et jardin fleuriste.....................   343

Parc.......................   347

Restaurant..............   351

Cuisine et réfectoire des ouvriers de la Quinta Normal....   353

Animaux de rente. — Animaux de travail............... 355

Laiterie et fromagerie. 363

Concours annuels d'animaux domestiques. — Parc et constructions où ils ont lieu................................... 369

Hôpital vétérinaire.............................. 383

Jardin zoologique..... 391

Aquarium et établissement de pisciculture 397

Institut de vaccine animale.................................. 401

Laboratoire pour la préparation du virus charbonneux.......... 405

Maisons d'habitation des directeurs et employés de l'établissement 411

Budget annuel des divers établissements de la Quinta Normal.... 413

Inventaire des divers établissements et sections de la Quinta
Normal........ 415

www.ingramcontent.com/pod-product-compliance
Lightning Source LLC
Chambersburg PA
CBHW051226050726
47594CB00001B/41